T0208998

Mathematik Kompakt

 Birkhäuser

Mathematik Kompakt

Herausgegeben von:
Martin Brokate
Karl-Heinz Hoffmann
Mihyun Kang
Götz Kersting
Moritz Kerz
Kristina Reiss
Otmar Scherzer

Die Lehrbuchreihe *Mathematik Kompakt* ist eine Reaktion auf die Umstellung der Diplomstudiengänge in Mathematik zu Bachelor- und Masterabschlüssen.
Inhaltlich werden unter Berücksichtigung der neuen Studienstrukturen die aktuellen Entwicklungen des Faches aufgegriffen und kompakt dargestellt.
Die modular aufgebaute Reihe richtet sich an Dozenten und ihre Studierenden in Bachelor- und Masterstudiengängen und alle, die einen kompakten Einstieg in aktuelle Themenfelder der Mathematik suchen.
Zahlreiche Beispiele und Übungsaufgaben stehen zur Verfügung, um die Anwendung der Inhalte zu veranschaulichen.

- **Kompakt:** relevantes Wissen auf 150 Seiten
- **Lernen leicht gemacht:** Beispiele und Übungsaufgaben veranschaulichen die Anwendung der Inhalte
- **Praktisch für Dozenten:** jeder Band dient als Vorlage für eine 2-stündige Lehrveranstaltung

Werner Ballmann

Einführung in die Geometrie und Topologie

2. Auflage

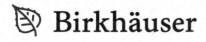 Birkhäuser

Werner Ballmann
Max-Planck-Institut für Mathematik
Bonn, Deutschland

Mathematik Kompakt
ISBN 978-3-0348-0985-6   ISBN 978-3-0348-0986-3 (eBook)
https://doi.org/10.1007/978-3-0348-0986-3

Die Deutsche Nationalbibliothek verzeichnet diese Publikation in der Deutschen Nationalbibliografie; detaillier-
te bibliografische Daten sind im Internet über http://dnb.d-nb.de abrufbar.

Birkhäuser

Gedruckt auf säurefreiem und chlorfrei gebleichtem Papier

Birkhäuser ist ein Imprint der eingetragenen Gesellschaft Springer International Publishing AG und ist ein Teil
von Springer Nature.
Die Anschrift der Gesellschaft ist: Gewerbestrasse 11, 6330 Cham, Switzerland

Für meine Tochter Tina

Vorwort

In der zweiten Auflage habe ich eine Reihe von Textstellen leicht überarbeitet und einige Fehler berichtigt. Ich möchte mich bei Bernd Ammann und Walker Stern für ihre hilfreichen Hinweise bedanken. Mein Dank gilt auch den Angestellten des MPIM in Bonn für die außergewöhnlich gute Arbeitsatmosphäre und meinen Ansprechpartnern im Birkhäuser-Verlag für die freundliche und vertrauensvolle Zusammenarbeit.

Vorwort zur ersten Auflage

Grundlage des vorliegenden Buches sind Manuskripte zu verschiedenen Lehrveranstaltungen, die ich anlässlich einer einführenden Vorlesung über Geometrie und Topologie zusammengefasst, revidiert und erweitert habe. Der Text ist als Vorlage für eine vierstündige Vorlesung im mittleren Bachelorstudium konzipiert. Das Inhaltsverzeichnis gibt einen guten Überblick über die diskutierten Themenbereiche.

Ich setze Kenntnisse aus der linearen Algebra und der reellen Analysis mehrerer Veränderlichen voraus. Die beiden ersten Kapitel des Buches sind Einführungen in topologische Räume und Mannigfaltigkeiten gewidmet. Ob diese Begriffe in den Vorlesungen zur Analysis schon diskutiert worden sind, hängt von der Zielrichtung des jeweiligen Dozenten ab. Wenn die Begriffe noch nicht ausreichend bekannt sind, wird man mit den beiden ersten Kapiteln des Buches beginnen. In einer einsemestrigen Vorlesung wird man dann einiges aus den weiteren Kapiteln streichen müssen, denn der Text ist für eine einsemestrige Vorlesung wohl zu umfangreich.

Ein Problem in den jetzigen Lehrplänen ist der Umstand, dass Studierende ihre Bachelorarbeit zu einem Zeitpunkt beginnen müssen, zu dem sie noch überhaupt nicht oder noch nicht tief genug in einen Themenbereich eingestiegen sind, der sich für eine Examensarbeit eignet. Daher versuche ich, den Studierenden Kenntnisse in diversen Themen zu vermitteln, an die sie dann in Seminaren anknüpfen können. Am Ende der Kapitel habe ich Hinweise auf ergänzende Literatur hinzugefügt, die auch als Quelle für Seminarvorträge geeignet ist. Daneben gibt es eine ganze Reihe guter Lehrbücher zu den Themen, die im Text behandelt werden, die ich im Literaturverzeichnis aber nicht genannt habe. Hier Vollständigkeit anzustreben, hätte jeden Rahmen gesprengt.

Danksagungen Mein Dank gilt Karsten Große-Brauckmann, Hermann Karcher, Alexander Lytchak, Kaan Öcal, Anna Pratoussevitch, Dorothee Schueth, Juan Souto, Jan Swoboda, Thomas Vogel und den vielen anderen, die mir zu verschiedenen, auch schon weiter zurückliegenden Zeitpunkten mit Hinweisen und Kritik bei der Verbesserung der diesem Buch zugrunde liegenden Manuskripte geholfen haben. Besonders bedanken möchte ich mich bei Benedikt Fluhr, der die Zeichnungen für dieses Buch angefertigt und intensiv Korrektur gelesen hat. Mein Dank gilt auch dem ESI in Wien und dem MPIM in Bonn für ihre Unterstützung und insbesondere für Raum und Zeit.

Inhaltsverzeichnis

Erste Schritte in die Topologie

1

In der Analysisvorlesung wird der Leser metrische Räume und Begriffe wie *offen, abgeschlossen, konvergent, stetig* und *kompakt* kennengelernt haben. Diese und einige andere Begriffe werden in der mengentheoretischen Topologie axiomatisch behandelt.

In diesem Kapitel diskutieren wir die Grundlagen der mengentheoretischen Topologie. Da die Behauptungen in der Regel direkt aus den Definitionen folgen, bleiben sie dem Leser zumeist als Übung überlassen. Eine der Ausnahmen ist der Jordan'sche[1] Kurvensatz, den wir ([CR] folgend) für Streckenzüge beweisen. Nach dem Studium dieses Kapitels sollte der Leser in der Lage sein, alles, was ihm gelegentlich aus der mengentheoretischen Topologie fehlt, problemlos und schnell nachzuarbeiten. Gute Quellen dafür sind z. B. [Qu] und [La, Kapitel I].

1.1 Topologische Räume

Definitionen 1.1.1

Eine *Topologie auf einer Menge* X ist eine Teilmenge $\mathcal{T}$ der Potenzmenge $\mathcal{P}(X)$ mit folgenden Eigenschaften:

1. $\emptyset \in \mathcal{T}$ und $X \in \mathcal{T}$;
2. Vereinigungen von Elementen aus $\mathcal{T}$ gehören zu $\mathcal{T}$: Falls $(U_i)_{i \in I}$ eine Familie von Teilmengen von X ist, so gilt

$$U_i \in \mathcal{T} \text{ für alle } i \in I \implies \bigcup_{i \in I} U_i \in \mathcal{T};$$

3. Durchschnitte endlich vieler Elemente aus $\mathcal{T}$ gehören zu $\mathcal{T}$: Falls $(U_i)_{i \in I}$ eine endliche Familie von Teilmengen von X ist, so gilt

$$U_i \in \mathcal{T} \text{ für alle } i \in I \implies \bigcap_{i \in I} U_i \in \mathcal{T}.$$

---

[1] Marie Ennemond Camille Jordan (1838–1922)

© Springer International Publishing AG 2018
W. Ballmann, *Einführung in die Geometrie und Topologie*, Mathematik Kompakt,
https://doi.org/10.1007/978-3-0348-0986-3_1

Ein *topologischer Raum* ist eine Menge X zusammen mit einer Topologie $\mathcal{T}$ auf X. Für einen topologischen Raum $(X, \mathcal{T})$ nennen wir die Elemente von $\mathcal{T}$ *offene Teilmengen* und ihre Komplemente *abgeschlossene Teilmengen* von X.

Es gibt die Konvention, dass die *leere Vereinigung* von Teilmengen von X leer ist und der *leere Durchschnitt* gleich X. Falls also $I = \emptyset$ in Bedingung 2. oder 3., so ist $\bigcup_{i \in I} U_i := \emptyset$ bzw. $\bigcap_{i \in I} U_i := X$. Das klingt ganz vernünftig – solange man es sich merken kann. Jedenfalls folgt Bedingung 1. mit dieser Vereinbarung aus den Bedingungen 2. und 3. und ist in diesem Sinne überflüssig.

Im Folgenden werden wir von dem topologischen Raum X sprechen, wenn klar oder unwichtig ist, welche Topologie auf X gemeint ist.

Beispiele 1.1.2

1) Sei X eine Menge. Dann ist $\mathcal{T} = \{\emptyset, X\}$ eine Topologie auf X, die *triviale Topologie*. Die einzigen offenen Teilmengen von X in dieser Topologie sind $\emptyset$ und X; weniger ist nicht möglich.
2) Die Potenzmenge $\mathcal{P}(X)$ einer Menge X ist eine Topologie auf X, die *diskrete Topologie*. Alle Teilmengen von X sind offen in dieser Topologie; mehr ist nicht möglich. Ein topologischer Raum heißt *diskret*, wenn seine Topologie die diskrete ist.
3) Nenne eine Teilmenge U von $\mathbb{R}$ offen, wenn es zu jedem $x \in U$ ein $\varepsilon > 0$ mit $(x - \varepsilon, x + \varepsilon) \subseteq U$ gibt. Die Menge der so definierten offenen Teilmengen von $\mathbb{R}$ ist eine Topologie auf $\mathbb{R}$, die *kanonische Topologie*.
4) Sei X ein metrischer Raum; die Metrik von X sei mit d bezeichnet. Nenne eine Teilmenge U von X offen, wenn es zu jedem $x \in U$ ein $\varepsilon > 0$ gibt, sodass der offene metrische Ball

$$B(x, \varepsilon) := \{y \in X \mid d(x, y) < \varepsilon\} \subseteq U.$$

Die Menge der so definierten offenen Teilmengen von X ist eine Topologie auf X, die *kanonische* oder auch (zu d) *assoziierte Topologie* $\mathcal{T}_d$. Ein topologischer Raum $(X, \mathcal{T})$ heißt *metrisierbar*, wenn es eine Metrik d auf X mit $\mathcal{T} = \mathcal{T}_d$ gibt.
5) Die Menge $\mathcal{T}_+ \subseteq \mathcal{P}(\mathbb{R})$, die aus den Teilmengen (a, ∞), $a \in [-\infty, \infty]$, besteht, ist eine Topologie auf $\mathbb{R}$. Entsprechend erhält man mit den Teilmengen $(-\infty, b)$, $b \in [-\infty, \infty]$, eine Topologie $\mathcal{T}_-$ auf $\mathbb{R}$.

Definition 1.1.3

Sei $\mathcal{T}$ eine Topologie auf einer Menge X. Dann heißt eine Teilmenge $\mathcal{B} \subseteq \mathcal{T}$ *Basis* von $\mathcal{T}$, falls jedes Element aus $\mathcal{T}$ Vereinigung von Elementen aus $\mathcal{B}$ ist.

In Definition 1.1.3 erinnern wir uns noch an die Konvention, dass die leere Vereinigung leer ist. Damit müssen wir uns keine umständlichen Formulierungen ausdenken, in denen die leere Menge erörtert wird.

Satz 1.1.4 *Eine Teilmenge $\mathcal{B}$ einer Topologie $\mathcal{T}$ auf einer Menge X ist genau dann eine Basis von $\mathcal{T}$, wenn es zu jedem $U \in \mathcal{T}$ und $x \in U$ ein $V \in \mathcal{B}$ gibt mit $x \in V \subseteq U$.* $\square$

Auch in der Formulierung des folgenden Satzes benützen wir die Konvention, dass die leere Vereinigung leer ist.

Satz 1.1.5 *Sei $\mathcal{B}$ eine Teilmenge der Potenzmenge $\mathcal{P}(X)$ einer Menge X mit den folgenden zwei Eigenschaften:*

1. *X ist Vereinigung der Elemente aus $\mathcal{B}$;*
2. *zu $B_1, B_2 \in \mathcal{B}$ und $x \in B_1 \cap B_2$ gibt es $B_3 \in \mathcal{B}$ mit $x \in B_3 \subseteq B_1 \cap B_2$.*

Sei $\mathcal{T} \subseteq \mathcal{P}(X)$ die Teilmenge, deren Elemente aus Vereinigungen von Elementen aus $\mathcal{B}$ bestehen. Dann ist $\mathcal{T}$ eine Topologie auf X, und $\mathcal{B}$ ist eine Basis von $\mathcal{T}$. □

Beispiele 1.1.6

1) Die Menge der offenen Intervalle (a, b) mit $a, b \in \mathbb{Q}$ ist eine Basis der kanonischen Topologie auf $\mathbb{R}$.
2) In einem metrischen Raum ist die Menge der offenen metrischen Bälle eine Basis der kanonischen Topologie.

Satz und Definition 1.1.7 *Zu $\mathcal{E} \subseteq \mathcal{P}(X)$ sei $\mathcal{B} \subseteq \mathcal{P}(X)$ die Teilmenge von Mengen, die endliche Durchschnitte von Elementen aus $\mathcal{E}$ sind. Dann erfüllt $\mathcal{B}$ die Bedingungen aus Satz 1.1.5 und ist damit Basis der entsprechenden Topologie, der von $\mathcal{E}$ erzeugten Topologie. Wir nennen $\mathcal{E}$ ein* Erzeugendensystem *oder eine* Subbasis *dieser Topologie.* □

Beispiel 1.1.8
Die kanonische Topologie von $\mathbb{R}$ wird von $\mathcal{T}_+ \cup \mathcal{T}_-$ erzeugt; vgl. Beispiel 1.1.2 5).

Definition 1.1.9

Sei X ein topologischer Raum, $x \in X$ und $Y \subseteq X$. Dann heißt $U \subseteq X$ *Umgebung* von x bzw. Y, wenn es eine offene Menge V in X gibt mit $x \in V \subseteq U$ bzw. $Y \subseteq V \subseteq U$. Mit $\mathcal{U}(x)$ und $\mathcal{U}(Y)$ bezeichnen wir die Menge aller Umgebungen von x bzw. Y.

Satz 1.1.10 *Eine Teilmenge U eines topologischen Raumes X ist genau dann offen, wenn U Umgebung jedes Punktes $x \in U$ ist.* □

Definition 1.1.11

Sei X ein topologischer Raum und $x \in X$. Dann nennen wir eine Teilmenge $\mathcal{B}(x) \subseteq \mathcal{U}(x)$ eine *Umgebungsbasis* von x, wenn es zu jeder Umgebung U von x ein $V \in \mathcal{B}(x)$ gibt mit $V \subseteq U$.

Beispiel 1.1.12
Sei X ein metrischer Raum und $x \in X$. Dann bilden die Bälle $B(x, 1/n)$, $n \in \mathbb{N}$, eine Umgebungsbasis von x.

Definitionen 1.1.13

Sei X ein topologischer Raum.

1. X erfüllt das *erste Abzählbarkeitsaxiom*, wenn jeder Punkt in X eine abzählbare Umgebungsbasis besitzt.
2. X erfüllt das *zweite Abzählbarkeitsaxiom*, wenn die Topologie von X eine abzählbare Basis besitzt.

Beispiel 1.1.14

1) Alle metrischen Räume erfüllen das 1. Abzählbarkeitsaxiom, vgl. Beispiel 1.1.12.
2) Der euklidische Raum[2] $\mathbb{R}^n$ (mit der kanonischen, d.h. zur euklidischen Metrik assoziierten Topologie) erfüllt das 2. Abzählbarkeitsaxiom, denn die Menge der offenen Bälle mit rationalem Radius um Punkte mit rationalen Koordinaten ist eine abzählbare Basis der Topologie.

Definitionen 1.1.15

Sei X ein topologischer Raum und $Y \subseteq X$. Dann heißt $x \in X$

1. *Berührungspunkt* von Y, falls jede Umgebung von x in X einen Punkt von Y enthält. Die Menge $\overline{Y}$ der Berührungspunkte von Y heißt *Abschluss* oder *abgeschlossene Hülle* von Y;
2. *innerer Punkt* von Y, falls es eine Umgebung von x in X gibt, die in Y enthalten ist. Die Menge $\overset{\circ}{Y}$ der inneren Punkte von Y heißt *Inneres* oder *offener Kern* von Y;
3. *Randpunkt* von Y, falls jede Umgebung von x in X Punkte von Y und $X \setminus Y$ enthält. Die Menge der Randpunkte von Y heißt *Rand* von Y, hier geschrieben als ∂Y.

Satz 1.1.16 *Sei X ein topologischer Raum und $Y \subseteq X$. Dann gilt:*

1. $\overline{Y}$ ist die kleinste abgeschlossene Teilmenge von X, die Y enthält, und ist damit der Durchschnitt über alle abgeschlossenen Teilmengen von X, die Y enthalten.
2. $\overset{\circ}{Y}$ ist die größte offene Teilmenge von X, die in Y enthalten ist, und ist damit die Vereinigung über alle offenen Teilmengen von X, die in Y enthalten sind.
3. $X \setminus \overline{Y} = \text{Inneres}\,(X \setminus Y)$ und $\partial Y = \overline{Y} \setminus \overset{\circ}{Y}$. Insgesamt ist damit X die disjunkte Vereinigung $X = \overset{\circ}{Y} \cup \partial Y \cup (X \setminus \overline{Y})$. $\qquad\square$

Definitionen 1.1.17

Sei X ein topologischer Raum und $Y \subseteq X$. Dann heißt Y

1. *dicht* in X, falls $\overline{Y} = X$, und
2. *nirgends dicht* in X, falls das Innere von $\overline{Y}$ leer ist.

Beispiele 1.1.18

$\mathbb{Q}$ ist dicht in $\mathbb{R}$ und $Y := \{1/n \mid n \in \mathbb{N}\}$ und $\mathbb{Z}$ sind nirgends dicht in $\mathbb{R}$.

---

[2] Euklid von Alexandria (ca. 360–280 v. u. Z.)

1.2   Stetige Abbildungen

Definition 1.2.1
Seien X und Y topologische Räume und $f: X \longrightarrow Y$ eine Abbildung. Dann nennen wir f stetig, wenn $f^{-1}(V)$ offen in X ist für alle offenen V in Y. Äquivalent dazu: $f^{-1}(A)$ ist abgeschlossen in X für alle abgeschlossenen A in Y.

Satz 1.2.2
1. Für jeden topologischen Raum X ist id_X stetig.
2. Die Komposition stetiger Abbildungen ist stetig.   □

Definition 1.2.3
Seien X und Y topologische Räume und $f: X \longrightarrow Y$ eine Abbildung. Dann nennen wir f stetig in einem Punkt $x \in X$, wenn es zu jeder Umgebung V von $f(x)$ in Y eine Umgebung U von x gibt mit $f(U) \subseteq V$.

▶ **Bemerkung 1.2.4**   Für metrische Räume ist diese Definition äquivalent zur üblichen $\varepsilon\delta$-Definition.

Satz 1.2.5 *Seien X und Y topologische Räume und $f: X \longrightarrow Y$ eine Abbildung. Dann ist f genau dann stetig, wenn f in allen Punkten $x \in X$ stetig ist.*   □

Satz 1.2.6 *Seien X und Y topologische Räume und $f: X \longrightarrow Y$ eine Abbildung. Sei $\mathcal{E}$ Erzeugendensystem der Topologie von Y. Dann ist f genau dann stetig, wenn $f^{-1}(U)$ offen ist für alle U aus $\mathcal{E}$.*   □

Definition 1.2.7
Eine Abbildung $f: X \longrightarrow Y$ zwischen topologischen Räumen X und Y heißt *Homöomorphismus*, wenn f bijektiv ist und f und f^{-1} stetig sind.

Beispiele 1.2.8
Die folgenden Abbildungen sind Homöomorphismen:

$$\mathbb{R} \longrightarrow \mathbb{R},\ x \mapsto x^3; \quad \mathbb{R} \longrightarrow (0,\infty),\ x \mapsto e^x; \quad (0,\infty) \longrightarrow (0,\infty),\ x \mapsto 1/x.$$

Definition 1.2.9
Eine Abbildung $f: X \longrightarrow Y$ zwischen topologischen Räumen X und Y nennen wir *offen*, wenn $f(U)$ offen in Y ist für alle offenen U in X, bzw. *abgeschlossen*, wenn $f(A)$ abgeschlossen in Y ist für alle abgeschlossenen A in X.

Satz 1.2.10 *Seien X und Y topologische Räume und $f\colon X \longrightarrow Y$ eine Abbildung. Dann sind äquivalent:*

1. *f ist ein Homöomorphismus;*
2. *f ist bijektiv, stetig und offen;*
3. *f ist bijektiv, stetig und abgeschlossen.*   □

Definition 1.2.11

Seien $\mathcal{T}_1$ und $\mathcal{T}_2$ Topologien auf einer Menge X. Dann heißt $\mathcal{T}_1$ *feiner* als $\mathcal{T}_2$ und $\mathcal{T}_2$ *gröber* als $\mathcal{T}_1$, falls $\mathcal{T}_1 \supseteq \mathcal{T}_2$.

Die diskrete Topologie ist die feinstmögliche, die triviale die gröbstmögliche Topologie.

Satz 1.2.12 *Seien $\mathcal{T}_1$ und $\mathcal{T}_2$ Topologien auf einer Menge X. Dann sind äquivalent:*

1. *$\mathcal{T}_1$ ist feiner als $\mathcal{T}_2$;*
2. *die identische Abbildung id: $(X, \mathcal{T}_1) \longrightarrow (X, \mathcal{T}_2)$ ist stetig;*
3. *die identische Abbildung id: $(X, \mathcal{T}_2) \longrightarrow (X, \mathcal{T}_1)$ ist offen.*   □

Offenbar gilt folgende Faustregel: Eine Abbildung $f\colon X \longrightarrow Y$ zwischen topologischen Räumen ist desto eher stetig, je feiner die Topologie auf X und je gröber die Topologie auf Y ist. Zum Beispiel ist eine jede solche Abbildung stetig, wenn X mit der diskreten oder wenn Y mit der trivialen Topologie versehen ist.

1.3 Konvergenz und hausdorffsche Räume

Definition 1.3.1

Sei X ein topologischer Raum und (x_n) eine Folge in X. Dann heißt ein Punkt $x \in X$ *Grenzwert* oder *Limes* der Folge (x_n), falls es zu jeder Umgebung U von x in X ein $n \in \mathbb{N}$ gibt mit $x_m \in U$ für alle $m \geq n$. Wir sagen dann auch, dass die Folge *gegen x konvergiert*, und nennen die Folge *konvergent*.

▶ **Bemerkung 1.3.2** Falls X ein metrischer Raum ist, so stimmt diese Definition mit der dem Leser schon bekannten Definition überein.

Satz 1.3.3 *Seien X und Y topologische Räume, $f\colon X \longrightarrow Y$ eine Abbildung. Sei $x \in X$ ein Punkt mit einer abzählbaren Umgebungsbasis. Dann ist f genau dann in x stetig, wenn für jede Folge (x_n) in X mit Grenzwert x gilt, dass $f(x)$ Grenzwert der Folge $(f(x_n))$ in Y ist.*   □

Falls die Topologie von X trivial ist, dann ist jede Folge in X konvergent, und jeder Punkt von X ist Grenzwert der Folge. Damit ist klar, dass der Begriff der Konvergenz nicht immer sinnvoll ist. Wir möchten gerne, dass Grenzwerte von Folgen eindeutig sind. Hier kommt das *Hausdorffaxiom*[3] ins Spiel.

Definition 1.3.4

Ein topologischer Raum X heißt *Hausdorffraum*, falls es zu je zwei Punkten $x \neq y$ in X Umgebungen U von x und V von y in X mit $U \cap V = \emptyset$ gibt.

▶ **Bemerkung 1.3.5** Das Hausdorffaxiom ist ein sogenanntes *Trennungsaxiom* und firmiert unter diesen häufig als T_2.

Beispiel 1.3.6
Metrische Räume sind hausdorffsch.

Satz 1.3.7 *Sei X ein Hausdorffraum. Dann sind Punkte in x abgeschlossene Teilmengen von X, und Grenzwerte von Folgen in X sind eindeutig (falls existent).* □

Falls $x \in X$ eindeutiger Grenzwert einer Folge (x_n) in X ist, so schreiben wir auch $\lim_{n\to\infty} x_n = x$ oder, kürzer, $\lim x_n = x$.

1.4 Neues aus Altem

Satz und Definition 1.4.1 *Sei $(X, \mathcal{T})$ ein topologischer Raum und $Y \subseteq X$. Dann bilden die Mengen der Form $U = V \cap Y$ mit $V \in \mathcal{T}$ eine Topologie auf Y, die* Relativtopologie. □

Beispiel 1.4.2
Sei X ein metrischer Raum mit Metrik d_X, und sei $Y \subseteq X$. Dann ist Y zusammen mit der Einschränkung d_Y von d_X auf Y ein metrischer Raum. Die metrischen Bälle um $x \in Y$ bezüglich d_X und d_Y erfüllen $B_Y(x, r) = B_X(x, r) \cap Y$. Also ist die zu d_Y assoziierte Topologie auf Y genau die Relativtopologie bezüglich der zu d_X assoziierten Topologie auf X.

Satz 1.4.3 *Sei X ein topologischer Raum und $Y \subseteq X$. Dann gilt:*

1. *Die Relativtopologie ist die gröbste Topologie auf Y, sodass die Inklusionsabbildung $i\colon Y \longrightarrow X$ stetig ist.*
2. *Falls X hausdorffsch ist, so auch Y zusammen mit der Relativtopologie.* □

---

[3] Felix Hausdorff (1868–1942)

Abb. 1.1 Die Relativtopologie

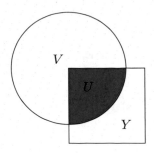

Satz 1.4.4 *Sei X topologischer Raum und $Y \subseteq X$. Sei $i : Y \longrightarrow X$ die Inklusionsabbildung. Dann ist die Relativtopologie auf Y durch folgende sogenannte* universelle *Eigenschaft* charakterisiert:
   Für alle topologischen Räume Z und Abbildungen $f : Z \longrightarrow Y$ ist f genau dann stetig, wenn $i \circ f$ stetig ist.

Beweis Bezüglich der Relativtopologie ist $i : Y \longrightarrow X$ stetig, also ist $i \circ f$ stetig, falls f stetig ist. Sei nun umgekehrt $i \circ f$ stetig und $U \subseteq Y$ offen in Y. Dann gibt es $V \subseteq X$, V offen in X, mit $U = V \cap Y = i^{-1}(V)$, s. Abb. 1.1. Wegen $f^{-1}(U) = f^{-1}(i^{-1}(V)) = (i \circ f)^{-1}(V)$ folgt aus der Stetigkeit von $i \circ f$, dass $f^{-1}(U)$ offen in Z ist. Damit folgt auch, dass f stetig ist und die Relativtopologie über die angegebene Eigenschaft verfügt.

Mit $\mathcal{T}$ sei die Topologie auf X, mit $\mathcal{T}_1$ die Relativtopologie auf Y bezeichnet. Sei $\mathcal{T}_2$ eine weitere Topologie auf Y mit der angegebenen Eigenschaft. Weil die identische Abbildung $\mathrm{id} : (Y, \mathcal{T}_2) \longrightarrow (Y, \mathcal{T}_2)$ stetig ist und $i = i \circ \mathrm{id}$, folgt, dass $i : (Y, \mathcal{T}_2) \longrightarrow (X, \mathcal{T})$ stetig ist. Wieder wegen $i = i \circ \mathrm{id}$ folgt, dass $\mathrm{id} : (Y, \mathcal{T}_2) \longrightarrow (Y, \mathcal{T}_1)$ stetig ist. Analog folgert man, dass $\mathrm{id} : (Y, \mathcal{T}_1) \longrightarrow (Y, \mathcal{T}_2)$ stetig ist. Damit stimmen die offenen Mengen von $\mathcal{T}_1$ und $\mathcal{T}_2$ überein, d. h., $\mathcal{T}_1 = \mathcal{T}_2$.   □

Satz und Definition 1.4.5 *Seien X und Y topologische Räume. Dann bilden die Mengen der Form $U \times V$, wobei U offen in X und V offen in Y ist, eine Basis einer Topologie auf $X \times Y$. Diese Topologie nennt man die* Produkttopologie.   □

Satz 1.4.6 *Seien X und Y topologische Räume. Dann gilt:*

1. Die Produkttopologie ist die gröbste Topologie auf $X \times Y$, sodass die beiden Projektionen $X \times Y \longrightarrow X$ und $X \times Y \longrightarrow Y$ stetig sind.
2. Falls X und Y hausdorffsch sind, so auch $X \times Y$ zusammen mit der Produkttopologie.   □

Der Beweis der im folgenden Satz formulierten universellen Eigenschaft der Produkt-topologie ist ähnlich zu dem Beweis der universellen Eigenschaft der Relativtopologie oben. In Aufgabe 6 wird eine beide Fälle umfassende Aussage formuliert.

Satz 1.4.7 *Seien X und Y topologische Räume und $p_X \colon X \times Y \longrightarrow X$ und $p_Y \colon X \times Y \longrightarrow Y$ die Projektionen. Dann ist die Produkttopologie durch folgende* universelle Eigenschaft *charakterisiert:*

Für alle topologischen Räume Z und Abbildungen $f \colon Z \longrightarrow X \times Y$ ist f genau dann stetig, wenn $p_X \circ f$ und $p_Y \circ f$ stetig sind. $\square$

Definition und Sätze lassen sich analog auf endliche Produkte topologischer Räume übertragen. Bei beliebigen Produkten $X = \prod_{i \in I} X_i$ topologischer Räume definiert man die Produkttopologie wie folgt: Eine Basis sind Mengen der Form $U = \prod_{i \in I} U_i$, wobei U_i offen in X_i für alle $i \in I$ und $U_i \neq X_i$ für höchstens endlich viele $i \in I$ ist. Die Sätze 1.4.6 und 1.4.7 gelten analog. All dies fällt unter das allgemeine Schema der Initialtopologie aus Aufgabe 6.

Definition 1.4.8

Sei X ein topologischer Raum, $R \subseteq X \times X$ eine Äquivalenzrelation und $\pi \colon X \longrightarrow Y$ die kanonische Projektion von X auf die Menge der Äquivalenzklassen $Y := X/R$ von R. Dann ist die Menge $\mathcal{T}$ der Teilmengen U von Y, für die $\pi^{-1}(U)$ offen in X ist, eine Topologie auf Y, die sogenannte *Quotiententopologie*.

Satz 1.4.9 *Die Quotiententopologie $\mathcal{T}$ wie in Definition 1.4.8 hat die folgenden Eigenschaften:*

1. *$\mathcal{T}$ ist die feinste Topologie auf Y, sodass π stetig ist.*
2. *Für alle topologischen Räume Z und Abbildungen $f \colon Y \longrightarrow Z$ ist f genau dann stetig, wenn $f \circ \pi$ stetig ist.* $\square$

In Aufgabe 4 werden Beispiele zur Quotiententopologie diskutiert. Die Quotiententopologie fügt sich in das allgemeine Schema der Finaltopologie aus Aufgabe 7 ein.

1.5 Zusammenhang und Wegzusammenhang

Definition 1.5.1

Ein topologischer Raum X heißt *zusammenhängend*, falls es keine offenen Teilmengen U und V von X gibt mit $U \cup V = X$, $U \neq \emptyset$, $V \neq \emptyset$, aber $U \cap V = \emptyset$. Eine Teilmenge Y eines topologischen Raumes X heißt *zusammenhängend*, falls sie in der Relativtopologie ein zusammenhängender topologischer Raum ist.

▶ **Bemerkungen 1.5.2**

1) Die leere Menge ist zusammenhängend.

2) Man kann *offen* in der Definition auch durch *abgeschlossen* ersetzen.

3) Eine Teilmenge Y von X ist genau dann zusammenhängend, wenn es keine offenen Teilmengen U und V von X gibt mit $Y \subseteq U \cup V$, $U \cap Y \neq \emptyset$, $V \cap Y \neq \emptyset$, aber $U \cap V \cap Y = \emptyset$.

Satz 1.5.3 *Ein topologischer Raum X ist genau dann zusammenhängend, wenn es keine nicht leere, echte Teilmenge von X gibt, die offen und abgeschlossen ist.* □

Satz 1.5.4 *Für einen topologischen Raum X sind äquivalent:*

1. *X ist zusammenhängend;*
2. *es gibt keine stetige, surjektive Abbildung $f : X \longrightarrow \{0, 1\}$,*
   wobei $\{0, 1\}$ mit der diskreten Topologie versehen ist;
3. *stetige Abbildungen von X in diskrete Räume sind konstant.*

Beweis Falls $f : X \longrightarrow \{0, 1\}$ stetig und surjektiv ist, so sind $U = f^{-1}(0)$ und $V = f^{-1}(1)$ nicht leere, offene Teilmengen von X mit $U \cup V = X$ und $U \cap V = \emptyset$. Falls umgekehrt U und V nicht leere, offene Teilmengen von X sind mit $U \cup V = X$ und $U \cap V = \emptyset$, so ist $f : X \longrightarrow \{0, 1\}$ mit $f(x) = 0$ für $x \in U$ und $f(x) = 1$ für $x \in V$ eine stetige, surjektive Abbildung bezüglich der diskreten Topologie auf $\{0, 1\}$. Damit folgt die Äquivalenz von 1. und 2. Die Äquivalenz von 2. und 3. bleibt als Übung für den Leser. □

Satz 1.5.5 *Seien X und Y topologische Räume und $f : X \longrightarrow Y$ eine stetige Abbildung. Falls dann $Z \subseteq X$ zusammenhängend ist, so ist auch $f(Z) \subseteq Y$ zusammenhängend.* □

Satz 1.5.6 *Seien X und Y topologische Räume. Dann ist $X \times Y$ (versehen mit der Produkttopologie) genau dann zusammenhängend, wenn X und Y zusammenhängend sind.*

Beweis Seien p_X und p_Y die Projektionen von $X \times Y$ auf X bzw. Y. Diese sind stetig bezüglich der gegebenen Topologien. Falls $X \times Y$ zusammenhängend ist, so nach Satz 1.5.5 auch das Bild X unter p_X bzw. Y unter p_Y.

Seien nun umgekehrt X und Y zusammenhängend. Wir nehmen an, dass $X \times Y$ nicht zusammenhängend ist, und werden diese Annahme zum Widerspruch führen. Dann gibt es jedenfalls nach Satz 1.5.4 2. eine stetige, surjektive Abbildung $f\colon X \times Y \longrightarrow \{0, 1\}$, damit auch Punkte (x_0, y_0) und (x_1, y_1) in $X \times Y$ mit $f(x_0, y_0) = 0$ und $f(x_1, y_1) = 1$. Nun sind die Inklusionen

$$i_0\colon X \longrightarrow X \times Y, \quad i_0(x) := (x, y_0),$$
$$i_1\colon Y \longrightarrow X \times Y, \quad i_1(y) := (x_1, y),$$

nach der universellen Eigenschaft der Produktopologie stetig. Ferner sind X und Y zusammenhängend, wegen Satz 1.5.4 3. ist daher

$$(f \circ i_0)(x_0) = (f \circ i_0)(x_1) \quad \text{und} \quad (f \circ i_1)(y_0) = (f \circ i_1)(y_1).$$

Damit folgt für den gemischten Punkt (x_1, y_0), dass

$$0 = f(x_0, y_0) = (f \circ i_0)(x_0) = (f \circ i_0)(x_1) = f(x_1, y_0)$$
$$= (f \circ i_1)(y_0) = (f \circ i_1)(y_1) = f(x_1, y_1) = 1,$$

ein Widerspruch. Also ist $X \times Y$ zusammenhängend. $\square$

▶ **Bemerkung 1.5.7** Der Satz gilt in analoger Form für beliebige Produkte topologischer Räume.

Aus dem Zwischenwertsatz folgt, dass eine Teilmenge der reellen Zahlen $\mathbb{R}$ genau dann zusammenhängend ist, wenn sie ein Intervall ist (Aufgabe 8).

Definitionen 1.5.8
Sei X ein topologischer Raum.

1. Eine *Kurve* bzw. ein *Weg* in X ist eine stetige Abbildung $c\colon I \longrightarrow X$, wobei I ein Intervall ist.
2. X heißt *wegzusammenhängend*, falls es zu je zwei Punkten $x, y \in X$ einen Weg $c\colon [a, b] \longrightarrow X$ gibt mit $c(a) = x$ und $c(b) = y$. Wir sagen dann, dass c *ein Weg von x nach y* ist. Ferner heißt $Y \subseteq X$ *wegzusammenhängend*, wenn Y bezüglich der relativen Topologie wegzusammenhängend ist.

▶ **Bemerkung 1.5.9** Falls $c\colon [a, b] \longrightarrow X$ ein Weg von x nach y ist, so auch $c_1\colon [0, 1] \longrightarrow X$, $c_1(t) := c((1 - t)a + tb)$. Mit anderen Worten, in Definition 1.5.8 2. kann man sich auf das Einheitsintervall $[a, b] = [0, 1]$ beschränken.

Satz 1.5.10 *Falls ein topologischer Raum wegzusammenhängend ist, so ist er auch zusammenhängend.* $\square$

Satz 1.5.11 *Sei X ein topologischer Raum und $Y \subseteq X$. Dann ist Y genau dann weg-zusammenhängend, wenn es zu je zwei Punkten $x, y \in Y$ einen Weg $c \colon [0, 1] \longrightarrow X$ von x nach y gibt, dessen Bild in Y enthalten ist.*   □

Satz und Definitionen 1.5.12 *Sei X ein topologischer Raum.*

1. *Falls $c \colon [0, 1] \longrightarrow X$ ein Weg von x nach y ist, so ist der* inverse Weg

$$c^{-1} \colon [0, 1] \longrightarrow X, \quad c^{-1}(t) := c(1 - t),$$

ein Weg von y nach x.

2. *Falls $c_0 \colon [0, 1] \longrightarrow X$ und $c_1 \colon [0, 1] \longrightarrow X$ Wege von x nach y und y nach z sind, so ist ihre* Verkettung

$$c_0 * c_1 \colon [0, 1] \longrightarrow X, \quad (c_0 * c_1)(t) := \begin{cases} c_0(2t) & \text{falls } 0 \le t \le 1/2, \\ c_1(2t - 1) & \text{falls } 1/2 \le t \le 1, \end{cases}$$

ein Weg von x nach z.   □

Satz und Definition 1.5.13 *Sei X topologischer Raum. Zu $x \in X$ sei die* Wegzusam-menhangskomponente *von x in X die Menge $W(x)$ aller Punkte $y \in X$, sodass es einen Weg von x nach y in X gibt. Für alle $x, y \in X$ gilt:*

1. *$x \in W(x)$;*
2. *$W(x)$ ist wegzusammenhängend;*
3. *$y \in W(x) \Longrightarrow W(x) = W(y)$;*
4. *$y \in X \setminus W(x) \Longrightarrow W(x) \cap W(y) = \emptyset$.*

Damit erhalten wir eine Zerlegung von X in die verschiedenen $W(x)$. Diese nennen wir auch die Wegzusammenhangskomponenten *von X.*

Beweis 1. ist klar. Falls $c_0 \colon [0, 1] \longrightarrow X$ bzw. $c_1 \colon [0, 1] \longrightarrow X$ Wege von x nach y bzw. x nach z sind, so ist die Verkettung $c_0^{-1} * c_1$ ein Weg von y nach z. Damit folgt 2. Der Beweis von 3. ist ähnlich und 4. folgt aus 3.   □

Eine analoge Zerlegung erhalten wir mit zusammenhängenden Teilmengen.

Lemma 1.5.14 *Sei X ein topologischer Raum und $Y \subseteq X$. Falls dann Y zusammen-hängend ist, so auch alle $Y \subseteq Z \subseteq \overline{Y}$.*

Beweis Seien U und V offen in X mit $Z \subseteq U \cup V$ und $U \cap V = \emptyset$. Weil Y zusammenhängend ist und $Y \subseteq Z$, folgt damit nach eventueller Umbenennung $Y \subseteq U$. Sei nun $x \in Z$. Dann ist x Berührungspunkt von Y. Also enthält jede Umgebung von x Punkte von Y. Nun ist entweder U oder V Umgebung von x. Wegen $Y \cap V = \emptyset$ folgt $x \in U$ und damit insgesamt $Z \subseteq U$. Also ist Z zusammenhängend. $\qquad\square$

Lemma 1.5.15 *Sei X ein topologischer Raum und (Y_i) eine Familie zusammenhängender Teilmengen von X. Falls dann $\bigcap_i Y_i \neq \emptyset$, so ist $\bigcup_i Y_i$ zusammenhängend.*

Beweis Sei $x \in \bigcap_i Y_i$, und seien U und V offen in X mit

$$\bigcup_i Y_i \subseteq U \cup V \quad \text{und} \quad U \cap \left(\bigcup_i Y_i \right) \cap V = \emptyset.$$

Dann ist $x \in U$ oder $x \in V$; nach eventueller Umbenennung gilt $x \in U$. Für alle $i \in I$ sind nun $U \cap Y_i$ und $V \cap Y_i$ offen in Y_i, und es gilt

$$Y_i \subseteq U \cup V \quad \text{und} \quad U \cap Y_i \cap V = \emptyset.$$

Weil $x \in U \cap Y_i$ und Y_i zusammenhängend ist, folgt $Y_i \subset U$ für alle i. Also ist $\bigcup_i Y_i$ zusammenhängend. $\qquad\square$

Satz und Definition 1.5.16 *Sei X ein topologischer Raum. Zu $x \in X$ sei die* Zusammenhangskomponente *von x in X die Vereinigung $C(x)$ über alle zusammenhängenden Teilmengen von X, die x enthalten. Für alle $x, y \in X$ gilt:*

1. $x \in C(x)$;
2. $C(x)$ ist abgeschlossen und zusammenhängend;
3. $y \in C(x) \Longrightarrow C(x) = C(y)$;
4. $y \in X \setminus C(x) \Longrightarrow C(x) \cap C(y) = \emptyset$.

Damit erhalten wir eine Zerlegung von X in die verschiedenen $C(x)$. Diese nennen wir auch die Zusammenhangskomponenten *von X.*

Beweis 1. ist klar. Aus den Lemmata 1.5.14 und 1.5.15 folgt, dass $C(x)$ abgeschlossen und zusammenhängend ist. Falls y in $C(x)$ ist, so gibt es eine zusammenhängende Teilmenge von X, die x und y enthält. Dann ist aber auch $x \in C(y)$. Mit 2. folgt nun leicht $C(x) \subseteq C(y)$ und $C(y) \subseteq C(x)$, mithin 3. und 4. $\qquad\square$

▶ **Bemerkung 1.5.17** Für einen topologischen Raum X und Punkt $x \in X$ ist stets $W(x) \subseteq C(x)$, denn $W(x)$ ist wegzusammenhängend.

▶ **Bemerkung 1.5.18** Falls X nur endlich viele Zusammenhangskomponenten hat, so sind diese auch offen in X. Andererseits ist z. B. $\mathbb{Q}$ mit der von $\mathbb{R}$ induzierten Topologie *total unzusammenhängend* in dem Sinne, dass $C(x) = \{x\}$ ist für alle $x \in \mathbb{Q}$. Insbesondere sind die Zusammenhangskomponenten von $\mathbb{Q}$ nicht offen.

Definitionen 1.5.19

Ein topologischer Raum X heißt *lokal zusammenhängend* bzw. *lokal wegzusammenhängend*, wenn es zu jedem Punkt $x \in X$ und jeder Umgebung U von x in X eine zusammenhängende bzw. wegzusammenhängende Umgebung V von x in X mit $V \subseteq U$ gibt.

▶ **Bemerkungen und Beispiele 1.5.20**
1) Offene Teilmengen lokal zusammenhängender topologischer Räume sind lokal zusammenhängend, offene Teilmengen lokal wegzusammenhängender topologischer Räume sind lokal wegzusammenhängend.
2) Lokal wegzusammenhängende Räume sind lokal zusammenhängend.
3) Der euklidische Raum $\mathbb{R}^n$ ist lokal wegzusammenhängend.

Satz 1.5.21 *Für einen topologischen Raum X gilt:*

1. *Falls X lokal zusammenhängend ist, so sind die Zusammenhangskomponenten von X offen in X.*
2. *Falls X lokal wegzusammenhängend ist, so sind die Wegzusammenhangskomponenten von X offen in X. Insbesondere stimmen dann die Wegzusammenhangskomponenten von X mit den Zusammenhangskomponenten von X überein.* ☐

1.6 Kompakte Räume

Definition 1.6.1

Eine Familie $(U_i)_{i \in I}$ von Teilmengen einer Menge X heißt *Überdeckung* einer Teilmenge $Y \subseteq X$, wenn $Y \subseteq \bigcup_{i \in I} U_i$. Wir nennen eine Überdeckung $(U_i)_{i \in I}$ von $Y \subseteq X$ *endlich*, falls I endlich ist. Falls X ein topologischer Raum ist, so nennen wir eine Überdeckung $(U_i)_{i \in I}$ von $Y \subseteq X$ *offen*, falls U_i offen in X ist für alle $i \in I$.

Definition 1.6.2

Ein topologischer Raum X heißt *kompakt*, wenn jede offene Überdeckung $(U_i)_{i \in I}$ von X eine endliche Teilüberdeckung enthält,

$$X = U_{i_1} \cup \cdots \cup U_{i_k} \quad \text{mit } i_1, \ldots, i_k \in I.$$

Eine Teilmenge Y eines topologischen Raumes X heißt *kompakt*, wenn sie bezüglich der relativen Topologie kompakt ist; mit anderen Worten, Y ist kompakt, wenn jede

Überdeckung von Y mit offenen Teilmengen von X eine endliche Teilüberdeckung enthält.

Satz 1.6.3 *Ein topologischer Raum X ist genau dann kompakt, wenn gilt: Eine Familie $(A_i)_{i \in I}$ abgeschlossener Teilmengen von X hat nicht leeren Durchschnitt, falls alle endlichen Teilfamilien von $(A_i)_{i \in I}$ nicht leeren Durchschnitt haben. (Zur Erinnerung: $\bigcap_{i \in \emptyset} A_i = X$.)*   □

Satz 1.6.4 *Eine abgeschlossene Teilmenge eines kompakten Raumes ist kompakt. Eine kompakte Teilmenge eines Hausdorffraumes ist abgeschlossen.*   □

Beweis Sei X ein kompakter Raum und $A \subseteq X$ eine abgeschlossene Teilmenge. Sei $(U_i)_{i \in I}$ eine offene Überdeckung von A. Dann ist $(U_i)_{i \in I}$ zusammen mit $X \setminus A$ eine offene Überdeckung von X. Weil X kompakt ist, gibt es daher eine endliche Teilmenge $J \subseteq I$, sodass X von $(U_i)_{i \in J}$ zusammen mit $X \setminus A$ überdeckt wird. Dann ist $(U_i)_{i \in J}$ eine endliche Überdeckung von A.

Sei X ein Hausdorffraum und $B \subseteq X$ eine kompakte Teilmenge. Sei $x \in X \setminus B$. Weil X hausdorffsch ist, gibt es zu jedem $y \in B$ offene Umgebungen U_y von x und V_y von y mit $U_y \cap V_y = \emptyset$. Dann ist $(V_y)_{y \in B}$ eine offene Überdeckung von B. Weil B kompakt ist, enthält diese eine endliche Teilüberdeckung von B. Mit anderen Worten, es gibt Punkte $y_1, \dots, y_n$ in B mit

$$B \subseteq V_{y_1} \cup \cdots \cup V_{y_n} =: V_x.$$

Dann sind aber V_x und

$$U_x := U_{y_1} \cap \cdots \cap U_{y_n}$$

disjunkte offene Umgebungen von B und x. Insbesondere ist U_x eine Umgebung von x, die in $X \setminus B$ enthalten ist. Daher ist $X \setminus B$ offen und B abgeschlossen.   □

Satz 1.6.5 *Seien X ein Hausdorffraum und $A, B \subseteq X$ kompakte Teilmengen mit $A \cap B = \emptyset$. Dann gibt es offene Umgebungen U von A und V von B in X mit $U \cap V = \emptyset$.*

Beweis Nach dem Beweis von Satz 1.6.4 gibt es zu allen $x \in A$ disjunkte offene Umgebungen U_x von x und V_x von B. Weil A kompakt ist, gibt es Punkte $x_1, \dots, x_m$ in A mit

$$A \subseteq U_{x_1} \cup \cdots \cup U_{x_m} =: U.$$

Dann sind aber U und

$$V := V_{x_1} \cap \cdots \cap V_{x_m}$$

disjunkte offene Umgebungen von A und B.   □

Definition 1.6.6

Sei X ein topologischer Raum. Dann nennen wir $x \in X$ einen *Häufungspunkt* einer Familie $(x_i)_{i \in I}$ von Punkten in X, falls jede Umgebung von x unendlich viele Glieder der Familie $(x_i)_{i \in I}$ enthält, d. h., falls für jede Umgebung U von x die Menge der $i \in I$ mit $x_i \in U$ unendlich ist.

Satz 1.6.7 *Falls X ein kompakter topologischer Raum ist, dann hat jede unendliche Familie $(y_i)_{i \in I}$ von Punkten in X einen Häufungspunkt.*

Beweis Falls dies nicht der Fall ist, so hat jedes $x \in X$ eine offene Umgebung U_x, die nur endlich viele Glieder der Folge enhält, d. h., es gibt nur endlich viele $i \in I$ mit $y_i \in U_x$. Die Familie $(U_x)_{x \in X}$ überdeckt X. Weil X kompakt ist, gibt es Punkte $x_1, \ldots, x_n$ mit

$$X = U_{x_1} \cup \cdots \cup U_{x_n}.$$

Dann wäre aber $|I| < \infty = |I|$, ein Widerspruch. $\square$

Definition 1.6.8

Ein topologischer Raum heißt *folgenkompakt*, wenn jede Folge in X eine in X konvergente Teilfolge besitzt.

Satz 1.6.9 *Für eine Teilmenge K eines metrischen Raumes X sind äquivalent:*

1. K ist kompakt.
2. K ist folgenkompakt.
3. K ist vollständig, und zu jedem $\varepsilon > 0$ gibt es $x_1, \ldots, x_n \in K$ mit

$$K \subseteq B(x_1, \varepsilon) \cup \cdots \cup B(x_n, \varepsilon).$$

Beweis 1. $\Rightarrow$ 2. folgt aus Satz 1.6.7 zusammen mit Aufgabe 13.

2. $\Rightarrow$ 3.: Die Vollständigkeit von K ist direkte Konsequenz aus 2. Sei nun $\varepsilon > 0$ gegeben, und sei K nicht enthalten in einer endlichen Vereinigung von metrischen Bällen vom Radius ε wie in 3. Sei $x_1 \in K$. Nach Annahme gibt es dann $x_2 \in K \setminus B(x_1, \varepsilon)$. Rekursiv erhalten wir eine Folge (x_n) in K mit

$$x_{n+1} \in K \setminus B(x_1, \varepsilon) \cup \cdots \cup B(x_n, \varepsilon).$$

Nach 2. hat diese Folge eine in K konvergente Teilfolge. Sei $x \in K$ Grenzwert dieser Teilfolge. Dann gibt es $m > n \geq 1$ mit $d(x, x_m) < \varepsilon/2$ und $d(x, x_n) < \varepsilon/2$, ein Widerspruch zu $x_m \in K \setminus B(x_n, \varepsilon)$.

3. $\Rightarrow$ 1.: Sei $(U_i)_{i \in I}$ eine offene Überdeckung von K, die keine endliche Teilüberdeckung von K enthält. Mit 3. gibt es zu einem gewählten $\alpha \in (0, 1)$ eine endliche Überdeckung von K mit metrischen Bällen $B(x, \alpha)$. Es gibt daher einen Punkt $x_1 \in K$, sodass $B(x_1, \alpha) \cap K$ nicht von endlich vielen der U_i überdeckt wird. Mit K kann auch $B(x_1, \alpha) \cap K$ von endlich vielen metrischen Bällen $B(x, \alpha^2)$, $x \in K$, überdeckt werden. Daher gibt es einen Punkt $x_2 \in K$ mit

$$B(x_1, \alpha) \cap K \cap B(x_2, \alpha^2) \neq \emptyset,$$

sodass $B(x_2, \alpha^2) \cap K$ nicht von endlich vielen der U_i überdeckt wird. Rekursiv erhalten wir eine Folge (x_n) in K mit

$$B(x_{n-1}, \alpha^{n-1}) \cap K \cap B(x_n, \alpha^n) \neq \emptyset,$$

sodass $B(x_n, \alpha^n) \cap K$ nicht von endlich vielen der U_i überdeckt wird. Damit ist $d(x_n, x_{n+1}) < 2\alpha^n$, die Folge (x_n) ist daher eine Cauchyfolge[4]. Weil K vollständig ist, konvergiert die Folge in K. Der Grenzwert $x \in K$ dieser Folge liegt in einem U_i der Überdeckung. Weil U_i offen ist, gibt es ein $\varepsilon > 0$ mit $B(x, \varepsilon) \subseteq U_i$. Dann ist aber auch $B(x_n, \alpha^n) \subseteq U_i$ für alle genügend großen n, ein Widerspruch.   □

Folgerung 1.6.10 (Satz von Heine-Borel[5]) *Eine Teilmenge des $\mathbb{R}^n$ ist genau dann kompakt, wenn sie abgeschlossen und beschränkt ist.*   □

Satz 1.6.11 *Das Bild einer kompakten Teilmenge unter einer stetigen Abbildung ist kompakt.*   □

Folgerung 1.6.12 *Sei X kompakt und $f: X \longrightarrow \mathbb{R}$ stetig. Dann hat f ein Maximum.*   □

Satz 1.6.13 *Sei X kompakt, Y hausdorffsch und $f: X \longrightarrow Y$ stetig. Dann ist f abgeschlossen. Falls f injektiv ist, so ist f ein Homöomorphismus auf das Bild von f.*   □

Definition 1.6.14

Wir nennen einen topologischen Raum X *lokal kompakt*, wenn jeder Punkt in X eine Umgebungsbasis besitzt, die aus kompakten Teilmengen von X besteht.

---

[4] Augustin-Louis Cauchy (1789–1857)
[5] Heinrich Eduard Heine (1821–1881), Félix Édouard Justin Émile Borel (1871–1956)

1.7 Der Jordan'sche Kurvensatz

Eine *Jordankurve* ist eine Kurve $c\colon [a, b] \longrightarrow \mathbb{R}^2$, sodass $c|[a, b)$ injektiv und $c(a) = c(b)$ ist. Das erste Beispiel, das in den Sinn kommt, ist der Kreis

$$c\colon [0, 2\pi] \longrightarrow \mathbb{R}^2, \quad c(t) = (\cos t, \sin t).$$

Das Komplement des Kreises hat zwei Zusammenhangskomponenten,

$$B = \{x \in \mathbb{R}^2 \mid \|x\| < 1\} \quad \text{und} \quad A = \{x \in \mathbb{R}^2 \mid \|x\| > 1\},$$

und B ist beschränkt und A unbeschränkt. Der Jordan'sche Kurvensatz besagt, dass die analoge Eigenschaft für alle Jordankurven gilt.

Satz 1.7.1 (Jordan'scher Kurvensatz) *Sei $C \subseteq \mathbb{R}^2$ das Bild einer Jordankurve c. Dann hat $\mathbb{R}^2 \setminus C$ zwei Zusammenhangskomponenten, eine davon ist beschränkt, die andere unbeschränkt.*

Wir werden den Jordan'schen Kurvensatz hier nicht in voller Allgemeinheit beweisen, weil dies technisch recht aufwendig wäre. Mit dem entsprechenden Hilfsmittel der singulären Homologie wäre ein kurzer, aber nicht besonders instruktiver Beweis möglich. Wir zielen auf einen elementaren, instruktiven Beweis und beschränken uns auf den Fall, dass die Kurve c ein *Streckenzug* ist. Das heißt, es gibt eine Unterteilung

$$a = t_0 < t_1 < \cdots < t_k = b,$$

so dass, für alle $1 \le i \le k$ und $t \in [t_{i-1}, t_i]$,

$$c(t) = \frac{t_i - t}{t_i - t_{i-1}} c(t_{i-1}) + \frac{t - t_{i-1}}{t_i - t_{i-1}} c(t_i).$$

Weil es die Darstellung vereinfacht, nehmen wir $[a, b] = [0, 1]$ an und setzen die Kurve periodisch auf $\mathbb{R}$ fort. Dass c jordansch ist, drückt sich dann aus als

$$c(t) = c(t') \iff t - t' \in \mathbb{Z}.$$

Mit anderen Worten, c ist injektiv modulo $\mathbb{Z}$. Mit der periodischen Erweiterung von c auf $\mathbb{R}$ erhalten wir auch eine Erweiterung der Unterteilung von $[0, 1]$, die wir mit $\mathbb{Z}$ durchnummerieren, also $t_{jk+i} = t_i + j$ mit ganzen Zahlen $0 \le i \le k$ und j. Nach diesen Vorbereitungen kommen wir nun zum Beweis von Satz 1.7.1 für Jordan'sche Streckenzüge. Die Beweisidee ist [CR] entnommen.

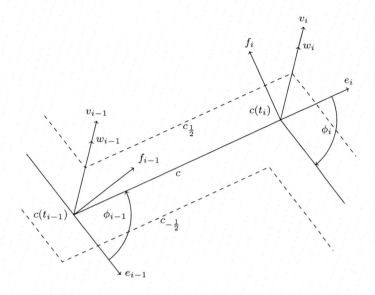

Abb. 1.2 Die parallelen Streckenzüge

Beweis Das Ziel der ersten Beweisetappe ist die Konstruktion paralleler Jordan'scher Streckenzüge $c_s \colon \mathbb{R} \longrightarrow \mathbb{R}^2$ von $c = c_0$, deren Bilder paarweise disjunkt sind. Für $i \in \mathbb{Z}$ setzen wir dazu

$$e_i := \frac{c(t_i) - c(t_{i-1})}{\|c(t_i) - c(t_{i-1})\|} =: (x_i, y_i) \quad \text{und} \quad f_i := (-y_i, x_i),$$

s. Abb. 1.2. Dann ist (e_i, f_i) eine positiv orientierte Orthonormalbasis des $\mathbb{R}^2$ (mit der kanonischen Orientierung). Sei ϕ_l der orientierte Winkel zwischen $c(t_{i+1}) - c(t_i)$ und $c(t_i) - c(t_{i-1})$, also

$$c(t_{i+1}) - c(t_i) = \|c(t_{i+1}) - c(t_i)\| \big(\cos(\phi_i)e_i + \sin(\phi_i)f_i\big).$$

Die Winkelhalbierende zwischen $c(t_{i-1}) - c(t_i)$ und $c(t_{i+1}) - c(t_i)$, also zwischen $-e_i$ und e_{i+1}, hat dann die Richtung

$$w_i := \cos\left(\frac{\pi + \phi_i}{2}\right) e_i + \sin\left(\frac{\pi + \phi_i}{2}\right) f_i.$$

Wir setzen nun

$$v_i := \frac{1}{\cos(\phi_i/2)} w_i.$$

Abb. 1.3 Der Schnittpunkt
bei $c(t_i)$ wird nicht gezählt,
der bei $c(t_j)$ schon

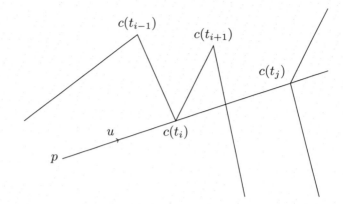

Für alle s mit genügend kleinem $|s|$ ist $c(t_{i-1}) + sv_{i-1} \neq c(t_i) + sv_i$, und die Gerade
durch diese Punkte ist dann parallel mit Abstand $|s|$ zur Geraden durch $c(t_{i-1})$ und $c(t_i)$.
Damit erhalten wir eine Familie von Streckenzügen $c_s \colon \mathbb{R} \longrightarrow \mathbb{R}^2$ mit

$$c_s(t) := \frac{t_i - t}{t_i - t_{i-1}}(c(t_{i-1}) + sv_{i-1}) + \frac{t - t_{i-1}}{t_i - t_{i-1}}(c(t_i) + sv_i)$$

für $i \in \mathbb{Z}$ und $t \in [t_{i-1}, t_i]$. Nach Definition ist $c_0 = c$. Weil c jordansch ist, gibt es ein
$\varepsilon > 0$, sodass

$$(-\varepsilon, \varepsilon) \times [t_{i-1} - \varepsilon, t_i + \varepsilon] \longrightarrow \mathbb{R}^2, \quad (s, t) \mapsto c_s(t),$$

injektiv ist für alle $i \in \mathbb{Z}$. Weil c injektiv modulo $\mathbb{Z}$ ist, folgt nun leicht *per reductio ad absurdum*, dass

$$(-\varepsilon, \varepsilon) \times \mathbb{R} \longrightarrow \mathbb{R}^2, \quad (s, t) \mapsto c_s(t),$$

ebenfalls injektiv modulo $\mathbb{Z}$ ist, falls nur ε klein genug gewählt ist. Damit sind die entsprechenden c_s Jordan'sche Streckenzüge und haben paarweise disjunkte Bilder. Die erste
Etappe des Beweises ist damit erfolgreich abgeschlossen.

Sei C das Bild von c und $u \neq 0$ ein Vektor in $\mathbb{R}^2$, der nicht Vielfaches eines der
Vektoren $c(t_i) - c(t_{i-1})$ ist. Wir definieren nun zwei Mengen $A, B \subseteq \mathbb{R}^2 \setminus C$ wie folgt:
$p \in \mathbb{R}^2 \setminus C$ gehört zu A bzw. B, wenn die Anzahl der Schnitte des Strahls $\{p + tu \mid t \geq 0\}$
mit C gerade bzw. ungerade ist. Hierbei zählen wir Schnitte mit Ecken $c(t_i)$ wie folgt:
Falls der Streckenzug $c|[t_{i-1}, t_{i+1}]$ auf einer Seite des Strahls liegt, so zählen wir den
Schnittpunkt nicht (als 0), sonst als echten Schnittpunkt (als 1), s. Abb. 1.3.

Nach Definition gilt $A \cap B = \emptyset$ und $A \cup B = \mathbb{R}^2 \setminus C$. Falls eine Seite einer Strecke
von c (lokal) zu A gehört, so gehört die andere zu B und umgekehrt. Insbesondere sind A
und B nicht leer. Als Nächstes sehen wir, dass A und B offen sind. Daher verlaufen Wege
in $\mathbb{R}^2 \setminus C$ entweder in A oder in B. Also muss ein Weg C schneiden, wenn er von A nach

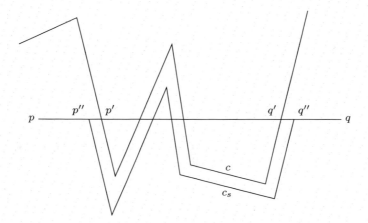

Abb. 1.4 In A von p nach q

B verläuft. Damit verlaufen die verschiedenen c_s ganz in A oder in B, und c_{-s} verläuft in B, wenn c_s in A verläuft und umgekehrt.

Mit diesen Einsichten kommen wir nun zum Hauptpunkt, nämlich, dass A und B wegzusammenhängend sind. Seien dazu $p, q \in A$. Weil A offen ist, können wir annehmen, dass die Strecke von p nach q keinen der Punkte $c(t_i)$ trifft. Falls nun die Strecke von p nach q keinen Schnitt mit C hat, so ist nichts zu beweisen. Andernfalls gibt es einen ersten Schnittpunkt $p' = c(t_1')$ und letzten Schnittpunkt $q' = c(t_2') \neq p'$ mit C, s. Abb. 1.4. Für p'' auf der Strecke zwischen p und p' und ε-nahe an p' gibt es dann ein kleines $s \neq 0$ und ein t_1'' nahe an t_1', sodass $p'' = c_s(t_1'')$. Es gibt dann auch ein t_2'' nahe an t_2', sodass $c_s(t_2'') = q''$ auf der Strecke von p nach q liegt. Wir behaupten nun, dass q'' zwischen q' und q liegt. Andernfalls wäre $q'' \in B$, ein Widerspruch dazu, dass c_s ganz in A verläuft. Wir sehen nun sukzessive, dass p, p'', q'' und q alle in einer Wegzusammenhangskomponente von $\mathbb{R}^2 \setminus C$ liegen. Also ist A wegzusammenhängend. Analog sieht man, dass B wegzusammenhängend ist.

B ist beschränkt, denn wenn C in einer Scheibe mit Radius R enthalten ist, so gehört das Äußere dieser Scheibe zu A. $\qquad \square$

Eine Erweiterung des Jordan'schen Kurvensatzes stammt von Schoenflies[6].

Satz 1.7.2 (Satz von Schoenflies) *Sei $C \subseteq \mathbb{R}^2$ das Bild einer Jordankurve. Dann gibt es einen Homöomorphismus des $\mathbb{R}^2$, der C auf den Einheitskreis abbildet.*

Während das Analogon des Jordan'schen Kurvensatzes in höheren Dimensionen immer noch richtig ist, gilt die höherdimensionale Version des Satzes von Schoenflies nicht.

---

[6] Arthur Moritz Schoenflies (1853–1928)

In Dimension drei ist *Alexanders*[7] *gehörnte Sphäre* ein Gegenbeispiel. In Wikipedia findet man ausführliche Diskussionen der Sätze von Jordan und Schoenflies nebst vielen Literaturhinweisen. Eine wahre Fundgrube zu diesem Thema ist die Webseite von Andrew Ranicki[8].

1.8   Ergänzende Literatur

Die schon zu Anfang genannten Quellen [Qu] und [La, Kapitel I] sind gut lesbar, insbesondere auch abschnittweise, und decken den Regelbedarf an mengentheoretischer Topologie mehr als ab.

1.9   Aufgaben

1. 1) Sei $f\colon X \longrightarrow Y$ eine Abbildung zwischen topologischen Räumen. Dann ist f genau dann stetig, wenn für alle Teilmengen B von Y gilt, dass $f^{-1}(\mathring{B})$ im Inneren von $f^{-1}(B)$ enthalten ist. Formuliere auch eine entsprechende Aussage über abgeschlossene Hüllen.

   2) Sei $\mathcal{T}$ die kanonische Topologie auf $\mathbb{R}$ und $S = \mathcal{T}_{+}$ wie in Beispiel 1.1.2 5). Bestimme die Menge aller stetigen Abbildungen $(\mathbb{R}, \mathcal{T}) \longrightarrow (\mathbb{R}, S)$.

   3) Seien $I, J \subseteq \mathbb{R}$ Intervalle und $f\colon I \longrightarrow J$ eine Funktion. Dann ist f genau dann ein Homöomorphismus, wenn f streng monoton und surjektiv ist.

2. Sei X ein topologischer Raum und $A \subseteq X$. Falls es eine Folge (x_n) in A gibt, die gegen $x \in X$ konvergiert, so ist $x \in \overline{A}$. Falls X dem ersten Abzählbarkeitsaxiom genügt, so gilt auch die Umkehrung.

3. 1) Ein topologischer Raum X ist genau dann hausdorffsch, wenn die Diagonale $\{(x, x) \mid x \in X\}$ bezüglich der Produkttopologie abgeschlossen in $X \times X$ ist.

   2) Seien X und Y metrische Räume mit Metriken d_X und d_Y. Dann ist

   $$d_\infty((x_1, y_1), (x_2, y_2)) := \max\{d_X(x_1, x_2), d_Y(y_1, y_2)\}$$

   eine Metrik auf $X \times Y$. Zeige, dass die zu d_∞ assoziierte Topologie auf $X \times Y$ die Produkttopologie der zu d_X und d_Y assoziierten Topologien auf X und Y ist. Überlege auch, dass die zu den Metriken

   $$d_s((x_1, y_1), (x_2, y_2)) := (d_X(x_1, x_2)^s + d_Y(y_1, y_2)^s)^{1/s}, \quad 1 \le s < \infty,$$

   assoziierten Topologien auf $X \times Y$ mit der zu d_∞ assoziierten übereinstimmen.

4. 1) (Verkleben der Enden einer Schnur) Sei $I = [0, 1]$ und $R = \{(x, x) \mid x \in I\} \cup \{(0, 1), (1, 0)\}$. Zeige, dass I/R bezüglich der Quotiententopologie homöomorph zum Kreis $S^1 := \{(y, z) \in \mathbb{R}^2 \mid y^2 + z^2 = 1\}$ ist.

   2) (Aufwickeln einer Schnur) Sei R die Äquivalenzrelation auf $\mathbb{R}$ mit $x \sim y$, falls $x - y \in \mathbb{Z}$. Zeige, dass $\mathbb{R}/R$ bezüglich der Quotiententopologie homöomorph zum Kreis S^1 ist.

   3) Sei analog R die Äquivalenzrelation auf $\mathbb{R}^m$ mit $x \sim y$, falls $x - y \in \mathbb{Z}^m$. Zeige, dass $\mathbb{R}^m/R$ bezüglich der Quotiententopologie homöomorph zum *Torus* $T^m := (S^1)^m$ bezüglich der Produkttopologie ist.

---

[7] James Waddell Alexander II (1888–1971)
[8] Andrew Alexander Ranicki (1948–2018)

5. Der topologische Raum X sei Vereinigung endlich vieler abgeschlossener Teilmengen X_α, die jeweils mit der Relativtopologie versehen sind. Zeige, dass eine Teilmenge von X genau dann offen ist, wenn ihr Durchschnitt mit allen X_α offen ist. Schließe, dass eine Abbildung von X in einen topologischen Raum Y genau dann stetig ist, wenn ihre Einschränkung auf X_α für jedes α stetig ist.

6. (Initialtopologie) Sei Y eine Menge, $(X_i, \mathcal{T}_i)$, $i \in I$, eine Familie topologischer Räume und $g_i \colon Y \longrightarrow X_i$, $i \in I$, eine Familie von Abbildungen. Zeige, dass die von den Mengen $g_i^{-1}(V)$, $i \in I$ und $V \in \mathcal{T}_i$, erzeugte *Initialtopologie* $\mathcal{T}$ auf Y durch jede der beiden folgenden Eigenschaften charakterisiert ist:

   1. $\mathcal{T}$ ist die gröbste Topologie auf Y, sodass alle g_i stetig sind.
   2. Für alle topologischen Räume Z und Abbildungen $f \colon Z \longrightarrow Y$ ist f genau dann stetig, wenn alle $g_i \circ f$ stetig sind.

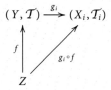

Überlege auch, dass Relativ- und Produkttopologie unter dieses Schema fallen. Unter welchen Bedingungen ist $(Y, \mathcal{T})$ ein Hausdorffraum?

7. (Finaltopologie) Sei Y eine Menge, $(X_i, \mathcal{T}_i)$, $i \in I$, eine Familie topologischer Räume und $g_i \colon X_i \longrightarrow Y$, $i \in I$, eine Familie von Abbildungen. Zeige, dass die Menge $\mathcal{T}$ der Teilmengen U von Y, sodass $g_i^{-1}(U)$ für alle $i \in I$ offen in X_i ist, eine Topologie auf Y definiert, die sogenannte *Finaltopologie*, und dass diese durch jede der beiden folgenden Eigenschaften charakterisiert ist:

   1. $\mathcal{T}$ ist die feinste Topologie auf Y, sodass alle g_i stetig sind.
   2. Für alle topologischen Räume Z und Abbildungen $f \colon Y \longrightarrow Z$ ist f genau dann stetig, wenn alle $f \circ g_i$ stetig sind.

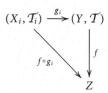

Überlege, dass die Quotiententopologie unter dieses Schema fällt.

8. Eine Teilmenge der reellen Zahlen $\mathbb{R}$ ist genau dann zusammenhängend, wenn sie ein Intervall ist (Tipp: Zwischenwertsatz).

9. 1) Eine offene Teilmenge des $\mathbb{R}^m$ ist genau dann wegzusammenhängend, wenn sie zusammenhängend ist.
   2) Die Einheitssphäre $S^m = \{x \in \mathbb{R}^{m+1} \mid \|x\| = 1\}$ ist wegzusammenhängend für alle $m \geq 1$.
   3) Die Teilmenge $\{(x, \sin(1/x)) \mid x > 0\} \cup \{(0, y) \mid y \in \mathbb{R}\}$ des $\mathbb{R}^2$ ist zusammenhängend, aber nicht wegzusammenhängend.

10. Die Teilmenge des $\mathbb{R}^2$, die aus den Punkten (x, y) mit $x = 0$ oder $y = 0$ oder $y = 1/n$ mit $n \in \mathbb{N}$ besteht, ist bezüglich der Relativtopologie wegzusammenhängend, aber nicht lokal zusammenhängend.

11. Seien $A, B \subseteq X$ abgeschlossene Teilmengen. Zeige, dass A und B zusammenhängend sind, falls $A \cap B$ und $A \cup B$ zusammenhängend sind.

12. Der Graph einer stetigen Abbildung $f \colon X \longrightarrow Y$ ist genau dann wegzusammenhängend, wenn X wegzusammenhängend ist.

13. Sei X topologischer Raum und $x \in X$ ein Punkt mit abzählbarer Umgebungsbasis. Dann ist x Häufungspunkt einer Folge (x_n) in X genau dann, wenn eine Teilfolge von (x_n) gegen x konvergiert.

14. Ein Hausdorffraum, der das zweite Abzählbarkeitsaxiom erfüllt, ist genau dann kompakt, wenn er folgenkompakt ist.

15. (Cantor'sches[9] Diskontinuum) Sei $C_0 := [0, 1]$. Entferne das offene mittlere Drittel $(1/3, 2/3)$ von C_0 und erhalte damit $C_1 := [0, 1/3] \cup [2/3, 1]$. Entferne jeweils die mittleren offenen Drittel der Teilintervalle von C_1 und erhalte damit

$$C_2 := [0, 1/9] \cup [2/9, 1/3] \cup [2/3, 7/9] \cup [8/9, 1].$$

Entferne rekursiv jeweils die mittleren offenen Drittel der Teilintervalle von C_n, $n \geq 2$, und erhalte damit eine absteigende Folge

$$C_0 \supseteq C_1 \supseteq C_2 \supseteq C_3 \supseteq \cdots$$

abgeschlossener Teilmengen von $\mathbb{R}$. Das *Cantor'sche Diskontinuum* ist die Teilmenge $C := \bigcap_{n=0}^{\infty} C_n$ von $\mathbb{R}$. Überlege, dass C kompakt, überabzählbar und nirgends dicht in $\mathbb{R}$ ist.

16. 1) Ein Hausdorffraum X ist genau dann lokal kompakt, wenn jeder Punkt von X eine kompakte Umgebung hat.

    2) Eine Teilmenge eines lokal kompakten Hausdorffraumes X ist genau dann abgeschlossen, wenn ihr Durchschnitt mit jeder kompakten Teilmenge von X abgeschlossen ist.

---

[9] Georg Ferdinand Ludwig Philipp Cantor (1845–1918)

Mannigfaltigkeiten

2

Für viele Probleme innerhalb und außerhalb der Mathematik sind Mannigfaltigkeiten die natürliche Klasse der zugrunde liegenden Räume. Im Sinne der Analysis sind Mannigfaltigkeiten lokal nicht von euklidischen Räumen zu unterscheiden und daher auf die Werkzeuge der Analysis zugeschnitten. Vieles aus der Analysis euklidischer Räume findet mit den Mannigfaltigkeiten seinen natürlichen Rahmen.

2.1   Mannigfaltigkeiten und glatte Abbildungen

Der Schlüssel zur Definition der Mannigfaltigkeiten ist die Kettenregel: Falls U, V und W offene Teilmengen euklidischer Räume und $f\colon U \longrightarrow V$ und $g\colon V \longrightarrow W$ differenzierbar sind, so ist $g \circ f$ differenzierbar, und für die Ableitungen gilt

$$D(g \circ f)|_x = Dg|_{f(x)} \circ Df|_x \quad \text{in allen } x \in U.$$

Weiterhin ist wichtig, dass Differenzierbarkeit eine lokale Eigenschaft ist.

Atlanten

Für offene Teilmengen $U \subseteq \mathbb{R}^m$ und $V \subseteq \mathbb{R}^n$ und $k = 0$ bzw. $k \in \mathbb{N}$ bzw. $k = \infty$ bzw. $k = \omega$ sagen wir, dass $f\colon U \longrightarrow V$ eine C^k-*Abbildung* ist, falls f stetig bzw. k-mal stetig differenzierbar bzw. unendlich oft differenzierbar bzw. reell analytisch[1] ist. In der Regel sagen wir *glatt* statt *unendlich oft differenzierbar*. Jede dieser Regularitätsklassen ist stabil unter Einschränkung und Komposition, und das sind die entscheidenden Eigenschaften bei der folgenden Definition und Diskussion.

---

[1] Reell analytisch bedeutet, dass die Komponenten von f lokal durch konvergente Potenzreihen dargestellt werden können. Der Leser, der nicht mit reell analytischen Abbildungen vertraut ist, möge *reell analytisch* jeweils durch *unendlich oft differenzierbar* ersetzen.

© Springer International Publishing AG 2018
W. Ballmann, *Einführung in die Geometrie und Topologie*, Mathematik Kompakt,
https://doi.org/10.1007/978-3-0348-0986-3_2

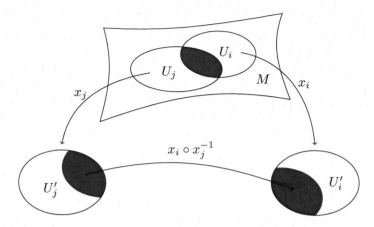

Abb. 2.1 Kartenwechsel

Definition 2.1.1

Für $m \geq 0$ und $k \in \{0, 1, 2, \ldots, \infty, \omega\}$ besteht ein *m-dimensionaler C^k-Atlas $\mathcal{A}$* auf einer Menge M aus

1. einer Überdeckung $(U_i)_{i \in I}$ von M,
2. einer Familie $(U_i')_{i \in I}$ offener Teilmengen des $\mathbb{R}^m$ und
3. einer Familie $x_i \colon U_i \longrightarrow U_i'$, $i \in I$, von Bijektionen,

sodass die $x_i(U_i \cap U_j)$ offen in $\mathbb{R}^m$ und die

$$x_i \circ x_j^{-1} \colon x_j(U_i \cap U_j) \longrightarrow x_i(U_i \cap U_j)$$

C^k-Abbildungen sind für alle $i, j \in I$, s. Abb. 2.1. Die x_i nennen wir dann die *Karten*, die U_i die *Kartengebiete* und die $x_i \circ x_j^{-1}$ die *Kartenwechsel* des Atlanten. Statt von Karten sprechen wir auch von *Koordinaten* oder *lokalen Koordinaten*.

Die Kartenwechsel sind invertierbar, denn es gilt $(x_i \circ x_j^{-1})^{-1} = x_j \circ x_i^{-1}$. Daher sind die Kartenwechsel Homöomorphismen bzw. Diffeomorphismen der entsprechenden Differenzierbarkeitsklasse. Einen C^0-Atlas nennen wir auch einen *topologischen*, einen C^∞-Atlas einen *glatten* und einen C^ω-Atlas einen *reell analytischen Atlas*. Per Definition sind reell analytische Atlanten glatt; für alle $k \in \mathbb{N}$ sind glatte Atlanten C^k und C^k-Atlanten C^{k-1}.

Ein Atlas $\mathcal{A}$ auf einer Menge M ist festgelegt durch die Familie der Paare (U_i, x_i) aus Kartengebieten und Karten, und so verweisen wir deshalb häufig auch auf Atlanten.

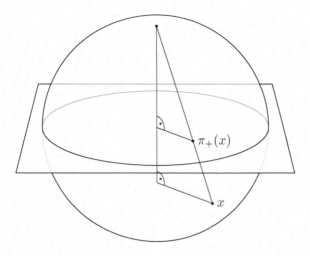

Abb. 2.2 Die stereographische Projektion π_+

Beispiele 2.1.2

1) $(\mathbb{R}^m, \mathrm{id})$ ist ein reell analytischer Atlas auf $\mathbb{R}^m$ (mit einer Karte).
2) Sei $S^m = \{x \in \mathbb{R}^{m+1} \mid \|x\| = 1\}$ die Einheitssphäre in $\mathbb{R}^{m+1}$. Die beiden Teilmengen

$$U_+ = \{x \in S^m \mid x^0 \neq 1\} \quad \text{und} \quad U_- = \{x \in S^m \mid x^0 \neq -1\}$$

überdecken S^m. Die *stereographischen Projektionen*

$$\pi_{\pm} : U_{\pm} \longrightarrow \mathbb{R}^m, \quad \pi_{\pm}(x) := \frac{1}{1 \mp x^0}(x^1, \ldots, x^m),$$

bestimmen jeweils den Schnittpunkt $\pi_{\pm}(x)$ der Geraden durch Nord- bzw. Südpol und x mit $\mathbb{R}^m \cong \{x^0 = 0\} \subseteq \mathbb{R}^{m+1}$, vgl. Abb. 2.2, und sind bijektiv[2]. Die Kartenwechsel berechnen sich zu

$$(\pi_+ \circ \pi_-^{-1})(x) = (\pi_- \circ \pi_+^{-1})(x) = x/\|x\|^2.$$

Damit ist $\mathcal{A} = ((U_+, \pi_+), (U_-, \pi_-))$ ein reell analytischer Atlas auf S^m.

Einem Atlas $\mathcal{A}$ auf einer Menge M ist auf kanonische Weise eine Topologie $\mathcal{T}_{\mathcal{A}}$ auf M zugeordnet. Wir sehen ein Menge M zusammen mit einem Atlas immer auf diese Weise als topologischen Raum an:

Satz 2.1.3 *Sei M eine Menge und $\mathcal{A} = ((U_i, x_i))_{i \in I}$ ein Atlas auf M. Sei $\mathcal{T}_{\mathcal{A}}$ die Menge der Teilmengen U von M, sodass $x_i(U \cap U_i)$ offen in $\mathbb{R}^m$ ist für alle $i \in I$. Dann ist $\mathcal{T}_{\mathcal{A}}$ eine Topologie auf M, und es gilt:*

---

[2] In diesem Beispiel ist x keine Karte, sondern der Name der Variablen.

1. Die Teilmengen U von M, für die es ein i gibt mit $U \subseteq U_i$, sodass $x_i(U)$ offen in $\mathbb{R}^m$ ist, bilden eine Basis von $\mathcal{T}_{\mathcal{A}}$.

2. Die $x_i: U_i \longrightarrow U_i'$ sind Homöomorphismen.

3. Zusammen mit $\mathcal{T}_{\mathcal{A}}$ ist M ein lokal kompakter, lokal wegzusammenhängender topologischer Raum.   □

▶ **Bemerkungen 2.1.4**

1) Im Sinne von Aufgabe 7 in Kap. 1 ist $\mathcal{T}_{\mathcal{A}}$ die von den Abbildungen $x_i^{-1}: U_i' \longrightarrow M$ induzierte Finaltopologie auf M.

2) In den Beispielen 2.1.2 1) und 2.1.2 2) stimmt die von dem jeweiligen Atlas induzierte Topologie mit der üblichen Topologie überein.

Satz und Definition 2.1.5 *Sei $\mathcal{A} = ((U_i, x_i))_{i \in I}$ ein m-dimensionaler C^k-Atlas auf einer Menge M. Sei $U \subseteq M$, $U' \subseteq \mathbb{R}^m$ eine offene Teilmenge und $x: U \longrightarrow U'$ eine Bijektion. Dann nennen wir (U, x) eine mit $\mathcal{A}$ verträgliche Karte, falls die $x_i(U \cap U_i)$ und $x(U \cap U_i)$ offen in $\mathbb{R}^m$ und die*

$$x \circ x_i^{-1}: x_i(U \cap U_i) \longrightarrow x(U \cap U_i)$$

und ihre Umkehrungen

$$x_i \circ x^{-1}: x(U \cap U_i) \longrightarrow x_i(U \cap U_i)$$

C^k-Abbildungen sind für alle $i \in I$.

Die Familie $\overline{\mathcal{A}}$ aller mit einem m-dimensionalen C^k-Atlas $\mathcal{A}$ auf M verträglichen Karten ist ein m-dimensionaler C^k-Atlas auf M und ist maximal in dem Sinne, dass er nicht echt in einem größeren m-dimensionalen C^k-Atlas auf M enthalten ist. Man nennt einen solchen maximalen Atlas auch eine m-dimensionale C^k-Struktur auf M. Im Falle $k = \infty$ bzw. $k = \omega$ spricht man auch von einer glatten bzw. reell analytischen Struktur.   □

Beispiel 2.1.6

Sei $U_i^{\pm} = \{x \in S^m \mid \pm x^i > 0\}$ und

$$\pi_i^{\pm}: U_i^{\pm} \longrightarrow \{u \in \mathbb{R}^m \mid \|u\| < 1\}, \quad \pi_i^{\pm}(x) := (x^0, \ldots, \hat{x}^i, \ldots, x^m),$$

wobei das Hütchen indiziert, dass man x^i wegfallen lässt. Dann bilden die $(U_i^{\pm}, \pi_i^{\pm})$ einen reell analytischen Atlas von Karten der S^m, die mit dem Atlas aus Beispiel 2.1.2 2) verträglich sind.

Satz und Definition 2.1.7 *Seien $\mathcal{A}$ und $\mathcal{B}$ Atlanten auf einer Menge M. Falls alle Karten von $\mathcal{A}$ mit $\mathcal{B}$ verträglich sind, so auch umgekehrt, und es gilt*

$$\mathcal{T}_{\mathcal{A}} = \mathcal{T}_{\mathcal{B}} \quad und \quad \overline{\mathcal{A}} = \overline{\mathcal{B}}.$$

Dann nennen wir $\mathcal{A}$ und $\mathcal{B}$ äquivalent.   □

Für effektives Arbeiten sind möglichst gut gewählte Atlanten wichtig, also Atlanten mit möglichst wenigen Karten und möglichst einfachen Kartenwechseln – Strukturen bleiben im Hintergrund. Das ist eine Interpretation der Sätze 2.1.5 und 2.1.7. In diesem Sinne sind Mannigfaltigkeiten nun im Wesentlichen Mengen M zusammen mit einem Atlas $\mathcal{A}$. Es gibt aber rechte Monster[3] solcher Paare, und deshalb fordert man schlussendlich noch zwei Eigenschaften von der durch $\mathcal{A}$ induzierten Topologie $\mathcal{T}_{\mathcal{A}}$, um unliebsame Beispiele auszuschließen. Wir stellen die Definition des Begriffs Mannigfaltigkeit daher für einen Moment zurück und diskutieren zunächst diese beiden Anforderungen, nämlich dass $\mathcal{T}_{\mathcal{A}}$ hausdorffsch und parakompakt sei.

Beispiel 2.1.8
Sei $M := (-\infty, 0) \cup \{+i, -i\} \cup (0, \infty)$. Als Kartengebiete in M wählen wir die zwei Teilmengen

$$U_{\pm} = (-\infty, 0) \cup \{\pm i\} \cup (0, \infty),$$

die M überdecken, und als Karten die Abbildungen

$$\kappa_{\pm} \colon U_{\pm} \longrightarrow \mathbb{R}, \quad \begin{cases} \kappa_{\pm}(x) = x & \text{für } x \neq \pm i, \\ \kappa_{\pm}(x) = 0 & \text{für } x = \pm i. \end{cases}$$

Dann ist $\kappa_{+}(U_{+} \cap U_{-}) = \kappa_{-}(U_{+} \cap U_{-}) = \mathbb{R} \setminus \{0\}$, und die Kartenwechsel sind

$$\kappa_{+} \circ \kappa_{-}^{-1} = \kappa_{-} \circ \kappa_{+}^{-1} = \text{id}.$$

Der Atlas $\mathcal{A} = ((U_{+}, \kappa_{+}), (U_{-}, \kappa_{-}))$ ist damit reell analytisch. Die Menge M zusammen mit der Topologie $\mathcal{T}_{\mathcal{A}}$ ist allerdings kein Hausdorffraum, wir haben den Nullpunkt verdoppelt (und die zwei Kopien des Nullpunkts aus didaktischen Gründen $\pm i$ genannt). Die Existenz eines Atlanten $\mathcal{A}$ auf einer Menge M garantiert also keineswegs, dass der topologische Raum $(M, \mathcal{T}_{\mathcal{A}})$ hausdorffsch ist.

Parakompakte Räume

Als Nächstes diskutieren wir den Begriff Parakompaktheit für allgemeine topologische Räume, die in diesem Zwischenspiel deshalb wieder mit X bezeichnet werden.

---

[3] eine Anleihe bei Imre Lakatos (1922–1974)

Definitionen 2.1.9

1. Eine Überdeckung $(V_j)_{j \in J}$ einer Menge X heißt *feiner* als eine Überdeckung $(U_i)_{i \in I}$ von X, wenn zu jedem V_j ein U_i existiert mit $V_j \subseteq U_i$.

2. Eine Überdeckung $(U_i)_{i \in I}$ eines topologischen Raumes X heißt *lokal endlich*, wenn jeder Punkt aus X eine Umgebung hat, die nur endlich viele der U_i trifft.

3. Ein topologischer Raum X heißt *parakompakt*, wenn jede offene Überdeckung von X eine lokal endliche offene Verfeinerung hat.

Achtung: Der Begriff *feiner* in Definition 2.1.9 1. ist mit Vorsicht zu genießen. Zum Beispiel ist jede Überdeckung einer Menge X feiner als die Überdeckung durch die gesamte Potenzmenge.

Topologische Räume, die nicht parakompakt sind, sind ungeometrische Objekte, wie der folgende Satz zeigt.

Satz 2.1.10 *Metrische Räume sind parakompakt.*

Wir werden Satz 2.1.10 nicht benützen und daher auch nicht beweisen; für einen Beweis s. beispielsweise [Qu, Kapitel 10].

Definition 2.1.11

Eine *kompakte Ausschöpfung* eines lokal kompakten Hausdorffraumes X besteht aus einer Folge (K_n) kompakter Teilmengen von X mit

$$K_n \subseteq \mathring{K}_{n+1} \quad \text{und} \quad \bigcup_n K_n = X.$$

Satz 2.1.12 *Sei X ein lokal kompakter Hausdorffraum.*

1. Falls die Topologie von X eine abzählbare Basis hat, so besitzt X eine kompakte Ausschöpfung.

2. Falls X parakompakt und zusammenhängend ist, so besitzt X eine kompakte Ausschöpfung.

3. Falls X eine kompakte Ausschöpfung besitzt, so ist X parakompakt.

Beweis 1. Wähle eine abzählbare Basis (B_n) der Topologie von X, sodass die $\overline{B}_n$ kompakt sind. (Eine solche gibt es!) Rekursiv definieren wir nun eine Folge kompakter Teilmengen K_n von X: Setze $K_1 := \overline{B}_1$. Seien nun $K_1, \ldots, K_n$ schon definiert. Wähle dann die kleinste Zahl $m > n$, sodass

$$K_n \subseteq B_1 \cup \cdots \cup B_m,$$

und setze

$$K_{n+1} := \overline{B}_1 \cup \cdots \cup \overline{B}_m.$$

Für die Folge der K_n gilt dann

$$K_n \subseteq \mathring{K}_{n+1} \quad \text{und} \quad \bigcup_n K_n = X.$$

Mit anderen Worten, X besitzt eine kompakte Ausschöpfung.

2. Wähle eine lokal endliche offene Überdeckung $(U_i)_{i \in I}$ von X, sodass die $\overline{U}_i$ kompakt sind. Dann trifft jede kompakte Teilmenge von X nur endlich viele der U_i.

Wähle ein $i = i(1) \in I$ mit $U_{i(1)} \neq \emptyset$ und setze $K_1 := \overline{U}_{i(1)}$. Dann ist K_1 kompakt und wird daher nur von endlich vielen der U_i getroffen. Diese nummerieren wir durch,

$$K_1 \cap U_{i(j)} \neq \emptyset, \quad i(1), \ldots, i(j_2) \in I,$$

und setzen

$$K_2 := \overline{U}_{i(1)} \cup \cdots \cup \overline{U}_{i(j_2)}.$$

Dann ist K_2 kompakt und wird daher nur von endlich vielen der U_i getroffen. Wir nummerieren diese konsistent mit den vorhergehenden U_i durch,

$$K_2 \cap U_{i(j)} \neq \emptyset, \quad i(1), \ldots, i(j_3) \in I,$$

und setzen

$$K_3 := \overline{U}_{i(1)} \cup \cdots \cup \overline{U}_{i(j_3)}.$$

Rekursiv erhalten wir eine Folge kompakter Teilmengen K_n, sodass

$$K_n \subseteq U_{i(1)} \cup \cdots \cup U_{i(n+1)} = \mathring{K}_{n+1};$$

insbesondere ist $\bigcup_n K_n$ offen in X. Sei nun x ein Berührungspunkt von $\bigcup_n K_n$. Eine kompakte Umgebung von x in X trifft dann nur endlich viele der $U_{i(j)}$, sodass x in der endlichen Vereinigung der Abschlüsse dieser $U_{i(j)}$ liegt. Diese Vereinigung liegt in einem der K_n, also auch x. Daher ist $\bigcup_n K_n$ abgeschlossen. Weil X zusammenhängend und $\bigcup_n K_n$ nicht leer ist, folgt damit $X = \bigcup_n K_n$. Also ist (K_n) eine kompakte Ausschöpfung von X.

3. Sei nun $(K_n)_{n \geq 1}$ eine kompakte Ausschöpfung und $\mathcal{U} = (U_i)_{i \in I}$ eine offene Überdeckung von X. Wähle endliche offene Überdeckungen $(V_{nj})_{1 \leq j \leq k_n}$ der kompakten Mengen $K_n \setminus \mathring{K}_{n-1}$, sodass alle V_{nj} in $\mathring{K}_{n+1} \setminus K_{n-2}$ enthalten sind (mit $K_{-1} = K_0 := \emptyset$) und zu jedem V_{nj} ein U_i existiert mit $V_{nj} \subseteq U_i$. Die Überdeckung von X durch die V_{nj} ist dann offen und lokal endlich und verfeinert die Überdeckung $\mathcal{U}$. $\qquad\square$

Mengen mit Atlanten $\mathcal{A}$, deren induzierte Topologie $\mathcal{T}_{\mathcal{A}}$ zwar hausdorffsch, aber nicht parakompakt ist, nämlich *lange Gerade* und *Prüfer'sche*[4] *Fläche*, werden in Anhang A1 in [Sp1] ausführlich diskutiert.

Satz 2.1.13 *Sei $\mathcal{A} = ((U_i, x_i))_{i \in I}$ ein Atlas auf einer Menge M, der die beiden folgenden Eigenschaften besitzt:*

1. Zu je zwei Punkten $p \neq q$ in M gibt es $i, j \in I$ und Teilmengen $V_i \subseteq U_i$ und $V_j \subseteq U_j$ mit

$$p \in V_i, \ q \in V_j \ und \ V_i \cap V_j = \emptyset,$$

sodass $x_i(V_i)$ und $x_j(V_j)$ offen in $\mathbb{R}^m$ sind,
2. I ist höchstens abzählbar.

Dann ist M zusammen mit der von $\mathcal{A}$ induzierten Topologie $\mathcal{T}_{\mathcal{A}}$ ein lokal kompakter Hausdorffraum mit abzählbarer Basis der Topologie. Insbesondere ist M zusammen mit $\mathcal{T}_{\mathcal{A}}$ parakompakt. □

Mannigfaltigkeiten

Definition 2.1.14

Eine m-dimensionale C^k-Mannigfaltigkeit ist eine Menge M zusammen mit einer m-dimensionalen C^k-Struktur $\mathcal{A}$ auf M, sodass M zusammen mit der von $\mathcal{A}$ induzierten Topologie $\mathcal{T}_{\mathcal{A}}$ hausdorffsch und parakompakt ist.

Wir denken uns eine Mannigfaltigkeit M immer zusammen mit der von der Struktur bzw. einem Atlas induzierten Topologie. Weil eine Struktur nach den Sätzen 2.1.5 und 2.1.7 aus allen Karten besteht, die mit einem in ihr enthaltenen Atlas verträglich sind, reicht es in Beispielen, einen Atlas zu identifizieren. Die verträglichen Karten nennen wir dann *Karten von M*. Für einen Punkt $p \in M$ ist eine *Karte um p* eine Karte (U, x) von M mit $p \in U$.

C^0-Mannigfaltigkeiten nennt man auch *topologische*, C^∞-Mannigfaltigkeiten *glatte* und C^ω-Mannigfaltigkeiten *reell analytische Mannigfaltigkeiten*. Zusammenhängende Mannigfaltigkeiten der Dimension 1 heißen auch *Kurven*, Beispiele sind die Gerade $\mathbb{R}$ und der Kreis S^1. Mannigfaltigkeiten der Dimension 2 heißen auch *Flächen*. Erste Beispiele sind die Ebene $\mathbb{R}^2$ und die Sphäre S^2.

Wir bringen nun eine kleine Auswahl von Beispielen, die wir auch später immer wieder unter verschiedenen Gesichtspunkten diskutieren werden.

---

[4] Ernst Paul Heinz Prüfer (1896–1934)

Beispiele 2.1.15

1) *Vektorräume*: $\mathbb{R}^m$ mit Atlas $(\mathbb{R}^m, \text{id})$ ist eine reell analytische Mannigfaltigkeit. Sei allgemeiner V ein m-dimensionaler Vektorraum über $\mathbb{R}$. Zu einer Basis $B = (b_1, \ldots, b_m)$ von V ist dann

$$\iota_B : \mathbb{R}^m \longrightarrow V, \quad \iota_B(u) := u^i b_i,$$

eine Bijektion, wobei wir die Einstein'sche[5] Summationskonvention benützen.[6] Wir setzen dann $x_B := \iota_B^{-1}$ und erhalten damit einen Atlas $\mathcal{A} = ((V, x_B))_B$ auf V, dessen Kartenwechsel lineare Abbildungen und damit reell analytisch sind. Die von $\mathcal{A}$ induzierte Topologie ist die kanonische. Diese ist lokal kompakt und hausdorffsch und hat eine abzählbare Basis. Damit ist V zusammen mit der von $\mathcal{A}$ induzierten reell analytischen Struktur eine zusammenhängende reell analytische Mannigfaltigkeit der Dimension m.

2) *Offene Teilmengen*: Eine offene Teilmenge W einer m-dimensionalen C^k-Mannigfaltigkeit M ist zusammen mit den Karten (U, x) von M mit $U \subseteq W$ kanonisch selbst eine C^k-Mannigfaltigkeit der Dimension m.

3) *Sphären*: Die Einheitssphäre S^m mit dem Atlanten aus Beispiel 2.1.2 2) ist eine kompakte reell analytische Mannigfaltigkeit der Dimension m.

4) *Projektive Räume* $\mathbb{K}P^n$ mit $\mathbb{K} \in \{\mathbb{R}, \mathbb{C}, \mathbb{H}\}$[7],[8] : Nach Definition ist $\mathbb{K}P^n$ die Menge der eindimensionalen $\mathbb{K}$-linearen Unterräume des $\mathbb{K}^{n+1}$. Ein Punkt L in $\mathbb{K}P^n$ ist festgelegt durch seine *homogenen Koordinaten*, $L = [x^0, \ldots, x^n]$, wobei $(x^0, \ldots, x^n)$ ein Vektor in $L \setminus \{0\}$ ist. Auf den $n+1$ Mengen

$$U_i = \{[x^0, \ldots, x^n] \in \mathbb{K}P^n \mid x^i \neq 0\}, \quad 0 \leq i \leq n,$$

die $\mathbb{K}P^n$ überdecken, definieren wir Bijektionen/Karten

$$\kappa_i : U_i \longrightarrow \mathbb{K}^n, \quad \kappa_i([x]) := (x^0, \ldots, \hat{x}^i, \ldots, x^n)(x^i)^{-1},$$

wobei das Hütchen über x^i bedeutet, dass x^i gestrichen wird. Die Kartenwechsel sind gegeben durch

$$(\kappa_i \circ \kappa_j^{-1})(x^1, \ldots, x^n) = (x^1, \ldots, \hat{x}^i, \ldots, 1, \ldots, x^n)(x^i)^{-1},$$

wobei die 1 an der j-ten Stelle steht (und in der Formel der Fall $i < j$ dargestellt wird). Also ist $\mathcal{A} = ((U_i, \kappa_i))_{0 \leq i \leq n}$ ein dn-dimensionaler reell analytischer Atlas auf $\mathbb{K}P^n$ mit $d = \dim_{\mathbb{R}} \mathbb{K} \in \{1, 2, 4\}$. Weil $\mathcal{A}$ die beiden Bedingungen aus Satz 2.1.13 erfüllt, wird $\mathbb{K}P^n$ zusammen mit $\mathcal{A}$ eine dn-dimensionale reell analytische Mannigfaltigkeit. Weiter unten werden wir sehen, dass $\mathbb{K}P^n$ kompakt ist.

---

[5] Albert Einstein (1879–1955)

[6] Die *Einstein'sche Summationskonvention* verlangt, dass über Indizes summiert wird, die oben und unten auftreten.

[7] Mit $\mathbb{H}$ bezeichnen wir die Hamilton'schen Quaternionen. Wir vereinbaren, dass Vektoren in $\mathbb{H}^n$ von rechts mit Skalaren aus $\mathbb{H}$, von links mit Matrizen aus $\mathbb{H}^{m \times n}$ multipliziert werden. Mit dieser Konvention definieren solche Matrizen $\mathbb{H}$-lineare Abbildungen $\mathbb{H}^n \longrightarrow \mathbb{H}^m$. Wem die Hamilton'schen Quaternionen nicht geheuer sind, möge sie vorerst ausklammern.

[8] William Rowan Hamilton (1805–1865)

5) *Graßmann'sche*[9] *Mannigfaltigkeiten* $G_k(V)$: Für einen Vektorraum V der Dimension n über $\mathbb{K} \in \{\mathbb{R}, \mathbb{C}, \mathbb{H}\}$ und eine Zahl $k \in \{1, \dots, n-1\}$ bezeichnen wir mit $G_k(V)$ die Menge aller k-dimensionalen $\mathbb{K}$-linearen Unterräume von V. Dieses Beispiel verallgemeinert somit das vorherige.
Zu einer Basis $E = (e_1, \dots, e_n)$ von V sei $U_E \subset G_k(V)$ die Menge aller Unterräume von V, die als Graph einer linearen Abbildung

$$\operatorname{Spann}(e_1, \dots, e_k) := V_E \longrightarrow W_E := \operatorname{Spann}(e_{k+1}, \dots, e_n)$$

geschrieben werden können. Anders gesagt, $P \in G_k(V)$ ist in U_E genau dann, wenn es eine Matrix $(a_\nu^\mu) \in \mathbb{K}^{(n-k) \times k}$ gibt, sodass das Tupel von Vektoren

$$e_\nu + \sum_{k < \mu \le n} e_\mu a_\nu^\mu, \quad 1 \le \nu \le k,$$

eine Basis von P ist. Dann setzen wir

$$\kappa_E(P) := (a_\nu^\mu) \in \mathbb{K}^{(n-k) \times k}$$

und erhalten damit eine Bijektion/Karte $\kappa_E \colon U_E \longrightarrow \mathbb{K}^{(n-k) \times k}$.
Sei $F = (f_1, \dots, f_n)$ eine weitere Basis von V. Dann schreiben wir $e_\mu = \sum f_\lambda \alpha_\mu^\lambda$. Für $P \in U_E$ und $A := (a_\nu^\mu)$ wie oben wird dann

$$e_\nu + \sum_{k < \mu \le n} e_\mu a_\nu^\mu = \sum_{1 \le \lambda \le k} f_\lambda \beta_\nu^\lambda + \sum_{k < \lambda \le n} f_\lambda \gamma_\nu^\lambda$$

mit

$$\beta_\nu^\lambda = \alpha_\nu^\lambda + \sum_{k < \mu \le n} \alpha_\mu^\lambda a_\nu^\mu \quad \text{und} \quad \gamma_\nu^\lambda = \alpha_\nu^\lambda + \sum_{k < \mu \le n} \alpha_\mu^\lambda a_\nu^\mu.$$

Die Matrizen $B := (\beta_\nu^\lambda) \in \mathbb{K}^{k \times k}$ und $C := (\gamma_\nu^\lambda) \in \mathbb{K}^{(n-k) \times k}$ hängen damit reell analytisch von A ab. Für $P \in U_E \cap U_F$ ist B invertierbar und

$$\kappa_F(P) = C \cdot B^{-1},$$

also sind die Kartenwechsel reell analytisch. Damit ist $((U_E, \kappa_E))_E$ ein reell analytischer Atlas auf $G_k(V)$. Offensichtlich erfüllt $\mathcal{A}$ die beiden Bedingungen aus Satz 2.1.13. Damit wird $G_k(V)$ zusammen mit $\mathcal{A}$ eine reell analytische Mannigfaltigkeit der Dimension $k(n-k) \dim_\mathbb{R} \mathbb{K}$ wie oben. Weiter unten werden wir sehen, dass $G_k(V)$ kompakt ist.
6) *Produkte*: Seien M und N C^k-Mannigfaltigkeiten der Dimension m und n mit Atlanten $\mathcal{A} = ((U_i, x_i))_{i \in I}$ und $\mathcal{B} = ((V_j, y_j))_{j \in J}$. Dann bilden die

$$(x_i \times y_j) \colon U_i \times V_j \longrightarrow U_i' \times V_j'$$

einen $(m+n)$-dimensionalen C^k-Atlas $\mathcal{A} \times \mathcal{B}$ auf $M \times N$. Die von diesem Atlas induzierte Topologie auf $M \times N$ ist die Produkttopologie, sie ist damit hausdorffsch und parakompakt. Also wird $M \times N$ zusammen mit $\mathcal{A} \times \mathcal{B}$ zu einer C^k-Mannigfaltigkeit der Dimension $m+n$.

---

[9] Hermann Günther Graßmann (1809–1877)

7) *Ein merkwürdiges Beispiel*: Die Menge $\mathbb{R}^2$ wird überdeckt von den horizontalen Geraden $U_y = \{(x, y) \mid x \in \mathbb{R}\}$, wobei y die reellen Zahlen durchläuft. Zu den U_y gesellen wir die Karten

$$\kappa_y : U_y \longrightarrow \mathbb{R}, \quad \kappa_y(x, y) := x.$$

Die (U_y, κ_y) bilden dann einen eindimensionalen reell analytischen Atlas $\mathcal{A}$ der Menge $\mathbb{R}^2$, und $\mathbb{R}^2$ zusammen mit der von $\mathcal{A}$ induzierten reell analytischen Struktur ist eine reell analytische Mannigfaltigkeit der Dimension 1. Um Beispiele wie dieses auszuschließen, verlangen manche Autoren in der Definition von Mannigfaltigkeiten stärker, dass ihre Topologie eine abzählbare Basis hat. Für die Zusammenhangskomponenten, im Beispiel die horizontalen Geraden U_y, laufen aber beide Definitionen auf dasselbe hinaus; vgl. mit Aufgabe 3.

Es ist Teil der Aussage des Einbettungssatzes von Whitney[10], dass die C^k-Struktur einer C^k-Mannigfaltigkeit M eine reell analytische Struktur enthält, falls $k \geq 1$ ist [Wh, Theorem 1]. Bei vielen Fragen genügt es daher, reell analytische Mannigfaltigkeiten zu betrachten. Es ist jedoch zweckmäßiger, sich auf glatte Mannigfaltigkeiten einzuschränken; vgl. beispielsweise mit Lemma 2.1.18. Wir sprechen deshalb der Einfachheit halber von Mannigfaltigkeiten, wenn wir glatte Mannigfaltigkeiten meinen:

Konvention Mannigfaltigkeit = glatte Mannigfaltigkeit.

In Ergänzung zum Resultat von Whitney sei noch erwähnt, dass Kervaire[11] topologische Mannigfaltigkeiten konstruierte, die keine C^1-Struktur tragen [Ke].

Glatte Abbildungen

Definition 2.1.16

Für $k \in \{0, 1, \ldots, \infty\}$ sagen wir, dass eine Abbildung $f : M \longrightarrow N$ zwischen Mannigfaltigkeiten C^k ist, wenn

$$y \circ f \circ x^{-1} : x(U \cap f^{-1}(V)) \longrightarrow V'$$

C^k ist für alle Karten $x : U \longrightarrow U'$ von M und $y : V \longrightarrow V'$ von N. Mit $C^k(M, N)$ bezeichnen wir den Raum aller C^k-Abbildungen von M nach N. Für $k = \infty$ sprechen wir auch von *glatten Abbildungen* und setzen $\mathcal{F}(M) := C^\infty(M, \mathbb{R})$.

▶ **Bemerkungen 2.1.17**

1) Da die Komposition von C^k-Abbildungen zwischen offenen Teilmengen von Vektorräumen C^k ist, reicht es für die Überprüfung von C^k, zu allen Punkten p in M Karten $x : U \longrightarrow U'$ von M um p und $y : V \longrightarrow V'$ von N um $f(p)$ zu finden, sodass $y \circ f \circ x^{-1}$ eine C^k-Abbildung ist.

2) Für reell analytische Mannigfaltigkeiten M und N kann man analog zu Definition 2.1.16 *reell analytische Abbildungen* definieren.

---

[10] Hassler Whitney (1907–1989)
[11] Michel André Kervaire (1927–2007)

In Aufgabe 4 werden Beispiele glatter Abbildungen diskutiert.

Die folgenden Lemmata werden in späteren Konstruktionen wichtig sein. Hier werden wir sie noch nicht als Werkzeuge einsetzen, sondern möchten mit ihnen nur die Flexibilität glatter Abbildungen betonen. Analoge Aussagen gelten nicht im Rahmen reell analytischer Abbildungen: Eine reell analytische Abbildung, die in der Umgebung eines Punktes konstant ist, ist auf der Zusammenhangskomponente des Punktes konstant.

Lemma 2.1.18 *Zu jeder offenen Umgebung V eines Punktes p einer Mannigfaltigkeit M gibt es eine* Glockenfunktion, *also eine glatte Funktion $f: M \longrightarrow \mathbb{R}$ mit $0 \leq f \leq 1$ und* supp $f \subseteq V$, *sodass $f \equiv 1$ lokal um p ist.*

Beweis Wähle eine Karte $x: U \longrightarrow B_1(0) = \{u \in \mathbb{R}^m \mid \|u\| < 1\}$ von M um p mit $U \subseteq V$ und $x(p) = 0$ und eine glatte Funktion $\varphi: \mathbb{R} \longrightarrow \mathbb{R}$ mit $0 \leq \varphi \leq 1$, $\varphi(r) = 1$ für $r \leq 1/3$ und $\varphi(r) = 0$ für $r \geq 2/3$. Setze dann $f(q) := \varphi(\|x(q)\|)$ für $q \in U$ und $f(q) := 0$ sonst. Dann ist f glatt auf U und verschwindet auf $M \setminus x^{-1}(\{u \in \mathbb{R}^m \mid \|u\| \leq 2/3\})$. Also ist f glatt auf M. Die anderen Eigenschaften von f folgen sofort aus der Konstruktion. $\qquad\square$

Im folgenden Lemma über Partitionen der Eins ist die Parakompaktheit von M eine unabdingbare Voraussetzung.

Lemma 2.1.19 (Partition der Eins) *Sei (U_i) eine offene Überdeckung einer Mannigfaltigkeit M. Dann gibt es eine lokal endliche Überdeckung von M durch offene und relativ kompakte Mengen V_j, die (U_i) verfeinert, zusammen mit*

1. Karten $x_j: V_j \longrightarrow B_2(0) = \{u \in \mathbb{R}^m \mid \|u\| < 2\}$ und
2. glatten Funktionen $\varphi_j: M \longrightarrow \mathbb{R}$ mit $0 \leq \varphi_j \leq 1$,

sodass supp $\varphi_j \subseteq V_j$ *für alle j und $\sum_j \varphi_j \equiv 1$.*

Die Summe über die φ_j ist wohldefiniert, denn jeder Punkt von M ist nur in endlich vielen der V_j enthalten, damit also auch in nur endlich vielen der supp φ_j.

Beweis Ohne Beschränkung der Allgemeinheit können wir annehmen, dass M zusammenhängend ist. Dann hat M nach Satz 2.1.12 eine kompakte Ausschöpfung (K_n). Setze $K_{-1} = K_0 = \emptyset$ und wähle rekursiv für jedes $n \geq 1$ endlich viele $V_{n,j} \subseteq \mathring{K}_{n+1} \setminus K_{n-2}$ mit Karten $x_{n,j}: V_{n,j} \longrightarrow B_2(0)$, sodass zu jedem (n, j) ein $i \in I$ existiert mit $V_{n,j} \subseteq U_i$ und die kompakte Menge $K_n \setminus \mathring{K}_{n-1}$ von den $x_{nj}^{-1}(B_1(0))$ überdeckt wird. Damit erhalten wir eine lokal endliche Überdeckung von M durch offene und relativ kompakte Mengen $V_{n,j}$, die (U_i) verfeinert und Eigenschaft 1. erfüllt; es fehlen nur noch die glatten

Funktionen $\varphi_{n,j}$. Dazu erinnern wir uns an den vorherigen Beweis und wählen eine nicht negative glatte Funktion $\psi \colon \mathbb{R} \longrightarrow \mathbb{R}$ mit $\psi > 0$ auf $(-1, 1)$ und supp $\psi \subseteq (-2, 2)$ und setzen $\psi_{n,j}(p) = \psi(\|x_{n,j}(p)\|)$ für $p \in V_{n,j}$ und $\psi_{n,j}(p) = 0$ sonst. Dann sind die $\psi_{n,j}$ glatt und $\Psi := \sum_{n,j} \psi_{n,j}$ ist wohldefiniert und glatt, denn die Überdeckung durch die $V_{n,j}$ ist lokal endlich. Ferner ist $\Psi > 0$, denn die $x_{nj}^{-1}(B_1(0))$ überdecken M und $\psi_{n,j} > 0$ auf $x_{nj}^{-1}(B_1(0))$. Daher erfüllen die $\varphi_{n,j} := \psi_{n,j}/\Psi$ die gewünschten Eigenschaften. $\qquad\square$

Im Folgenden werden wir uns im Wesentlichen auf glatte Abbildungen beschränken. Einerseits sind reell analytische Abbildungen für unsere Zwecke zu rigide, wie oben schon angedeutet. Andererseits sind Ableitungen glatter Abbildungen glatt, wir müssen uns also nicht mit dem Zählen von Ableitungen abmühen.

Diffeomorphismen

Definition 2.1.20

Eine Abbildung $f \colon M \longrightarrow N$ zwischen Mannigfaltigkeiten heißt *Diffeomorphismus*, wenn f eine Bijektion ist und f und f^{-1} glatt sind. Falls es einen Diffeomorphismus $M \longrightarrow N$ gibt, so heißen M und N *diffeomorph*.

In Aufgabe 5 werden Beispiele von Diffeomorphismen diskutiert.

Offensichtlich haben diffeomorphe Mannigfaltigkeiten dieselbe Dimension. Zusammenhängende Mannigfaltigkeiten der Dimension 1 sind diffeomorph zur Geraden $\mathbb{R}$ oder zum Kreis S^1, s. [Mi3, S. 55 ff.]. Die Diffeomorphieklassen kompakter zusammenhängender Flächen sind ebenfalls klassifiziert, vgl. hierzu etwa die Webseite von Andrew Ranicki. Ein zentrales Problem der Topologie ist die Beschreibung von Klassen von Mannigfaltigkeiten bis auf Diffeomorphie.

Lie'sche Gruppen

Definition 2.1.21

Eine Mannigfaltigkeit G zusammen mit einer Gruppenstruktur auf G heißt *Lie'sche Gruppe*[12], wenn die Abbildungen

$$\mu \colon G \times G \longrightarrow G, \quad \mu(g, h) := gh,$$

$$\iota \colon G \longrightarrow G, \qquad \iota(g) := g^{-1},$$

glatt sind, wobei $G \times G$ mit der Struktur wie in Beispiel 2.1.15 6) versehen ist.

---

[12] Marius Sophus Lie (1842–1899)

Beispiele 2.1.22

1) Ein endlichdimensionaler reeller Vektorraum V mit der glatten Struktur wie in Beispiel 2.1.15 1) und der Addition ist eine Lie'sche Gruppe.

2) Für $\mathbb{K} \in \{\mathbb{R}, \mathbb{C}, \mathbb{H}\}$ ist die *allgemeine lineare Gruppe* $G = \mathrm{Gl}(n, \mathbb{K})$ der invertierbaren Matrizen in $\mathbb{K}^{n \times n}$ eine offene Teilmenge von $\mathbb{K}^{n \times n}$ und damit eine Mannigfaltigkeit, vgl. Beispiel 2.1.15 2). Die Multiplikation $G \times G \longrightarrow G$ von Matrizen ist offenbar glatt. Die Inversenbildung in $\mathrm{Gl}(n, \mathbb{R})$ und $\mathrm{Gl}(n, \mathbb{C})$ ist ebenfalls glatt, wie man an der expliziten Formel für Inverse von Matrizen mit Einträgen in Körpern erkennt. Wenn man im Falle $\mathbb{K} = \mathbb{H}$ die invertierbaren $(n \times n)$-Matrizen mit Einträgen in $\mathbb{H}$ als $(4n \times 4n)$-Matrizen mit Einträgen in $\mathbb{R}$ auffasst und berücksichtigt, dass die bezüglich $\mathbb{R}$ jeweils inversen Matrizen auch linear über $\mathbb{H}$ sind, so wird klar, dass die Inversenbildung auch für $\mathbb{K} = \mathbb{H}$ glatt ist. Damit folgt, dass $\mathrm{Gl}(n, \mathbb{K})$ eine Lie'sche Gruppe ist.

3) Die *Heisenberggruppe* ist die Menge aller oberen Dreiecksmatrizen in $\mathbb{R}^{3 \times 3}$ der Gestalt

$$\begin{pmatrix} 1 & x & z \\ 0 & 1 & y \\ 0 & 0 & 1 \end{pmatrix},$$

eine Untergruppe der speziellen linearen Gruppe $\mathrm{SL}(3, \mathbb{R})$. Wenn wir die Heisenberggruppe[13] mit $\{(x, y, z) \mid x, y, z \in \mathbb{R}\} = \mathbb{R}^3$ identifizieren (eine globale Karte), so schreibt sich die Multiplikation als

$$(x_1, y_1, z_1) \cdot (x_2, y_2, z_2) = (x_1 + x_2, y_1 + y_2, z_1 + z_2 + x_1 y_2).$$

Damit wird die Heisenberggruppe zu einer Lie'schen Gruppe.

Definition 2.1.23

Sei G eine Lie'sche Gruppe. Für $g \in G$ sind dann *Linkstranslation* L_g und *Rechtstranslation* R_g die Abbildungen $G \longrightarrow G$, $L_g(h) := gh$ und $R_g(h) = hg$.

In Aufgabe 7 werden Links- und Rechtstranslationen als Diffeomorphismen der Lie'schen Gruppe diskutiert.

2.2 Tangentialvektoren und Ableitungen

In der Analysis wird die Differenzierbarkeit von Abbildungen über die Existenz der Ableitung definiert. Hier haben wir diesen Hintergrund stillschweigend vorausgesetzt und von differenzierbaren Abbildungen gesprochen, ohne ihre Ableitungen zu erwähnen. Dabei kommt es bei den differenzierbaren Abbildungen in der Analysis ja fast immer auf ihre Ableitung an; diese sind optimale lineare Approximationen und geben uns daher über lokale Eigenschaften der Abbildungen Auskunft.

---

[13] Werner Karl Heisenberg (1901–1976)

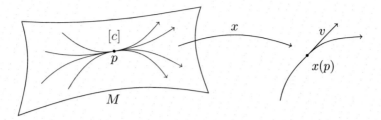

Abb. 2.3 Die Äquivalenzklasse $[c]$ und der Repräsentant v

Wie könnte man nun in unserem Kontext Ableitungen definieren? Seien dazu M und N Mannigfaltigkeiten der Dimension m bzw. n und $f\colon M \longrightarrow N$ eine glatte Abbildung. Für Karten (U, x) von M und (V, y) von N ist dann

$$y \circ f \circ x^{-1}\colon x(U \cap f^{-1}(V)) \longrightarrow V'$$

glatt. Nun sind $x(U \cap f^{-1}(V)) \subseteq \mathbb{R}^m$ und $V' \subseteq \mathbb{R}^n$ offene Teilmengen, die übliche Ableitung $D(y \circ f \circ x^{-1})$ und die üblichen partiellen Ableitungen $\partial_i(y \circ f \circ x^{-1})$ dieser Abbildung können wir daher zur Diskussion lokaler Eigenschaften von f zu Hilfe nehmen. Dann müssen wir aber als Information auch die gegebenen Karten mitführen, denn die Ableitung hängt sicher von der Auswahl der Karten ab. Darauf läuft es in der Praxis häufig hinaus. Dennoch ist es nützlich und wichtig, Ableitungen unabhängig von der Kartenwahl zu definieren. Dazu müssen wir zunächst die Vektorräume konstruieren, auf denen Ableitungen wirken.

Im Folgenden bezeichnen wir mit M und N Mannigfaltigkeiten der Dimension m und n. Eine *Kurve durch* $p \in M$ ist eine Kurve $c\colon I \longrightarrow M$, wobei I ein offenes Intervall mit $0 \in I$ und $c(0) = p$ ist.

Satz und Definition 2.2.1 *Sei M eine Mannigfaltigkeit und p ein Punkt in M. Dann nennen wir zwei glatte Kurven c_0 und c_1 durch p äquivalent, wenn bezüglich einer Karte x um p gilt*

$$\frac{d(x \circ c_0)}{dt}(0) = \frac{d(x \circ c_1)}{dt}(0).$$

Dies hängt nicht von der Wahl der Karte x ab und definiert eine Äquivalenzrelation auf der Menge der glatten Kurven durch p. Eine Äquivalenzklasse nennen wir einen Tangentialvektor an M in p *oder mit Fußpunkt p. Die Menge $T_p M$ aller Tangentialvektoren an M in p nennen wir den* Tangentialraum an M in p*, die Menge $TM = \bigcup_{p \in M} T_p M$ aller Tangentialvektoren an M das* Tangentialbündel *von M.*

Für $p \in M$ und eine glatte Kurve c durch p bezeichnen wir die Äquivalenzklasse von c mit $[c]$, s. Abb. 2.3. Für eine Karte x um p sagen wir dann auch, dass $v := \dot{\sigma}(0) \in \mathbb{R}^m$

den Tangentialvektor $[c]$ repräsentiert, wobei $\sigma := x \circ c$. Wenn wir den Fußpunkt p von $[c]$ nicht vergessen wollen, nehmen wir stattdessen auch das Paar $(x(p), v) \in U' \times \mathbb{R}^m$ als Repräsentanten, vgl. Beispiel 2.2.3 1).

Beweis von Satz 2.2.1 Sei x eine Karte von M um p, und seien c_0 und c_1 Kurven durch p, die bezüglich der Karte x um p äquivalent sind. Sei y eine weitere Karte um p und setze $\sigma_j := x \circ c_j$ und $\tau_j := y \circ c_j$. Wegen $\tau_j = (y \circ x^{-1}) \circ \sigma_j$ folgt mit der (üblichen) Kettenregel dann

$$\dot{\tau}_0(0) = D(y \circ x^{-1})|_{x(p)}(\dot{\sigma}_0(0))$$
$$= D(y \circ x^{-1})|_{x(p)}(\dot{\sigma}_1(0)) = \dot{\tau}_1(0). \qquad \square$$

▶ **Bemerkung 2.2.2** Sei c eine glatte Kurve durch $p \in M$ und x eine Karte von M um p. Setze $u = x(p)$ und $v = \dot{\sigma}(0)$ mit $\sigma := x \circ c$. Dann ist

$$t \mapsto x^{-1}(u + tv), \quad -\varepsilon < t < \varepsilon,$$

eine zu c äquivalente glatte Kurve durch p.

Beispiele 2.2.3

1) Für eine offene Teilmenge $U \subseteq \mathbb{R}^m$ wählen wir (U, id) als Karte. Via $T_p U \ni [c] \mapsto \dot{c}(0) \in \mathbb{R}^m$ ist dann $T_p U \cong \mathbb{R}^m$. Wenn wir den Fußpunkt p als Information beibehalten wollen, setzen wir $T_p U \cong \{p\} \times \mathbb{R}^m$; damit wird dann $TU \cong U \times \mathbb{R}^m$. Entsprechend identifizieren wir den Tangentialraum in einem Punkt p und das Tangentialbündel einer offenen Teilmenge U eines endlichdimensionalen reellen Vektorraumes V, nämlich $T_p U \cong V$ bzw. $TU \cong U \times V$.

2) Eine Kurve $c: I \longrightarrow S^m$ ist genau dann glatt, wenn sie als Kurve in $\mathbb{R}^{m+1}$ glatt ist, also als Abbildung $c: I \longrightarrow \mathbb{R}^{m+1}$. Zu einer glatten Kurve $c: I \longrightarrow S^m$ durch $p \in S^m$ erhalten wir somit den üblichen Tangentialvektor $\dot{c}(0) \in \mathbb{R}^{m+1}$ und damit die Identifikation

$$T_p S^m \cong \{v \in \mathbb{R}^{m+1} \mid \langle p, v \rangle = 0\}.$$

Das Tangentialbündel von S^m identifizieren wir analog mit

$$TS^m \cong \{(p, v) \in S^m \times \mathbb{R}^{m+1} \mid \langle p, v \rangle = 0\}.$$

3) Sei V ein n-dimensionaler Vektorraum über $\mathbb{K} \in \{\mathbb{R}, \mathbb{C}, \mathbb{H}\}$ und $G_k(V)$ die Graßmann'sche der k-dimensionalen $\mathbb{K}$-linearen Unterräume von V, vgl. Beispiel 2.1.15 5). Sei $P \in G_k(V)$ und W ein lineares Komplement von P in V, also $V = P \oplus W$. Sei U die offene Menge der $Q \in G_k(V)$, die Graph einer linearen Abbildung $A_Q: P \longrightarrow W$ sind (die dann eindeutig von Q bestimmt ist). Nach Definition der Karten auf $G_k(V)$ ist dann die Zuordnung $\varphi: U \longrightarrow \mathrm{Hom}_{\mathbb{K}}(P, W), \varphi(Q) = A_Q$, ein Diffeomorphismus. Damit erhalten wir eine Identifikation

$$T_P G_k(V) \cong \mathrm{Hom}_{\mathbb{K}}(P, W), \quad [c] \leftrightarrow \frac{d(\varphi \circ c)}{dt}(0),$$

die bis auf die Wahl von W kanonisch ist. Falls V ein inneres Produkt trägt, können wir das senkrechte Komplement $P^{\perp}$ von P als Komplement von P wählen und erhalten $T_P G_k(V) \cong \mathrm{Hom}_{\mathbb{K}}(P, P^{\perp})$.

▶ **Bemerkung 2.2.4** Die Identifizierungen der Tangentialräume wie in den Beispielen 2.2.3 1)–3) werden wir durchgehend benützen.

Es ist zweckmäßig, die Notation noch zu ergänzen: Für eine glatte Kurve $c\colon I \longrightarrow M$ und $s \in I$ ist $t \mapsto c(s+t)$, $-\varepsilon < t < \varepsilon$, eine Kurve durch $p := c(s)$. Wir setzen nun

$$\dot{c}(s) := [t \mapsto c(s+t)] \in T_p M. \tag{2.2.1}$$

Zunächst steht diese Notation im Konflikt damit, dass $\dot{c}(s)$ für eine glatte Kurve $c\colon I \longrightarrow \mathbb{R}^m$ zum einen den üblichen Tangentialvektor an c im $\mathbb{R}^m$ bezeichnet, zum anderen nun auch den Tangentialvektor in $T_{c(s)}\mathbb{R}^m$. Die Identifizierung $T_p\mathbb{R}^m \cong \mathbb{R}^m$ wie in Beispiel 2.2.3 1) hebt diesen Konflikt auf. Im allgemeinen Fall einer glatten Kurve $c\colon I \longrightarrow M$ und Karte x um $p = c(s)$ wird im Einklang damit $\dot{c}(s)$ durch den Vektor $\dot{\sigma}(s) \in \mathbb{R}^m$ repräsentiert, wobei $\sigma := x \circ c$.

Satz und Definition 2.2.5 *Seien M und N Mannigfaltigkeiten und $f\colon M \longrightarrow N$ eine glatte Abbildung. Sei p ein Punkt in M, und seien c_0 und c_1 äquivalente glatte Kurven durch p. Dann sind $f \circ c_0$ und $f \circ c_1$ äquivalente glatte Kurven durch $f(p)$. Damit erhalten wir eine Zuordnung*

$$f_{*p}\colon T_p M \longrightarrow T_{f(p)} N, \quad [c] \mapsto [f \circ c],$$

die wir die Ableitung *oder auch das* Differential *von f in p nennen. Die induzierte Abbildung $f_*\colon TM \longrightarrow TN$ nennen wir* Ableitung *oder* Differential *von f.*

Beweis Seien c_0 und c_1 Kurven durch p mit $[c_0] = [c_1]$. Seien x und y Karten von M um p und N um $f(p)$. Seien $\sigma_j := x \circ c_j$ und $\tau_j := y \circ f \circ c_j$. Wegen $\tau_j = (y \circ f \circ x^{-1}) \circ \sigma_j$ folgt mit der Kettenregel dann

$$\dot{\tau}_0(0) = D(y \circ f \circ x^{-1})|_{x(p)}(\dot{\sigma}_0(0))$$
$$= D(y \circ f \circ x^{-1})|_{x(p)}(\dot{\sigma}_1(0)) = \dot{\tau}_1(0). \qquad \square$$

Wir schreiben f_{*p}, wenn wir die Ableitung von f im Punkte p betrachten und p zur Information mitnotieren möchten. In vielen Fällen bleiben wir aber bei dem einfacheren f_*, denn f_{*p} ist ja lediglich die Einschränkung von f_* auf $T_p M$. Die Beziehung zwischen f_{*p} und $D(y \circ f \circ x^{-1})|_{x(p)}$ wird im linken Diagramm in (2.2.4) weiter unten verdeutlicht.

Kettenregel 2.2.6 *Für glatte Abbildungen $f\colon M \longrightarrow N$ und $g\colon N \longrightarrow P$ zwischen Mannigfaltigkeiten gilt $(g \circ f)_* = g_* \circ f_*$.*

Beweis Sei $p \in M$ und c eine glatte Kurve durch p. Dann ist $f \circ c$ eine glatte Kurve durch $f(p)$ und

$$(g \circ f)_{*p}([c]) = [(g \circ f) \circ c] = [g \circ (f \circ c)]$$
$$= g_{*f(p)}([f \circ c]) = g_{*f(p)}(f_{*p}([c])).$$

Damit gilt $(g \circ f)_{*p} = g_{*f(p)} \circ f_{*p}$ für alle $p \in M$, wie behauptet.   □

Was uns jetzt noch fehlt, ist eine lineare Struktur auf den Tangentialräumen, sodass Ableitungen zu linearen Abbildungen werden. Sei dazu $p \in M$ und x eine Karte von M um p. Nach Definition 2.2.1 und Bemerkung 2.2.2 ist die Abbildung

$$dx(p) \colon T_p M \longrightarrow \mathbb{R}^m, \quad dx(p)([c]) := \frac{d(x \circ c)}{dt}(0), \qquad (2.2.2)$$

eine Bijektion. Wir erklären nun eine Vektorraumstruktur auf $T_p M$, sodass $dx(p)$ zu einem Isomorphismus wird:

Satz und Definition 2.2.7 *Seien* $[c_0], [c_1], [c_2] \in T_p M$ *und* $\alpha \in \mathbb{R}$. *Setze* $\sigma_j := x \circ c_j$. *Dann sind die Verknüpfungen*

$$[c_0] + [c_1] := [c_2] \iff \dot{\sigma}_0(0) + \dot{\sigma}_1(0) = \dot{\sigma}_2(0)$$
$$\alpha \cdot [c_0] := [c_1] \iff \alpha \cdot \dot{\sigma}_0(0) = \dot{\sigma}_1(0) \qquad (2.2.3)$$

unabhängig von der Wahl der Karte x. *Bezüglich dieser Strukturen ist* $T_p M$ *ein reeller Vektorraum, sodass* $dx(p) \colon T_p M \longrightarrow \mathbb{R}^m$ *zu einem Isomorphismus wird. Die Ableitung* $f_{*p} \colon T_p M \longrightarrow T_q N$, $q := f(p)$, *einer glatten Abbildung* $f \colon M \longrightarrow N$ *ist linear bezüglich dieser Strukturen.*

Beweis Wir nehmen an, dass die rechten Seiten in (2.2.3) gelten. Sei y eine weitere Karte von M um p, und setze $\tau_j := y \circ \sigma_j$. Dann ist $\tau_j = (y \circ x^{-1}) \circ \sigma_j$. Mit der üblichen Kettenregel erhalten wir damit

$$\dot{\tau}_0(0) + \dot{\tau}_1(0) = D(y \circ x^{-1})|_{x(p)}(\dot{\sigma}_0(0)) + D(y \circ x^{-1})|_{x(p)}(\dot{\sigma}_1(0))$$
$$= D(y \circ x^{-1})|_{x(p)}(\dot{\sigma}_0(0) + \dot{\sigma}_1(0))$$
$$= D(y \circ x^{-1})|_{x(p)}(\dot{\sigma}_2(0)) = \dot{\tau}_2(0),$$

wobei wir benützen, dass die übliche Ableitung $D(y \circ x^{-1})|_{x(p)}$ additiv ist. Damit folgt, dass die Addition auf $T_p M$ unabhängig von der Wahl der Karte definiert ist. Analog beweist man, dass die Multiplikation mit reellen Skalaren wohldefiniert ist.

Sei nun $f: M \longrightarrow N$ eine glatte Abbildung und y eine Karte von N um $f(p)$. Für $\sigma_j = x \circ c_j$ wie oben und $\tau_j := y \circ f \circ c_j$ gilt dann

$$
\begin{aligned}
\dot{\tau}_0(0) + \dot{\tau}_1(0) &= D(y \circ f \circ x^{-1})|_{x(p)}(\dot{\sigma}_0(0)) + D(y \circ f \circ x^{-1})|_{x(p)}(\dot{\sigma}_1(0)) \\
&= D(y \circ f \circ x^{-1})|_{x(p)}(\dot{\sigma}_0(0) + \dot{\sigma}_1(0)) \\
&= D(y \circ f \circ x^{-1})|_{x(p)}(\dot{\sigma}_2(0)) = \dot{\tau}_2(0),
\end{aligned}
$$

wobei wir jetzt benützen, dass die Ableitung $D(y \circ f \circ x^{-1})|_{x(p)}$ additiv ist. Damit folgt, dass f_{*p} additiv ist. Die Homogenität bezüglich der Multiplikation mit reellen Skalaren beweist man analog. $\square$

Konsistent mit (2.2.2) erweitern wir nun das Spektrum der Ableitungen um eine weitere Variante, und zwar um das *Differential*[14] $df: TM \longrightarrow V$ einer glatten Abbildung $f: M \longrightarrow V$, wobei V ein endlichdimensionaler reeller Vektorraum ist. Wir identifizieren $T_{f(p)}V \cong V$ wie in Beispiel 2.2.3 1) und erklären $df(p)$, indem wir verlangen, dass das rechte Diagramm kommutiert:

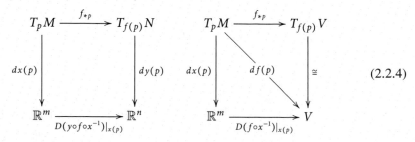

$$\text{(2.2.4)}$$

Nach Definition ist damit $df(p)$ eine lineare Abbildung und

$$
df(p)([c]) = \frac{d(f \circ c)}{dt}(0) \in V, \quad [c] \in T_pM. \tag{2.2.5}
$$

Statt $df(p)$ schreiben wir auch $df|_p$. Wenn keine Missverständnisse zu befürchten sind, schreiben wir auch einfachheitshalber df statt $df(p)$.

> **Lemma 2.2.8** *Sei M eine Mannigfaltigkeit, $p \in M$ und $x: U \longrightarrow U'$ eine Karte von M um p. Dann gibt es eine offene Umgebung V um p in U, sodass zu jedem $f \in \mathcal{F}(M)$ glatte Funktionen $f_i: V \longrightarrow \mathbb{R}$, $1 \leq i \leq m$, existieren mit[15]*
>
> $$ f|_V = f(p) + (x^i - x^i(p))f_i, $$
>
> *wobei $x = (x^1, \ldots, x^m)$ und $f_i(p) = \partial_i(f \circ x^{-1})(x(p))$.*

---

[14] Unsere Bezeichnungen sind nicht unüblich, in der Literatur sind sie aber nicht einheitlich.
[15] Der Leser erinnere sich an die Einstein'sche Summationskonvention.

Beweis Sei $f \in \mathcal{F}(M)$, $u_0 := x(p)$ und $V' \subseteq U'$ ein offener Ball um u_0. Für $u \in V'$ und $\varphi := f \circ x^{-1}$ gilt dann

$$\varphi(u) - \varphi(u_0) = \int_0^1 \frac{d}{dt} \varphi(tu + (1-t)u_0) dt$$

$$= (u^i - u_0^i) \int_0^1 (\partial_i \varphi)(tu + (1-t)u_0) dt.$$

Wir definieren nun glatte Funktionen $\varphi_i \colon V' \longrightarrow \mathbb{R}$ durch

$$\varphi_i(u) := \int_0^1 (\partial_i \varphi)(tu + (1-t)u_0) dt.$$

Dann sind die $f_i := \varphi_i \circ x$ glatt auf $V = x^{-1}(V') \subseteq U$ und liefern die behauptete Darstellung von f. $\qquad\square$

Die Sichtweise bei der Definition des Differentials drehen wir nun um und betrachten Tangentialvektoren als Richtungsableitungen.

Satz und Definition 2.2.9 *Sei M eine Mannigfaltigkeit, $p \in M$ und $v \in T_p M$. Sei c eine glatte Kurve durch p mit $[c] = v$. Dann ist die* Ableitung in Richtung v, *die wir auch mit v bezeichnen:*

$$v \colon \mathcal{F}(M) \longrightarrow \mathbb{R}, \quad v(f) = \frac{d(f \circ c)}{dt}(0), \qquad (2.2.6)$$

wohldefiniert, $\mathbb{R}$-linear und sie erfüllt die Produktregel

$$v(f \cdot g) = v(f) \cdot g(p) + f(p) \cdot v(g). \qquad (2.2.7)$$

Umgekehrt gibt es zu jeder $\mathbb{R}$-linearen Abbildung $a \colon \mathcal{F}(M) \longrightarrow \mathbb{R}$, die die Produktregel (2.2.7) erfüllt, ein $v \in T_p M$, sodass a die Ableitung in Richtung v wie in (2.2.6) ist. Dabei entspricht die kanonische $\mathbb{R}$-Vektorraumstruktur auf dem Raum solcher Abbildungen der in Satz 2.2.7 definierten Vektorraumstruktur auf $T_p M$. Im Sinne von (2.2.6) berechnet sich die Ableitung einer glatten Abbildung $h \colon M \longrightarrow N$ zu

$$h_*(v)(f) = v(f \circ h), \quad v \text{ in } TM \text{ und } f \in \mathcal{F}(N). \qquad (2.2.8)$$

Beweis Wir beweisen nur die Charakterisierung der linearen Abbildungen a, die die Produktregel erfüllen. Der Beweis der übrigen Behauptungen des Satzes bleibt dem Leser als

Übung überlassen. Sei also $a\colon \mathcal{F}(M) \longrightarrow \mathbb{R}$ eine $\mathbb{R}$-lineare Abbildung, die die Produktregel (2.2.7) erfüllt. Wir beginnen mit zwei Vorüberlegungen.

Erste Vorüberlegung: Seien $f_1, f_2 \in \mathcal{F}(M)$ Funktionen, die auf einer (offenen) Umgebung W von p in M übereinstimmen. Sei $\varphi \in \mathcal{F}(M)$ eine Glockenfunktion bezüglich p und W wie in Lemma 2.1.18. Dann ist $\varphi f_1 = \varphi f_2$ und damit

$$a(\varphi) f_1(p) + a(f_1) = a(\varphi f_1) = a(\varphi f_2) = a(\varphi) f_2(p) + a(f_2).$$

Nun ist $f_1(p) = f_2(p)$, also auch $a(f_1) = a(f_2)$.

Zweite Vorüberlegung: Für die konstante Funktion 1 erhalten wir

$$a(1) = a(1 \cdot 1) = a(1) \cdot 1 + 1 \cdot a(1) = 2 \cdot a(1),$$

also $a(1) = 0$. Wegen der Linearität von a folgt damit auch $a(f) = 0$ für alle konstanten Funktionen f auf M.

Sei nun $f\colon M \longrightarrow \mathbb{R}$ glatt. Für eine Karte (U, x) von M um p und eine Glockenfunktion φ wie in Lemma 2.1.18 mit $\operatorname{supp} \varphi \subseteq U$ sind dann f und $\varphi^2 \cdot f$ glatte Funktionen, die in einer Umgebung von p in M übereinstimmen. Mit der ersten Vorüberlegung oben folgt damit $a(f) = a(\varphi^2 \cdot f)$. Nach Lemma 2.2.8 ist ferner

$$\varphi^2 \cdot f = \varphi^2 \cdot f(p) + (\varphi \cdot (x^i - x^i(p)))(\varphi \cdot f_i)$$

mit $f_i(p) = \partial_i (f \circ x^{-1})(x(p))$. Nun ist $\operatorname{supp} \varphi \subseteq U$, daher sind die Funktionen $\varphi \cdot (x^i - x^i(p))$ und $\varphi \cdot f_i$ glatt auf ganz M, wenn sie durch 0 auf $M \setminus U$ fortgesetzt werden. Damit liegen die so fortgesetzten Funktionen im Definitionsbereich von a und

$$\begin{aligned} a(\varphi^2 \cdot f) &= a(\varphi \cdot (x^i - x^i(p))) \cdot f_i(p) \\ &= a^i \partial_i (f \circ x^{-1})(x(p)) \end{aligned}$$

mit $a^i := a(\varphi \cdot (x^i - x^i(p)))$. Damit ist

$$a(f) = \frac{d(f \circ c)}{dt}(0) \quad \text{mit} \quad c = c(t) = x^{-1}(x(p) + t a^i e_i). \qquad \square$$

▶ **Bemerkung 2.2.10** Offensichtlich ist die Ableitung $v(f)$ in Richtung v wie in (2.2.6) auch für Abbildungen $f \in C^1(U, V)$ wohldefiniert, wobei U eine offene Umgebung von p in M und V ein endlichdimensionaler Vektorraum über $\mathbb{K} \in \{\mathbb{R}, \mathbb{C}, \mathbb{H}\}$ ist.

Wir kommen nun zurück auf die Berechnung von Differentialen bezüglich lokaler Koordinaten. Sei dazu $x\colon U \longrightarrow U'$ eine Karte von M. Zu $p \in U$ erhalten wir dann die den Koordinatenrichtungen entsprechenden Tangentialvektoren

$$\frac{\partial}{\partial x^i}(p) = \left. \frac{\partial}{\partial x^i} \right|_p := [t \mapsto x^{-1}(x(p) + t e_i)] \in T_p M, \qquad (2.2.9)$$

wobei $e_i \in \mathbb{R}^m$ den i-ten Einheitsvektor bezeichnet, $1 \le i \le m$; vgl. dies auch mit Bemerkung 2.2.2. Im Sinne von (2.2.6) bzw. Bemerkung 2.2.10 ist damit

$$\frac{\partial f}{\partial x^i}(p) := \frac{\partial}{\partial x^i}\Big|_p (f) = \partial_i (f \circ x^{-1})\Big|_{x(p)} \tag{2.2.10}$$

die i-te partielle Ableitung von $f \circ x^{-1}$ im Punkte $x(p)$. Für die Komponenten x^j von x, die ja glatte Funktionen auf U sind, gilt

$$\frac{\partial x^j}{\partial x^i}(p) = \delta_i^j, \quad 1 \le i, j \le m. \tag{2.2.11}$$

Nach Satz 2.2.7 ist die Abbildung $\mathbb{R}^m \ni v \mapsto [x^{-1}(x(p) + tv)] \in T_p M$ ein Isomorphismus, also bilden die

$$\frac{\partial}{\partial x^1}\Big|_p, \dots, \frac{\partial}{\partial x^m}\Big|_p \tag{2.2.12}$$

eine Basis von $T_p M$, die *Standardbasis* von $T_p M$ bezüglich der Karte x.

Satz 2.2.11 *Für $v \in T_p M$ ist*[16]

$$v = v(x^i)\frac{\partial}{\partial x^i}\Big|_p.$$

Beweis Für $v \in T_p M$ und $f \in \mathcal{F}(M)$ rechnen wir mit einer Darstellung von f wie in Lemma 2.2.8:

$$v(f) = v(x^i) f_i(p) = v(x^i)\frac{\partial f}{\partial x^i}(p). \qquad \square$$

Folgerung 2.2.12 (Transformationsregeln)
 1. Für Karten x und y von M um p gilt

$$\frac{\partial}{\partial y^i}\Big|_p = \frac{\partial x^j}{\partial y^i}(p)\frac{\partial}{\partial x^j}\Big|_p.$$

 2. Sei $f: M \longrightarrow N$ glatt, und seien x und y Karten von M um p und N um $f(p)$. Mit $f^j := y^j \circ f$ ist dann

$$f_{*p}\left(\frac{\partial}{\partial x^i}\Big|_p\right) = \frac{\partial f^j}{\partial x^i}(p)\frac{\partial}{\partial y^j}\Big|_{f(p)}. \qquad \square$$

---

[16] Bei der Einstein'schen Summationskonvention zählt der Index i in $\partial/\partial x^i$ als unterer Index.

Wenn man die Punkte p und $f(p)$ in den Formeln nicht mitschreibt, werden sie lesbarer:

$$\frac{\partial}{\partial y^i} = \frac{\partial x^j}{\partial y^i}\frac{\partial}{\partial x^j} \quad \text{bzw.} \quad f_*\left(\frac{\partial}{\partial x^i}\right) = \frac{\partial f^j}{\partial x^i}\frac{\partial}{\partial y^j}. \tag{2.2.13}$$

Die Formeln sind dann so zu verstehen, dass jeweils sich entsprechende Punkte einzusetzen sind.

Umkehrsatz 2.2.13 *Falls $f_{*p}\colon T_p M \longrightarrow T_{f(p)} N$ ein Isomorphismus ist, dann gibt es offene Umgebungen U von p in M und V von $f(p)$ in N, sodass $f\colon U \longrightarrow V$ ein Diffeomorphismus ist.*

Beweis Sei $x\colon U \longrightarrow U'$ eine Karte von M um p und $y\colon V \longrightarrow V'$ eine Karte von N um $f(p)$. Durch Verkleinern von U können wir $f(U) \subseteq V$ annehmen. Dann ist $\varphi :=$ $(y \circ f \circ x^{-1})\colon U' \longrightarrow V'$ eine glatte Abbildung, sodass $D\varphi|_{x(p)}$ invertierbar ist. Daher gibt es Umgebungen $\hat{U}'$ von $x(p)$ in U' und $\hat{V}'$ von $y(f(p)) = \varphi(x(p))$ in V', sodass $\varphi\colon \hat{U}' \longrightarrow \hat{V}'$ ein Diffeomorphismus ist. Mit $\hat{U} = x^{-1}(\hat{U}')$ und $\hat{V} = y^{-1}(\hat{V}')$ ist dann $f = (y^{-1} \circ \varphi \circ x)\colon \hat{U} \longrightarrow \hat{V}$ ein Diffeomorphismus. $\qquad\square$

Wir nennen $p \in M$ einen *regulären Punkt* einer glatten Abbildung $f\colon M \longrightarrow N$, wenn f_{*p} surjektiv ist, und $q \in N$ *regulär* (bezüglich f), wenn alle $p \in f^{-1}(q)$ regulär sind. Wir sagen, dass f eine *Submersion* ist, wenn alle $p \in M$ oder, äquivalent dazu, alle $q \in N$ regulär sind. Vorsicht: Punkte in $N \setminus \operatorname{im} f$ sind regulär.

Wir sagen, dass f eine *Immersion* ist, wenn alle f_{*p}, $p \in M$, injektiv sind. Wenn zusätzlich $f\colon M \longrightarrow f(M)$ ein Homöomorphismus ist, wobei $f(M)$ mit der Relativtopologie versehen ist, so nennen wir f eine *Einbettung*.

Manchmal bezeichnet man auch Immersionen als reguläre Abbildungen – insbesondere heißt eine Kurve $c\colon I \longrightarrow M$ *regulär*, wenn $\dot{c}(t) \neq 0$ ist für alle $t \in I$.

Der *Rang* von f in $p \in M$ ist die Dimension des Bildes von f_{*p}. Falls x eine Karte von M um p und y eine Karte von N um $f(p)$ ist, so ist der Rang von f in p gleich dem Rang von $y \circ f \circ x^{-1}$ in $x(p)$, denn x und y sind Diffeomorphismen.

2.3 Untermannigfaltigkeiten

Definition 2.3.1

Eine Teilmenge $L \subseteq M$ heißt *Untermannigfaltigkeit von M der Dimension l* bzw. *Kodimension $m - l$*, wenn es zu jedem $p \in L$ eine *adaptierte Karte* $x\colon U \longrightarrow U' \times U''$ von M um p gibt, wobei $U' \subset \mathbb{R}^l$ und $U'' \subset \mathbb{R}^{m-l}$ offen sind mit $0 \in U''$ und $x(U \cap L) = U' \times \{0\}$, s. Abb. 2.4. Untermannigfaltigkeiten der Kodimension 1 heißen auch *Hyperflächen*.

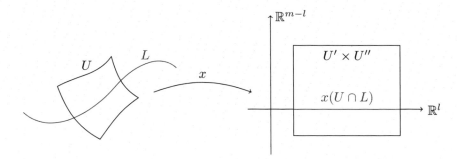

Abb. 2.4 Eine adaptierte Karte

Satz 2.3.2 *Untermannigfaltigkeiten $L \subseteq M$ sind Mannigfaltigkeiten:*

1. *Die Einschränkungen $x\colon U \cap L \longrightarrow U' \times \{0\} \cong U'$ adaptierter Karten $x\colon U \longrightarrow U' \times U''$ definieren einen glatten Atlas auf L, dessen induzierte Topologie mit der Relativtopologie von L als Teilmenge von M übereinstimmt.*
2. *Die Inklusion $i\colon L \longrightarrow M$ ist eine Einbettung. Für alle $p \in L$ und adaptierten Karten x um p gilt insbesondere*

$$T_p L \cong \operatorname{im} i_{*p} = \bigcap_{j>l} \ker dx^j(p) \subseteq T_p M.$$

3. *Eine Abbildung $f\colon L \longrightarrow N$ ist genau dann glatt, wenn es zu jedem $p \in L$ eine offene Umgebung U von p in M und eine glatte Abbildung $g\colon U \longrightarrow N$ gibt, sodass $f|_{U \cap L} = g|_{U \cap L}$, und dann ist $f_{*p} = g_{*p}|_{T_p L}$ (bezüglich $T_p L \cong \operatorname{im} i_{*p}$).*

▶ **Bemerkung 2.3.3** Nach dem Einbettungssatz von Whitney [Wh, Theorem 1] ist jede m-dimensionale Mannigfaltigkeit diffeomorph zu einer (reell analytischen) Untermannigfaltigkeit des $\mathbb{R}^{2m+1}$.

Beweis von Satz 2.3.2 Wir zeigen nur, dass die Kartenwechsel glatt sind. Den Beweis der übrigen Behauptungen überlassen wir als Übung.

Seien $x\colon U \longrightarrow U' \times U''$ und $y\colon V \longrightarrow V' \times V''$ adaptierte Karten für L. Weil x und y Karten für M sind, ist $x \circ y^{-1}$ glatt. Ferner sind

$$x(U \cap V \cap L) = x(U \cap V) \cap (U' \times \{0\})$$

bzw. $y(U \cap V \cap L)$ offen in $U' \times \{0\} \cong U'$ bzw. $V' \times \{0\} \cong V'$. Also ist die Einschränkung

$$x \circ y^{-1}\colon x(U \cap V \cap L) \longrightarrow y(U \cap V \cap L)$$

glatt als Abbildung zwischen offenen Teilmengen des $\mathbb{R}^l$, $l = \dim L$. □

Folgerung 2.3.4 *Sei $L \subseteq M$ eine Untermannigfaltigkeit und $g\colon M \longrightarrow N$ glatt. Dann ist $f := g|_L\colon L \longrightarrow N$ glatt und $f_{*p} = g_{*p}|_{T_p L}$ für alle $p \in L$.* $\qquad\square$

Untermannigfaltigkeiten treten als Niveauflächen glatter Abbildungen auf: Eine Niveaufläche einer glatten Abbildung ist eine Untermannigfaltigkeit, sofern die Ableitung der Abbildung in jedem Punkt der Niveaufläche surjektiv ist (Folgerung 2.3.4). Für die nun folgende Diskussion erinnern wir daran, dass der Rang einer glatten Abbildung $f\colon M \longrightarrow N$ in $p \in M$ als der Rang der Ableitung f_{*p} definiert ist.

Satz 2.3.5 *Sei $f\colon M \longrightarrow N$ eine glatte Abbildung. Dann gilt:*

1. *Falls f in $p \in M$ Rang r hat, dann gibt es zu jeder Karte (y, V) um $f(p)$ mit $y(f(p)) = 0$ eine Karte (x, U) um p mit $x(p) = 0$, sodass nach eventueller Umnummerierung der Komponenten von y gilt:*

$$\varphi(u^1, \dots, u^m) = (u^1, \dots, u^r, \varphi^{r+1}(u), \dots, \varphi^n(u))$$

   mit $\varphi := y \circ f \circ x^{-1}$, $\varphi^j(0) = 0$ und $(\partial_i \varphi^j)(0) = 0$ für $i, j > r$.
2. *Falls f in einer Umgebung von p Rang r hat, dann gibt es Karten (x, U) um p mit $x(p) = 0$ und (y, V) um $f(p)$ mit $y(f(p)) = 0$, sodass*

$$\varphi(u^1, \dots, u^m) = (u^1, \dots, u^r, 0, \dots, 0).$$

Beweis Sei $\hat{x}$ eine Karte um p mit $\hat{x}(p) = 0$ und $\hat{\varphi} := y \circ f \circ \hat{x}^{-1}$. Nach eventueller Umnummerierung der Komponenten von $\hat{x}$ und y können wir annehmen, dass die Matrix

$$\left((\partial_i \hat{\varphi}^j)(0) \right)_{1 \leq i, j \leq r}$$

invertierbar ist. Wir setzen nun $x^j := y^j \circ f$ für $1 \leq j \leq r$ und $x^j := \hat{x}^j$ für $r < j \leq m$. Dann ist $x(p) = 0 \in \mathbb{R}^m$. Ferner ist

$$\left((\partial_i (x^j \circ \hat{x}^{-1}))(0) \right) = \begin{pmatrix} (\partial_i \hat{\varphi}^j)(0) & * \\ 0 & 1 \end{pmatrix},$$

also hat x Rang m in p. Nach dem Umkehrsatz ist x ein lokaler Diffeomorphismus um p: Es gibt eine Umgebung U um p in M und eine Umgebung U' von 0 in $\mathbb{R}^m$, sodass $x\colon U \longrightarrow U'$ eine Karte von M ist. Nach Definition von x gilt

$$\begin{aligned} \varphi(u) &= (y \circ f \circ x^{-1})(u^1, \dots, u^m) \\ &= (u^1, \dots, u^r, \varphi^{r+1}(u), \dots, \varphi^n(u)), \end{aligned}$$

wobei $\varphi^{r+1},\ldots,\varphi^n$ glatte Funktionen auf U' mit $\varphi^j(0) = 0$ sind. Die Jacobimatrix[17] von φ auf U' ist daher

$$\begin{pmatrix} 1 & 0 \\ * & \left(\partial_i \varphi^j\right)_{i,j>r} \end{pmatrix}.$$

Weil φ Rang r in $u = 0$ hat, folgt $(\partial_i\varphi^j)(0) = 0$ für alle $i,j > r$. Die Karte x von M um p erfüllt daher die Behauptung in (1).

Unter der Voraussetzung in (2) muss ferner $\partial_i\varphi^j \equiv 0$, $i,j > r$, in einer Umgebung von 0 gelten. Wenn wir U eventuell noch verkleinern, können wir annehmen, dass $U' = (-\varepsilon,\varepsilon)^m$ ist und dass die partiellen Ableitungen $\partial_i\varphi^j$ für alle $i,j > r$ auf U' verschwinden. Dann folgt

$$\varphi^j(u) = \varphi^j(u^1,\ldots,u^r), \quad r < j \leq m;$$

d.h., die φ^j hängen nicht von $u^{r+1},\ldots,u^m$ ab. Ohne Beschränkung der Allgemeinheit können wir nach (1) annehmen, dass $V' = y(V)$ von der Gestalt $(-\varepsilon,\varepsilon)^r \times (-\delta,\delta)^{n-r}$ ist. Wir ändern nun die Karte y von N und setzen $\hat{y}^j = y^j$ für $1 \leq j \leq r$ und $\hat{y}^j = y^j - \varphi^j(y^1,\ldots,y^r)$ sonst. Dann gilt

$$\left(\frac{\partial \hat{y}^j}{\partial x^i}\right) = \begin{pmatrix} 1 & 0 \\ * & 1 \end{pmatrix}.$$

Nach dem Umkehrsatz ist $\hat{y}$ ein lokaler Diffeomorphismus um $f(p)$, also eine Karte von N auf einer offenen Umgebung $\hat{V}$ von $f(p)$. Nach Definition gilt

$$(\hat{y} \circ f \circ x^{-1})(u^1,\ldots,u^m) = (u^1,\ldots,u^r,0,\ldots,0). \qquad \square$$

Folgerung 2.3.6 *Falls f in einer Umgebung von $L = f^{-1}(q)$ Rang r hat, so ist L Untermannigfaltigkeit von M der Kodimension r mit $T_p L \cong \ker f_{*p}$ für alle $p \in L$.*

Beweis Zu $p \in M$ gibt es nach Satz 2.3.5 Karten (U,x) von M um p und y von N um $f(p) = q$ mit $x(p) = 0$ und $y(q) = 0$, sodass

$$(y \circ f \circ x^{-1})(u^1,\ldots,u^m) = (u^1,\ldots,u^r,0\ldots,0).$$

Durch Verkleinern von U können wir annehmen, dass $x(U) = (-\varepsilon,\varepsilon)^m$ ist. Mit $U' = (-\varepsilon,\varepsilon)^{m-r}$ und $U'' = (-\varepsilon,\varepsilon)^r$ ist dann $x : U \longrightarrow U'' \times U'$ bis auf die Vertauschung der Faktoren U' und U'' eine adaptierte Karte von M um p mit $\ker f_{*p} = \bigcap_{j \leq r} \ker dx^j(p)$.
$$\qquad \square$$

---

[17] Carl Gustav Jacob Jacobi (1804–1851)

Folgerung 2.3.7 (Satz über die impliziten Funktionen) *Falls f_{*p} surjektiv ist, so gibt es zu jeder Karte y von N um $f(p)$ mit $y(f(p)) = 0$ eine Karte x von M um p mit $x(p) = 0$, sodass*

$$(y \circ f \circ x^{-1})(u^1, \ldots, u^m) = (u^1, \ldots, u^n).$$

Falls insbesondere q ein regulärer Wert von f ist, so ist $L = f^{-1}(q)$ eine Untermannigfaltigkeit von M der Dimension $m - n$ mit $T_p L \cong \ker f_{*p}$ für alle $p \in L$.

Beweis Die Bedingung an p, dass f_{*p} surjektiv ist, ist offen: Falls sie in $p \in M$ erfüllt ist, so auch in einer Umgebung von p. □

Beispiele 2.3.8

1) Sei B eine symmetrische Bilinearform auf einem m-dimensionalen reellen Vektorraum V und $Q(x) := B(x, x)$ die entsprechende quadratische Form. Falls dann $\alpha \in \mathbb{R} \setminus \{0\}$ im Bild von Q liegt, so ist α ein regulärer Wert von Q und die *Quadrik*

$$Q_\alpha = \{x \in V \mid Q(x) = \alpha\}$$

damit eine Hyperfläche in V. Für alle $x \in Q_\alpha$ ist kanonisch

$$T_x Q_\alpha \cong \ker dQ(x) \cong \{y \in V \mid Q(x, y) = 0\} \subseteq V,$$

wobei wir $T_x V$ beim zweiten $\cong$ wie üblich mit V identifizieren. Im Spezialfall des euklidischen Skalarproduktes auf $V = \mathbb{R}^m$ und $\alpha = 1$ erhalten wir die Einheitssphäre, vgl. Beispiele 2.1.2 2) und 2.2.3 2).

2) Für $\mathbb{K} \in \{\mathbb{R}, \mathbb{C}\}$ ist det: $\text{Gl}(n, \mathbb{K}) \longrightarrow \mathbb{K}$ glatt mit

$$D \det|_A(B) = \frac{d}{dt} \det(A + tB)|_{t=0}$$

$$= \frac{d}{dt} (\det(A) \det(E + tA^{-1}B))|_{t=0}$$

$$= \det(A) \, \text{tr}(A^{-1}B),$$

wobei E die Einheitsmatrix bezeichnet. Daher ist det von konstantem maximalem Rang $\dim_{\mathbb{R}} \mathbb{K}$ und deshalb die *spezielle lineare Gruppe* $\text{Sl}(n, \mathbb{K}) = \{A \in \text{Gl}(n, \mathbb{K}) \mid \det A = 1\}$ eine *Lie'sche Untergruppe* von $\text{Gl}(n, \mathbb{K})$, also zugleich eine Untermannigfaltigkeit und eine Untergruppe, damit insbesondere selbst eine Lie'sche Gruppe.

3) Sei $\mathbb{K} \in \{\mathbb{R}, \mathbb{C}, \mathbb{H}\}$ und $G = \{A \in \mathbb{K}^{n \times n} \mid A^* A = E\}$, wobei A^* die zu A transponiert-konjugierte Matrix und E die Einheitsmatrix (entsprechender Größe) bezeichnet. Die Menge dieser Matrizen ist aus der linearen Algebra bekannt, zumindest im Fall $\mathbb{K} \in \{\mathbb{R}, \mathbb{C}\}$. Für $\mathbb{K} = \mathbb{R}$ heißt G die *orthogonale Gruppe*, für $\mathbb{K} = \mathbb{C}$ die *unitäre Gruppe* und für $\mathbb{K} = \mathbb{H}$ die *symplektische Gruppe*, bezeichnet mit $\text{O}(n)$, $\text{U}(n)$ und $\text{Sp}(n)$. Alle drei bestehen aus invertierbaren Matrizen und sind, zusammen mit der Matrizenmultiplikation, kompakte Untergruppen der jeweiligen allgemeinen linearen Gruppe. Ferner ist

$$\text{O}(1) = \{\pm 1\} = S^0, \quad \text{U}(1) = S^1, \quad \text{Sp}(1) = S^3.$$

Wir setzen

$$H_n(\mathbb{K}) := \{A \in \mathbb{K}^{n\times n} \mid A^* = A\}.$$

Dann ist $H_n(\mathbb{K})$ ein reeller Vektorraum der Dimension $n + dn(n-1)/2, d = \dim_\mathbb{R} \mathbb{K}$, und G ist Niveaufläche der glatten Abbildung

$$f : \mathbb{K}^{n\times n} \mapsto H_n(\mathbb{K}), \quad f(A) = A^*A.$$

Für $A, B \in \mathbb{K}^{n\times n}$ ist

$$df(A)(B) = \frac{d}{dt}((A + tB)^*(A + tB))|_{t=0} = A^*B + B^*A.$$

Für $A \in G$ und $C \in \mathbb{K}^{n\times n}$ ist damit

$$df(A)(AC) = \begin{cases} 0 & \text{falls } C^* = -C, \\ 2C & \text{falls } C^* = C. \end{cases}$$

Insbesondere ist $E \in H_n(\mathbb{K})$ regulärer Wert von f, und daher ist G eine Untermannigfaltigkeit von $\mathbb{K}^{n\times n}$ der Dimension $(d-1)n + dn(n-1)/2$. Nun ist G auch Untergruppe von $\mathrm{Gl}(n, \mathbb{K})$, damit also Lie'sche Untergruppe von $\mathrm{Gl}(n, \mathbb{K})$. Für $\mathbb{K} = \mathbb{R}$ bzw. $\mathbb{K} = \mathbb{C}$ bzw. $\mathbb{K} = \mathbb{H}$ wird $T_E G$ auch mit $\mathfrak{so}(n)$ bzw. $\mathfrak{u}(n)$ bzw. $\mathfrak{sp}(n)$ bezeichnet.

Die orthogonale Gruppe hat zwei Zusammenhangskomponenten; die Zusammenhangskomponente $\mathrm{SO}(n)$ der Identität besteht aus den orientierungserhaltenden orthogonalen Transformationen des $\mathbb{R}^n$.

Im Falle der unitären Gruppe ist $\det : \mathrm{U}(n) \longrightarrow S^1$ ein glatter Homomorphismus mit maximalem Rang 1. Daher ist die *spezielle unitäre Gruppe* $\mathrm{SU}(n) = \{A \in \mathrm{U}(n) \mid \det A = 1\}$ eine Untermannigfaltigkeit von $\mathrm{U}(n)$ der Kodimension 1 und damit Lie'sche Untergruppe von $\mathrm{U}(n)$ und $\mathrm{Gl}(n, \mathbb{C})$.

Folgerung 2.3.9 (aus Satz 2.3.5) *Falls f_{*p} injektiv ist, so gibt es Karten x um p und y um $f(p)$ mit*

$$(y \circ f \circ x^{-1})(u_1, \dots, u_m) = (u_1, \dots, u_m, 0, \dots, 0).$$

Insbesondere gibt es eine offene Umgebung U von p in M, sodass $L = f(U)$ eine Untermannigfaltigkeit von N und $f : U \longrightarrow L$ ein Diffeomorphismus ist.

Beweis Die Bedingung an p, dass f_{*p} injektiv ist, ist offen.   □

2.4 Tangentialbündel und Vektorfelder

Unser nächstes Ziel ist die Konstruktion eines Atlanten auf dem Tangentialbündel TM einer Mannigfaltigkeit M; s. Definition 2.2.1. Für $A \subseteq M$ setzen wir dazu noch $TM|_A := \bigcup_{p \in A} T_p M$.

Satz 2.4.1 *Für eine Karte $x: U \longrightarrow U' \subseteq \mathbb{R}^m$ von M ist die Ableitung*

$$x_*: TM|_U \longrightarrow U' \times \mathbb{R}^m, \quad x_*([c]) := (x(c(0)), dx(c(0))([c])), \qquad (2.4.1)$$

eine Bijektion, wobei wir TU' mit $U' \times \mathbb{R}^m$ wie in Beispiel 2.2.3 1) identifizieren. Falls $y: V \longrightarrow V'$ eine weitere Karte von M ist, so gilt für den Kartenwechsel

$$(y_* \circ x_*^{-1})(u, v) = \big((y \circ x^{-1})(u), D(y \circ x^{-1})|_u(v)\big). \qquad (2.4.2)$$

Bezüglich der Karten $(TM|_U, x_*)$ ist TM eine Mannigfaltigkeit, d. h., diese Karten bilden einen glatten Atlas von TM, dessen zugeordnete Topologie hausdorffsch und parakompakt ist. Die Projektion auf den Fußpunkt,

$$\pi: TM \longrightarrow M, \quad \pi(v) := p \text{ für } v \in T_p M, \qquad (2.4.3)$$

ist eine Submersion. Ferner ist die Ableitung $f_*: TM \longrightarrow TN$ einer glatten Abbildung $f: M \longrightarrow N$ bezüglich dieser glatten Strukturen glatt.

Beweis Nach Satz 2.2.7 ist $x_*: TM|_U \longrightarrow U' \times \mathbb{R}^m$ bijektiv. Die Behauptung über die Kartenwechsel folgt aus den Transformationsregeln 2.2.12 1. Den Beweis der übrigen Behauptungen überlassen wir als Übung. ☐

Der Atlas auf TM, den wir in Satz 2.4.1 konstruiert haben, ist mit den linearen Strukturen auf den Tangentialräumen verträglich. Damit werden wir uns im nächsten Satz auseinandersetzen.

Satz und Definition 2.4.2 *Ein Vektorfeld auf M ist eine Abbildung $X: M \longrightarrow TM$ mit $\pi \circ X = \mathrm{id}_M$. Für eine Karte x von M mit zugeordneter Karte x_* von TM wie in Satz 2.4.1 ist ein Vektorfeld X von M über U von der Form*

$$(x_* \circ X \circ x^{-1})(u) = (u, \xi(u)), \quad u \in U', \qquad (2.4.4)$$

und X ist genau dann glatt auf U, wenn der Hauptteil ξ von X bezüglich x glatt ist. Für Vektorfelder X und Y und reelle Funktionen f auf M sind $X + Y$ und fX, definiert durch

$$(X + Y)(p) := X(p) + Y(p) \quad und \quad (fX)(p) := f(p)X(p), \qquad (2.4.5)$$

wieder Vektorfelder auf M. Falls X, Y und f glatt sind, so auch $X + Y$ und fX. Damit wird die Menge $\mathcal{V}(M)$ der glatten Vektorfelder auf M zu einem Vektorraum über $\mathbb{R}$ und einem Modul über $\mathcal{F}(M)$. ☐

Für eine offene Teilmenge $W \subseteq M$, ein glattes Vektorfeld X von M auf W und $\varphi \in \mathcal{F}(W)$ sei $X\varphi = X(\varphi) \in \mathcal{F}(W)$ definiert durch

$$(X\varphi)(p) := X_p(\varphi). \tag{2.4.6}$$

Die Abbildung $\mathcal{F}(W) \longrightarrow \mathcal{F}(W)$, $\varphi \mapsto X\varphi$, ist eine *Derivation* des Ringes $\mathcal{F}(W)$; d. h., für alle $\varphi, \psi \in \mathcal{F}(W)$ ist

$$X(\varphi \cdot \psi) = X(\varphi) \cdot \psi + \varphi \cdot X(\psi). \tag{2.4.7}$$

Nullstellen von glatten (oder stetigen) Vektorfeldern haben topologische Relevanz: Der *Satz vom Igel* besagt, dass jedes stetige Vektorfeld auf der Sphäre S^2 eine Nullstelle hat. Insbesondere ist das Tangentialbündel von S^2 nicht trivial im Sinne von Beispiel 2.5.2 1). Der allgemeinere Satz von Poincaré-Hopf[18] hat zur Konsequenz, dass die sogenannte Euler'sche[19] Charakteristik einer kompakten Mannigfaltigkeit verschwindet, wenn sie ein Vektorfeld ohne Nullstellen besitzt.

Beispiel 2.4.3
Auf der Sphäre $S^{2n-1} \subseteq \mathbb{C}^n$ ist $x \mapsto ix$ ein glattes Vektorfeld (bezüglich unserer üblichen Identifizierung von TS^{2n-1}) ohne Nullstellen.

Lie'sche Klammer

Für $X, Y \in \mathcal{V}(M)$ definieren wir nun ein weiteres glattes Vektorfeld auf M, die *Lie'sche Klammer* $[X, Y]$ von X und Y, durch

$$[X, Y]_p(\varphi) := X_p(Y\varphi) - Y_p(X\varphi). \tag{2.4.8}$$

Die Lie'sche Klammer entspricht dem Kommutator der oben diskutierten Derivationen. Hierbei identifizieren wir Tangentialvektoren als Richtungsableitungen im Sinne von Satz 2.2.9. Dazu müssen wir zeigen, dass $[X, Y]_p$ die Produktregel (2.2.7) erfüllt:

$$
\begin{aligned}
[X, Y]_p(\varphi\psi) &= X_p(Y(\varphi\psi)) - Y_p(X(\varphi\psi)) \\
&= X_p((Y\varphi)\psi + \varphi(Y\psi)) - Y_p((X\varphi)\psi + \varphi(X\psi)) \\
&= (X_p(Y\varphi))\psi_p + (Y\varphi)_p X_p(\psi) + X_p(\varphi)(Y\psi)_p \\
&\quad + \varphi_p X_p(Y\psi) - Y_p(X\varphi)\psi_p - (X\varphi)_p Y_p(\psi) \\
&\quad - Y_p(\varphi)(X\psi)_p - \varphi_p Y_p(X\psi) \\
&= (X_p(Y\varphi))\psi_p + \varphi_p X_p(Y\psi) - Y_p(X\varphi)\psi_p - \varphi_p Y_p(X\psi) \\
&= [X, Y]_p(\varphi)\psi_p + \varphi_p [X, Y]_p(\psi),
\end{aligned}
$$

---

[18] Henri Poincaré (1854–1912), Heinz Hopf (1894–1971)
[19] Leonhard Euler (1707–1783)

wobei wir die Auswertung in p durchgehend mit p als Index notieren. Die Rechnung zeigt, dass $[X, Y]_p$ die Produktregel (2.2.7) erfüllt, dass also $[X, Y]_p$ im Sinne von Satz 2.2.9 als Tangentialvektor in p und damit $[X, Y]$ ein Vektorfeld auf M ist.

Satz 2.4.4 *Seien $X, Y \in \mathcal{V}(M)$ und (x, U) eine Karte von M. Seien $\xi, \eta, \zeta: U \longrightarrow \mathbb{R}^m$ die Hauptteile von X, Y und $[X, Y]$ bezüglich (x, U). Dann ist*

$$\zeta^j = \xi^i \frac{\partial \eta^j}{\partial x^i} - \eta^i \frac{\partial \xi^j}{\partial x^i}.$$

Insbesondere ist $[X, Y]$ ein glattes Vektorfeld.

Die Formel für den Hauptteil von $[X, Y]$ in Satz 2.4.4 können wir auch auf folgende Weise schreiben:

$$\zeta = d\eta(X) - d\xi(Y) = X(\eta) - Y(\xi). \tag{2.4.9}$$

Beweis von Satz 2.4.4 Wegen

$$\xi^j = X(x^j), \quad \eta^j = Y(x^j), \quad \zeta^j = [X, Y](x^j)$$

erhalten wir

$$\zeta^j = [X, Y](x^j) = X(Y(x^j)) - Y(X(x^j))$$
$$= X(\eta^j) - Y(\xi^j) = \xi^i \frac{\partial \eta^j}{\partial x^i} - \eta^i \frac{\partial \xi^j}{\partial x^i}. \qquad \square$$

Sei nun $f: M \longrightarrow N$ eine glatte Abbildung. Vektorfelder $X \in \mathcal{V}(M)$ und $Y \in \mathcal{V}(N)$ heißen f-*verwandt*, wenn

$$f_* \circ X = Y \circ f, \quad \text{das heißt,} \quad f_{*p}(X_p) = Y_{f(p)} \tag{2.4.10}$$

für alle $p \in M$. Für $\varphi \in \mathcal{F}(N)$ folgt dann

$$Y_{f(p)}(\varphi) = (f_{*p}(X_p))(\varphi) = X_p(\varphi \circ f),$$

also

$$(Y\varphi) \circ f = X(\varphi \circ f). \tag{2.4.11}$$

Der folgende Satz über f-verwandte Vektorfelder ist bei der Berechnung Lie'scher Klammern sehr nützlich.

Satz 2.4.5 *Seien $X_1, X_2 \in \mathcal{V}(M)$ f-verwandt zu $Y_1, Y_2 \in \mathcal{V}(N)$. Dann ist $[X_1, X_2]$ f-verwandt zu $[Y_1, Y_2]$,*

$$f_* \circ [X_1, X_2] = [Y_1, Y_2] \circ f.$$

Beweis Mit (2.4.11) folgt

$$\begin{aligned}
[Y_1, Y_2]_{f(p)}(\varphi) &= (Y_1(f(p)))(Y_2\varphi) - (Y_2(f(p)))(Y_1\varphi) \\
&= (X_1(p))((Y_2\varphi) \circ f) - (X_2(p))((Y_1\varphi) \circ f) \\
&= (X_1(p))(X_2(\varphi \circ f)) - (X_2(p))(X_1(\varphi \circ f)) \\
&= [X_1, X_2]_p(\varphi \circ f) \\
&= (f_{*p}([X_1, X_2]_p))(\varphi).
\end{aligned}$$ □

Beispiele 2.4.6

1) Mit (2.4.8) oder Satz 2.4.4 gilt

$$\left[\frac{\partial}{\partial x^i}, \frac{\partial}{\partial x^j} \right] = 0$$

für die Koordinatenvektorfelder einer Karte (U, x) von M.

2) Sei L eine Untermannigfaltigkeit von M und $i : L \longrightarrow M$ die Inklusion. Seien Y_1 und Y_2 Vektorfelder auf M, deren Einschränkung auf L tangential an L ist, d.h., für alle $p \in L$ sind $Y_1(p)$ und $Y_2(p)$ in $T_p L$. Die $X_j := Y_j \circ i$ sind daher i-verwandt zu den Y_j, $j = 1, 2$. Für alle $p \in L$ gilt damit

$$[Y_1, Y_2]_p = [Y_1, Y_2]_{i(p)} = i_{*p}([X_1, X_2]_p) = [X_1, X_2]_p.$$

In der Regel verzichten wir darauf, eigene Namen für die Einschränkungen von Vektorfeldern einzuführen.

3) Wir identifizieren $\mathbb{R}^4 \cong \mathbb{H}$ und definieren $I, J, K \in \mathcal{V}(\mathbb{R}^4)$ durch

$$I : x \mapsto xi, \quad J : x \mapsto xj, \quad K : x \mapsto xk.$$

(Genau genommen sind dies die Hauptteile der Vektorfelder bezüglich der Karte id auf $\mathbb{H} \cong \mathbb{R}^4$.) Aus (2.4.9) folgt dann

$$[I, J]_x = xij - xji = 2xk = 2K(x)$$

und analog $[J, K] = 2I$ und $[K, I] = 2J$. Die Einschränkungen von I, J und K auf $S^3 \subseteq \mathbb{R}^4$ sind tangential an S^3. Nach dem vorherigen Beispiel gelten damit die gleichen Formeln für die Lie'schen Klammern der Einschränkungen dieser Vektorfelder auf S^3.

2.5 Vektorbündel und Schnitte

Es gibt eine Reihe anderer Situationen, in denen wir auf ähnliche Strukturen wie bei den Tangentialbündeln treffen. Sei dazu F ein Vektorraum über $\mathbb{K} \in \{\mathbb{R}, \mathbb{C}, \mathbb{H}\}$ der Dimension r über $\mathbb{K}$.

Satz und Definition 2.5.1 *Ein* $\mathbb{K}$*-Vektorbündel über* M *mit* Faser F *und* Rang r *besteht aus einer Mannigfaltigkeit* E *und einer glatten Abbildung* $\pi\colon E \longrightarrow M$, *genannt* Projektion, *sodass gilt:*

1. *für jedes* $p \in M$ *ist die* Faser $E_p := \pi^{-1}(p)$ *über* p *ein* $\mathbb{K}$*-Vektorraum;*
2. *es gibt eine Überdeckung von* M *durch offene Mengen* U *zusammen mit Diffeomorphismen* $t\colon E|_U = \pi^{-1}(U) \longrightarrow U \times F$, *genannt* Trivialisierungen, *sodass* t *von der Form*

$$t(v) = (p, \tau_p(v)), \quad p \in U \text{ und } v \in E_p,$$

und $\tau_p\colon E_p \longrightarrow F$ *für alle* $p \in U$ *ein Isomorphismus ist.*

Ein Schnitt *ist eine Abbildung* $S\colon M \longrightarrow E$ *mit* $\pi \circ S = \mathrm{id}_M$. *Zusammen mit Addition und Multiplikation mit Skalaren analog zu* (2.4.5) *wird die Menge* $S(E)$ *der glatten Schnitte von* E *zu einem* $\mathbb{K}$*-Vektorraum und einem Modul über* $\mathcal{F}(M)$. $\qquad\square$

Vektorbündel mit Faser F sind also Familien von Vektorräumen E_p, die isomorph zu F sind und wie in der Definition glatt von $p \in M$ abhängen.

Beispiele 2.5.2

1) Das Modellbeispiel eines Vektorbündels ist das *triviale Bündel* $E = M \times F$ mit Projektion $\pi(p, v) = p$ und id als (globaler) Trivialisierung.
2) Das Tangentialbündel ist ein reelles Vektorbündel mit Faser $\mathbb{R}^m$ und Rang m. Trivialisierungen wie in Definition 2.5.1 2) definiert man dazu analog zu den Karten von TM wie in (2.4.1):

$$t_x(v) := (p, dx(p)(v)), \quad p \in U \text{ und } v \in T_pM. \tag{2.5.1}$$

Umgekehrt erhält man für allgemeine Vektorbündel auf diese Weise *adaptierte Karten* (mit Werten in $\mathbb{R}^m \times F$), indem man U durch eventuelles Verkleinern als Gebiet einer Karte x wählt und die Trivialisierung t in Definition 2.5.1 2) ersetzt durch

$$T_x(v) := (x(p), \tau_p(v)), \quad p \in U \text{ und } v \in E_p. \tag{2.5.2}$$

Konstruktionsverfahren 2.5.3

Seien M und F Mannigfaltigkeiten der Dimension m und r, und sei $(U_i)_{i \in I}$ eine offene Überdeckung von M. Zu allen $i, j \in I$ mit $U_i \cap U_j \neq \emptyset$ sei

$$f_{ij}\colon (U_i \cap U_j) \times F \longrightarrow (U_i \cap U_j) \times F \tag{2.5.3}$$

ein Diffeomorphismus der Form $f_{ij}(p, v) = (p, \varphi_{ij}(p, v))$, sodass

$$f_{ii} = \mathrm{id} \quad \text{auf } U_i \times F, \tag{2.5.4}$$
$$f_{jk} \circ f_{ij} = f_{ik} \quad \text{auf } (U_i \cap U_j \cap U_k) \times F, \tag{2.5.5}$$

für alle $i, j, k \in I$. Setze $\tilde{E} = \bigcup_{i \in I} \{i\} \times U_i \times F$ und überlege:

1) $(i, p, v) \sim (j, p, w)$, falls $p \in U_i \cap U_j$ und $\varphi_{ij}(p, v) = w$, definiert eine Äquivalenzrelation auf $\tilde{E}$.

2) Die Abbildung $\tilde{\pi} \colon \tilde{E} \longrightarrow M$, $\tilde{\pi}(i, p, v) = p$, induziert eine Abbildung $\pi \colon E \longrightarrow M$, die Projektion, auf der Menge $E = \{[i, p, v]\}$ der Äquivalenzklassen.

3) Die Abbildungen $t_i \colon E|_{U_i} \longrightarrow U_i \times F$, $t_i([i, p, v]) = (p, v)$, sind Bijektionen mit $(t_j \circ t_i^{-1})(p, v) = f_{ij}(p, v)$.

4) Es gibt genau eine glatte Struktur auf E, sodass die Abbildungen t_i Diffeomorphismen sind. (Überdenke die Sätze 2.4.1 und 2.4.2 und vergleiche.) Damit wird E qua Definition zu einem *Faserbündel über M mit Projektion π und Faser F*. Zeige auch, dass π eine Submersion ist.

5) Falls F ein $\mathbb{K}$-Vektorraum der Dimension r ist und die $\varphi_{ij}(p, \cdot)$ für alle $i, j \in I$ und $p \in U_i \cap U_j$ Isomorphismen von F sind, so ist $\pi \colon E \longrightarrow M$ kanonisch ein $\mathbb{K}$-Vektorbündel vom Rang r über M, sodass die t_i Trivialisierungen im Sinne von Definition 2.5.1 sind.

Beispiele 2.5.4

1) Mithilfe von Kartenwechseln erhalten wir das Tangentialbündel TM: Für Karten (x, U) und (y, V) von M definieren wir

$$f_{xy} := t_y \circ t_x^{-1} \colon (U \cap V) \times \mathbb{R}^m \longrightarrow (U \cap V) \times \mathbb{R}^m,$$
$$f_{xy}(p, v) = (p, D(y \circ x^{-1})|_{x(p)}(v)). \tag{2.5.6}$$

Die Bedingungen (2.5.4) und (2.5.5) sind offensichtlich erfüllt, und das im Sinne des Konstruktionsverfahrens 2.5.3 resultierende Vektorbündel über M ist kanonisch isomorph zu TM. In diesem Beispiel kennen wir die Äquivalenzklassen TM, die Projektion, die Vektorraumstruktur auf den Fasern und die Trivialisierungen (wie in (2.5.1)) schon von vornherein. Das ist in vielen Beispielen so und erleichtert die Anschauung.

2) Ein zweites wichtiges Vektorbündel über M ist das *Kotangentialbündel T^*M*. Auch in diesem Beispiel kennen wir die Äquivalenzklassen, die Projektion, die Vektorraumstruktur auf den Fasern und die Trivialisierungen schon von vorneherein: Die Faser T_p^*M über p ist definiert als der Dualraum von T_pM. Falls (U, x) eine Karte von M ist, so ist $dx^i(p) \in T_p^*M$, und es gilt

$$dx^i(p)\left(\frac{\partial}{\partial x^j}\Big|_p\right) = \delta_j^i \quad \text{für alle } p \in U. \tag{2.5.7}$$

Für alle $p \in U$ ist daher $(dx^1(p), \dots, dx^m(p))$ die duale Basis zu der von den $\partial/\partial x^j|_p$ gebildeten Basis von T_pM. Insbesondere lässt sich jedes $\omega \in T_p^*M$ eindeutig als Linearkombination der Art $\omega = \omega_i dx^i(p)$ schreiben mit $\omega_i = \omega(\partial/\partial x^i|_p)$. Damit erhalten wir eine Abbildung

$$t_x \colon T^*M|_U \longrightarrow U \times (\mathbb{R}^m)^*, \quad t_x(\omega) = (p, \omega_i e^i), \tag{2.5.8}$$

mit $\omega = \omega_i dx^i(p) \in T_p^*M$ und $p \in U$ wie oben, wobei (e^i) die zur Standardbasis (e_i) des $\mathbb{R}^m$ duale Basis des $(\mathbb{R}^m)^*$ bezeichnet. Offenbar ist $\tau_{xp} \colon \omega \mapsto \omega_i e^i$ für jedes $p \in U$ ein

Isomorphismus. Insbesondere ist t_x bijektiv. Ferner gilt

$$f_{xy} := t_y \circ t_x^{-1} : (U \cap V) \times (\mathbb{R}^m)^* \longrightarrow (U \cap V) \times (\mathbb{R}^m)^*,$$
$$f_{xy}(p, w) = (p, D(x \circ y^{-1})|_{y(p)}^*(w)). \tag{2.5.9}$$

Die Umkehrung der Reihenfolge von x und y im Vergleich zu (2.5.6) ist klar, denn im Beispiel hier diskutieren wir die dualen Räume und linearen Abbildungen.

3) Für projektive Räume $M = \mathbb{K}P^n$ wie in Beispiel 2.1.15 4) sei

$$E = \{(L, x) \mid x \in L \in \mathbb{K}P^n\} \quad \text{mit} \quad \pi(L, x) := L.$$

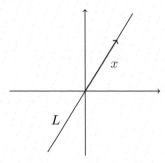

Mit anderen Worten, die Faser über einer Geraden $L \subseteq \mathbb{K}^{n+1}$ besteht aus allen Vektoren $x \in L$, und deshalb heißt $\pi : E \longrightarrow \mathbb{K}P^n$ auch das *tautologische Bündel* über $\mathbb{K}P^n$. Für $x \neq 0$ gilt natürlich $L = x\mathbb{K}$; in diesem Sinne besteht E daher aus $\mathbb{K}^{n+1} \setminus \{0\}$ und einer Familie von Nullvektoren $(L, 0)$ für die $L \in \mathbb{K}P^n$. Wenn wir noch $(L, 0)$ mit L identifizieren, so erhalten wir E aus $\mathbb{K}^{n+1}$, indem wir $0 \in \mathbb{K}^{n+1}$ durch $\mathbb{K}P^n$ ersetzen. Dieser Prozess des Ersetzens eines Punktes durch einen (geeigneten) projektiven Raum wird *Aufblasen eines Punktes* genannt. In unserem Beispiel wird der Nullpunkt des $\mathbb{K}^{n+1}$ aufgeblasen.

Bisher kennen wir die Menge E und die Projektion π. Die Faser von π über $L \in \mathbb{K}P^n$ besteht aus der Geraden L als Teilmenge des $\mathbb{K}^{n+1}$ und trägt damit die Struktur eines eindimensionalen $\mathbb{K}$-Vektorraumes.

Als Nächstes definieren wir die Trivialisierungen und erhalten damit wie zuvor eine glatte Struktur auf E, sodass $\pi : E \longrightarrow M$ ein $\mathbb{K}$-Vektorbündel vom Rang 1 wird. Definiere dazu auf der offenen Teilmenge $U_i \subseteq \mathbb{K}P^n$ wie in Beispiel 2.1.15 4) eine Trivialisierung durch

$$t_i : E|_{U_i} \longrightarrow U_i \times \mathbb{K}, \quad t_i([x], y) := ([x], y^i). \tag{2.5.10}$$

Weil y in der Geraden $[x]$ liegt, gibt es ein $\alpha \in \mathbb{K}$ mit $y = x\alpha$. Auf $U_i \cap U_j$ gilt daher

$$y^j = x^j \alpha = x^j (x^i/x^i)\alpha = (x^j/x^i)x^i\alpha = (x^j/x^i)y^i.$$

Damit ist

$$f_{ij}([x], y^i) := (t_j \circ t_i^{-1})([x], y^i) = ([x], (x^j/x^i)y^i).$$

Die $f_{ij} = t_j \circ t_i^{-1}$ erfüllen die Bedingungen des Konstruktionsverfahrens 2.5.3, und damit wird das tautologische Bündel zu einem $\mathbb{K}$-Vektorbündel. Der Rang des Bündels ist 1, man spricht daher auch von einem *Geraden-* oder *Linienbündel*.

2.6   Ergänzende Literatur

Umfassendere Einführungen in die Theorie der Mannigfaltigkeiten findet man z. B. in [BJ] und [Sp1, Kapitel 1-6]. Diese Quellen enthalten insbesondere die Interpretation von Vektorfeldern als dynamische Systeme bzw. als gewöhnliche Differentialgleichungen erster Ordnung.

Eine ausgezeichnete weiterführende und – trotzdem – elementare Diskussion der Topologie von Mannigfaltigkeiten, Abbildungen und Vektorfeldern ist in [Mi3] enthalten; [Mi1] und [Mi2] sind sehr gute Quellen zur Theorie kritischer Punkte und zur Kobordismus-Theorie. Die drei letztgenannten Referenzen eignen sich sehr gut als Vorlage für Seminare und Arbeitsgemeinschaften.

2.7   Aufgaben

1. Zu einem gegebenen C^k-Atlas $\mathcal{A}$ auf einer Menge M gibt es einen äquivalenten Atlas $\mathcal{B} = ((U_i, x_i))_{i \in I}$ auf M, sodass $U_i' = \mathbb{R}^m$ ist für alle $i \in I$.
2. 1) Kompakte Räume sind parakompakt.
   2) Abgeschlossene Teilmengen parakompakter Räume sind parakompakt.
   3) Ein lokal zusammenhängender topologischer Raum ist genau dann parakompakt, wenn seine Zusammenhangskomponenten parakompakt sind.
3. (zur Vervollständigung von Satz 2.1.12) Die Topologie einer zusammenhängenden Mannigfaltigkeit hat eine abzählbare Basis.
4. (Glatte Abbildungen)
   1) Für jede Mannigfaltigkeit M ist die Identität id: $M \longrightarrow M$ glatt. Allgemeiner gilt: Für offene Teilmengen W von M ist die Inklusion $W \longrightarrow M$ glatt.
   2) Die Komposition von C^k-Abbildungen ist C^k.
   3) Eine Abbildung $f: M \longrightarrow N$ ist C^0 genau dann, wenn sie stetig ist.
   4) Für $f, g \in \mathcal{F}(M)$ sind $f + g$ und fg wieder in $\mathcal{F}(M)$, wobei wir Funktionen wie gewohnt punktweise addieren und multiplizieren. Mit diesen Verknüpfungen wird $\mathcal{F}(M)$ zum kommutativen Ring mit Eins (aber nicht zum Körper).
   5) Die radiale Projektion $\mathbb{R}^{m+1} \setminus \{0\} \longrightarrow S^m$, $x \mapsto x / \|x\|$, ist glatt.
   6) Die kanonische Projektion $\mathbb{K}^{n+1} \setminus \{0\} \longrightarrow \mathbb{K}P^n$, $x \mapsto [x]$, ist glatt.
   7) Für $m \leq n$ ist die Inklusion $\mathbb{K}P^m \hookrightarrow \mathbb{K}P^n$, $[x] \mapsto [x, 0]$, glatt.
   8) Für Mannigfaltigkeiten M, N und P ist eine Abbildung $f: P \longrightarrow M \times N$ genau dann glatt, wenn $f \circ \pi_M$ und $f \circ \pi_N$ glatt sind, wobei π_M und π_N die Projektionen von $M \times N$ auf M und N bezeichnen. Vergleiche dies mit Satz 1.4.7.
5. (Diffeomorphismen)
   1) Sei $I \subseteq \mathbb{R}$ ein offenes Intervall. Bestimme einen Diffeomorphismus $f: I \longrightarrow \mathbb{R}$. Die Abbildung $\mathbb{R} \longrightarrow \mathbb{R}$, $x \mapsto x^3$, ist ein glatter Homöomorphismus, aber kein Diffeomorphismus.
   2) Karten $x: U \longrightarrow U'$ einer Mannigfaltigkeit sind Diffeomorphismen.
   3) Für jede orthogonale Matrix $A \in \mathbb{R}^{(m+1) \times (m+1)}$ ist die induzierte Abbildung $S^m \longrightarrow S^m$, $x \mapsto Ax$, ein Diffeomorphismus.
   4) Für jede invertierbare Matrix $A \in \mathbb{K}^{(n+1) \times (n+1)}$ ist die induzierte Abbildung $\mathbb{K}P^n \longrightarrow \mathbb{K}P^n$, $[x] \mapsto [Ax]$, ein Diffeomorphismus.

5) Seien U und V Vektorräume über K, $A\colon U \longrightarrow V$ eine lineare Abbildung und $0 < k < \dim_{\mathbb{K}} U, \dim_{\mathbb{K}} V$. Dann ist die Menge

$$W := \{P \in G_k(U) \mid A|P \text{ ist injektiv}\} \subseteq G_k(U)$$

offen und die induzierte Abbildung $W \longrightarrow G_k(V)$, $P \mapsto A(P)$, ist glatt. Falls A invertierbar ist, so ist diese Abbildung ein Diffeomorphismus.

6) Falls M eine Mannigfaltigkeit, X eine Menge und $f\colon M \longrightarrow X$ eine Bijektion ist, so gibt es genau eine glatte Struktur auf X (inklusive zugehöriger Topologie), sodass f ein Diffeomorphismus ist.

6. (Exponentialabbildung von $\mathrm{Gl}(n, \mathbb{K})$) Für $A \in \mathbb{K}^{n \times n}$ setze

$$\exp(A) = e^A := E + A + \frac{1}{2}A^2 + \frac{1}{3!}A^3 + \cdots,$$

wobei E die Einheitsmatrix bezeichnet. Zeige, dass diese Reihe absolut konvergiert, somit also $\exp\colon \mathbb{K}^{n \times n} \longrightarrow \mathbb{K}^{n \times n}$ eine glatte Abbildung ist. Überlege:
1) $\exp(0) = E$ und $D\exp|_0 = \mathrm{id}$;
2) $\exp(A + B) = \exp(A)\exp(B)$ falls $AB = BA$.
Schließe, dass
a) das Bild von $\exp$ in $\mathrm{Gl}(n, \mathbb{K})$ liegt mit $\exp(-A) = \exp(A)^{-1}$, und dass
b) $\mathbb{R} \longrightarrow \mathbb{K}^{n \times n}$, $t \mapsto \exp(tA)$, glatt ist mit $\exp((s + t)A) = \exp(sA)\exp(tA)$.

7. Links- und Rechtstranslationen einer Lie'schen Gruppe G sind glatt und erfüllen $L_e = \mathrm{id}$, $L_{gh} = L_g \circ L_h$ und $R_{gh} = R_h \circ R_g$, wobei e das neutrale Element von G bezeichnet und g, h beliebige Elemente von G sind. Insbesondere sind die L_g und R_g Diffeomorphismen mit $(L_g)^{-1} = L_{g^{-1}}$ und $(R_g)^{-1} = R_{g^{-1}}$.

8. (Immersionen)
1) Für $0 < r < R$ ist die Abbildung $f\colon \mathbb{R}^2 \longrightarrow \mathbb{R}^3$,

$$f(\varphi, \psi) := ((R + r\cos\varphi)\cos\psi, (R + r\cos\varphi)\sin\psi, r\sin\varphi),$$

eine Immersion. Überlege, dass f einer Einbettung des Torus $T^2 = S^1 \times S^1 \longrightarrow \mathbb{R}^3$ entspricht. Konstruiere analoge Einbettungen $S^m \times S^n \longrightarrow \mathbb{R}^{m+n+1}$ und zeige, dass die jeweiligen Bilder Untermannigfaltigkeiten sind.
2) *Veronese-Einbettung*[20]: Zeige, dass die Abbildung

$$\mathbb{R}P^2 \longrightarrow \mathbb{R}P^5, \quad [x, y, z] \mapsto [xx, xy, xz, yy, yz, zz],$$

wohldefiniert und eine Einbettung ist.
3) Zeige, dass die Abbildung $\mathbb{R}P^m \times \mathbb{R}P^n \longrightarrow \mathbb{R}P^{mn+m+n}$, definiert durch

$$([x_0, \ldots, x_m], [y_0, \ldots, y_n]) \mapsto [x_0 y_0, x_0 y_1, \ldots, x_i y_j, \ldots, x_m y_n],$$

wohldefiniert und eine Einbettung ist.
4) Falls M eine zusammenhängende Mannigfaltigkeit ist, so gibt es zu je zwei Punkten $p \neq q$ in M eine reguläre Kurve $c\colon [a, b] \longrightarrow M$ mit $c(a) = p$ und $c(b) = q$.
5) Für alle Mannigfaltigkeiten M der Dimension m und $0 < n \leq m$ gibt es eine Einbettung $\mathbb{R}^n \longrightarrow M$.

---

[20] Giuseppe Veronese (1854–1917)

6) Es gibt injektive Immersionen, die keine Einbettungen sind. Falls aber M kompakt und $f\colon M \longrightarrow N$ eine injektive Immersion ist, so ist f eine Einbettung.

7) Für Mannigfaltigkeiten M und N und Punkte $p \in M$ und $q \in N$ sind

$$i_q\colon M \longrightarrow M \times N,\ i_q(p') = (p',q), \quad \text{und} \quad j_p\colon N \longrightarrow M \times N,\ j_p(q') = (p,q'),$$

(kanonische) Einbettungen (Skizze!), und bezüglich dieser gilt

$$T_{(p,q)}(M \times N) \cong \operatorname{im} i_{q*p} \oplus \operatorname{im} j_{p*q} \cong T_p M \oplus T_q N.$$

9. (Submersionen)
   1) Berechne die Ableitung der Projektion

   $$\pi\colon S^{dn-1} \longrightarrow \mathbb{K}P^{n-1}, \quad x \mapsto [x],$$

   bezüglich der Identifikationen der Tangentialräume wie in den Beispielen 2.2.3 2) und 2.2.3 3) und schließe, dass π eine Submersion ist.
   2) Falls M kompakt, N zusammenhängend und $f\colon M \longrightarrow N$ eine Submersion ist, so ist f surjektiv.
   3) Für Mannigfaltigkeiten M, N und P und eine surjektive Submersion $f\colon M \longrightarrow N$ ist eine Abbildung $g\colon N \longrightarrow P$ genau dann glatt, wenn $g \circ f$ glatt ist. Vergleiche dies mit Satz 1.4.9 und Aufgabe 4 8).
   4) Falls f in einer Umgebung von p konstanten Rang hat, so ist f in einer eventuell kleineren Umgebung von p eine Komposition $f = g \circ h$, wobei g eine Einbettung und h eine Submersion ist.

10. (Spezielle Isomorphismen) Identifiziere durchweg $\mathbb{R}^4 \cong \mathbb{C}^2 \cong \mathbb{H}$.
    0) $S^1 \subseteq \mathbb{C}^* = \mathrm{Gl}(1,\mathbb{C})$ und $S^3 \subseteq \mathbb{H}^* = \mathrm{Gl}(1,\mathbb{H})$ sind Lie'sche Untergruppen.
    1) Für $x,y \in S^3$ ist die Abbildung $\mathbb{R}^4 \longrightarrow \mathbb{R}^4$, $z \mapsto xz\bar{y}$, eine orthogonale Transformation, die die Orientierung des $\mathbb{R}^4$ erhält. Die induzierte Abbildung

    $$f\colon S^3 \times S^3 \longrightarrow \mathrm{SO}(4), \quad f(x,y)(z) := xz\bar{y},$$

    ist ein Homomorphismus, glatt mit maximalem Rang 6, surjektiv und zwei zu eins; in diesem Sinne ist $\mathrm{SO}(4) \cong (S^3 \times S^3)/\{\pm(1,1)\}$.
    2) Für $x \in S^3$ ist die Abbildung $\mathbb{R}^4 \longrightarrow \mathbb{R}^4$, $z \mapsto xz\bar{x}$, eine orthogonale Transformation, die die imaginären Quaternionen $\cong \mathbb{R}^3$ invariant lässt. Die induzierte Abbildung

    $$f\colon S^3 \longrightarrow \mathrm{SO}(3), \quad f(x)(z) := xz\bar{x},$$

    ist ein Homomorphismus, glatt mit maximalem Rang 3, surjektiv und zwei zu eins, also $\mathrm{SO}(3) \cong S^3/\{\pm 1\}$. Wegen $S^3/\{\pm 1\} \cong \mathbb{R}P^3$ sind damit $\mathrm{SO}(3)$ und $\mathbb{R}P^3$ diffeomorph.
    3) Für $x \in S^3$ ist die Abbildung $\mathbb{C}^2 \longrightarrow \mathbb{C}^2$, $z \mapsto xz$, eine unitäre Transformation. Die induzierte Abbildung

    $$f\colon S^3 \longrightarrow \mathrm{SU}(2), \quad f(x)(z) := xz,$$

    ist zugleich Gruppenisomorphismus und Diffeomorphismus; mithin ist $\mathrm{SU}(2) \cong S^3$.

11. Die *Stiefelmannigfaltigkeit*[21] $V_k(n)$ besteht aus der Menge der orthogonalen k-Beine in $\mathbb{K}^n$, also der Menge aller $A \in \mathbb{K}^{n \times k}$ mit $A^*A = E$. Mit anderen Worten, $A \in \mathbb{K}^{n \times k}$ gehört zu $V_k(n)$, wenn die Spaltenvektoren von A orthonormal sind. Zeige, dass die Einheitsmatrix E ein regulärer Wert der Abbildung $f : \mathbb{K}^{n \times k} \longrightarrow H_k(\mathbb{K})$, $f(A) := A^*A$, und daher $V_k(n)$ eine Untermannigfaltigkeit von $\mathbb{K}^{n \times k}$ ist mit

$$T_A V_k(n) \cong \{ B \in \mathbb{K}^{n \times k} \mid A^*B + B^*A = 0 \}.$$

Im Fall $k = 1$ erhalten wir die Sphäre der Dimension $dn - 1$, im Fall $k = n$ die Gruppe G wie in Beispiel 2.3.8 3) oben.

12. Bestimme (glatte oder stetige) Vektorfelder auf S^2 mit genau einer bzw. genau zwei Nullstellen.

13. Für glatte Vektorfelder X, Y, Z und eine glatte Funktion φ auf einer Mannigfaltigkeit M gelten
    1) $[X, Y] = -[Y, X]$;
    2) $[X, \varphi Y] = (X\varphi)Y + \varphi[X, Y]$;
    3) die *Jacobiidentität* $[X, [Y, Z]] + [Y, [Z, X]] + [Z, [X, Y]] = 0$.

14. Ein Vektorfeld X auf einer Lie'schen Gruppe G nennen wir *linksinvariant*, wenn $L_{g*h}X(h) = X(gh)$ ist für alle $g, h \in G$.
    1) Für die allgemeine lineare Gruppe $Gl(n, \mathbb{K})$ und ihre Untergruppen wie in den Beispielen 2.3.8 2) und 2.3.8 3) sind linksinvariante Vektorfelder von der Form $X_C : A \mapsto AC$. Identifiziere die möglichen $C \in \mathbb{K}^{n \times n}$ für die Untergruppen. Zeige ferner, dass

    $$[X_C, X_D](A) = ACD - ADC = X_{(CD-DC)}(A).$$

    Die Lie'sche Klammer linksinvarianter Vektorfelder auf diesen Gruppen ist also wieder linksinvariant und entspricht dem Kommutator von Matrizen in $\mathbb{K}^{n \times n}$. Überlege auch, dass die Vektorfelder I, J und K in Beispiel 2.4.6 3) linksinvariant auf S^3 und $\mathbb{H}^* = Gl(1, \mathbb{H})$ sind.
    2) Berechne die linksinvarianten Vektorfelder auf der Heisenberggruppe wie in Beispiel 2.1.22 3) und bestimme ihre Lie'schen Klammern.
    3) Linksinvariante Vektorfelder sind glatt. Die Zuordnung $X \mapsto X(e)$ ist ein Isomorphismus zwischen dem $\mathbb{R}$-Vektorraum der linksinvarianten Vektorfelder einer Lie'schen Gruppe G und ihrem Tangentialraum $T_e G$ im neutralen Element.
    4) Die Lie'sche Klammer linksinvarianter Vektorfelder ist linksinvariant.
    5) Definiere *rechtsinvariante* Vektorfelder und wiederhole die Übungen oben analog für diese. Vergleiche auch die Lie'schen Klammern links- und rechtsinvarianter Vektorfelder.

15. Betrachte die Familie der Vektorräume $A_p^k M := A^k(T_p M)$ der k-Formen wie in Anhang A und konstruiere das zugehörige Vektorbündel $A^k M \longrightarrow M$. Bemerkung: Der Fall $k = 1$ entspricht dem Kotangentialbündel.

16. Diskutiere das tautologische Bündel über Graßmann'schen Mannigfaltigkeiten (wie in Beispiel 2.1.15 5)),

$$E = \{(P, x) \mid x \in P \in G_k(V)\} \quad \text{mit} \quad \pi(P, x) := P.$$

17. Zeige, dass es zu einem Vektorbündel E über S^1 zusammenhängende offene Teilmengen $U_1, U_2 \subseteq S^1$ mit $U_1 \cup U_2 = S^1$ gibt, sodass E über U_1 und U_2 trivial ist, d. h., Trivialisierungen über U_1 und U_2 zulässt. (Das Gleiche trifft auch auf Vektorbündel über S^m zu.)

---

[21] Eduard Ludwig Stiefel (1909–1978)

Differentialformen und Kohomologie

3

Differentialformen spielen in verschiedenen mathematischen Bereichen eine Rolle. Hier behandeln wir sie hauptsächlich unter dem Gesichtspunkt der algebraischen Topologie, nämlich der de Rham'schen Kohomologie.

Differentialformen vom Grade k auf einer Teilmenge W einer Mannigfaltigkeit M sind Familien ω alternierender k-linearer Abbildungen $\omega(p) : (T_pM)^k \longrightarrow \mathbb{R}$, $p \in W$. Statt von Differentialformen vom Grade k sprechen wir auch von k-*Formen*. Anstelle von $\omega(p)(v_1, \dots, v_k)$ schreiben wir der besseren Lesbarkeit halber je nach Situation auch $\omega_p(v_1, \dots, v_k)$. Im Sinne von Aufgabe 15 in Kap. 2 sind k-Formen Schnitte des Vektorbündels A^kM, aber diese Interpretation belassen wir hier im Hintergrund.

Die in diesem Kapitel benötigten Hilfsmittel aus der linearen Algebra haben wir in den Anhängen A und B zusammengestellt. Per Definition sind Funktionen Differentialformen vom Grade 0. Der nächste Fall sind die Differentialformen vom Grade 1, den wir zunächst diskutieren.

3.1 Pfaff'sche Formen

Eine 1-Form auf $W \subseteq M$ nennen wir auch eine *Pfaff'sche*[1] *Form*. Eine Pfaff'sche Form ω besteht also aus einer Familie linearer Abbildungen $\omega(p): T_pM \longrightarrow \mathbb{R}$, d. h., für alle $p \in W$ ist $\omega(p)$ Element des Dualraums $(T_pM)^* = T_p^*M$.

Per Definition sind Pfaff'sche Formen Schnitte des Kotangentialbündels T^*M, vgl. Beispiel 2.5.4 2). Pfaff'sche Formen nennen wir *glatt*, wenn sie als Schnitte von T^*M glatt sind. Wir erinnern uns daran, dass Glattheit eine lokale Eigenschaft ist: Die Einschränkung einer glatten Pfaff'schen Form auf eine offene Teilmenge U ist eine glatte Pfaff'sche Form auf U. Falls umgekehrt eine Pfaff'sche Form ω auf offenen Mengen $U_i \subseteq M$ glatt ist, so ist sie auf der Vereinigung $W = \bigcup_i U_i$ glatt.

---

[1] Johann Friedrich Pfaff (1765–1825)

© Springer International Publishing AG 2018
W. Ballmann, *Einführung in die Geometrie und Topologie*, Mathematik Kompakt,
https://doi.org/10.1007/978-3-0348-0986-3_3

Sei (U, x) eine Karte von M und ω eine Pfaff'sche Form auf U. Für alle $p \in U$ ist dann (Einstein'sche Summationskonvention!)

$$\omega_p = \omega_i(p)dx^i(p) \quad \text{mit} \quad \omega_i(p) = \omega_p\left(\frac{\partial}{\partial x^i}(p)\right), \tag{3.1.1}$$

denn die $dx^i(p)$ bilden die duale Basis der $(\partial/\partial x^j)(p)$; s. auch (2.5.7). Lesbarer werden solche Formeln, wenn man den Punkt p in der Notation streicht:

$$\omega = \omega_i\, dx^i \quad \text{mit} \quad \omega_i = \omega\left(\frac{\partial}{\partial x^i}\right). \tag{3.1.2}$$

Die Koeffizienten ω_i sind dann Funktionen auf U. Nach Definition der differenzierbaren Struktur auf T^*M wie in Beispiel 2.5.4 2) ist mithin ω genau dann glatt auf U, wenn die Funktionen $\omega_i : U \longrightarrow \mathbb{R}$ glatt sind.

Beispiel 3.1.1
Für alle glatten Funktionen $f : M \longrightarrow \mathbb{R}$ ist das Differential df eine glatte Pfaff'sche Form auf M mit

$$df = \frac{\partial f}{\partial x^i} dx^i \tag{3.1.3}$$

auf den Kartengebieten von Karten x von M.

Definition 3.1.2

Sei $W \subseteq M$ offen und ω eine glatte Pfaff'sche Form auf W. Dann heißt eine glatte Funktion $f : W \longrightarrow \mathbb{R}$ eine *Stammfunktion* bzw. ein *Potential* von ω, falls $\omega = df$ ist.

Beispiele 3.1.3

1) Sei $W = \mathbb{R}^2 \setminus \{0\}$ und $r = r(x, y) := \sqrt{x^2 + y^2}$. Die *Windungsform* ω auf W ist dann die Pfaff'sche Form

$$\omega := \frac{1}{r^2}(x\, dy - y\, dx).$$

2) Sei $W = \mathbb{R}^3 \setminus \{0\}$ und $r = r(x, y, z) := \sqrt{x^2 + y^2 + z^2}$. Die Pfaff'sche Form

$$\omega = \omega(x, y, z) := -\frac{1}{r^3}(x\, dx + y\, dy + z\, dz)$$

heißt die *Gravitationsform* auf W; $1/r$ ist ein Potential von ω.

Sei $W \subseteq M$ offen und ω eine glatte Pfaff'sche Form auf W. Sei außerdem $c : [a, b] \longrightarrow W$ eine stückweise glatte Kurve, d. h., es gebe eine Unterteilung

$$a = t_0 < t_1 < \cdots < t_k = b, \tag{3.1.4}$$

sodass $c|_{[t_{i-1},t_i]}$ glatt ist für alle $1 \leq i \leq k$. Wir setzen dann

$$\int_c \omega := \sum_{1 \leq i \leq k} \int_{t_{i-1}}^{t_i} \omega_{c(t)}(\dot{c}(t)) \, dt. \tag{3.1.5}$$

Sei nun $x \colon U \longrightarrow U'$ eine Karte mit $U \subseteq W$, und sei $c([t_{i-1}, t_i]) \subseteq U$. Dann ist $\sigma := x \circ c \colon [t_{i-1}, t_i] \longrightarrow U' \subseteq \mathbb{R}^m$ glatt. Mit $\omega = \omega_j \, dx^j$ wie in (3.1.2) erhalten wir die nützliche Formel

$$\int_{t_{i-1}}^{t_i} \omega_{c(t)}(\dot{c}(t)) \, dt = \int_{t_{i-1}}^{t_i} \omega_j(c(t)) \cdot \dot{\sigma}^j(t) \, dt, \tag{3.1.6}$$

denn für alle $t \in (t_{i-1}, t_i)$ ist $dx^j(c(t))(\dot{c}(t)) = \dot{\sigma}^j(t)$.

Für glatte Pfaff'sche Formen ω_1, ω_2 und Skalare $\kappa_1, \kappa_2 \in \mathbb{R}$ gilt

$$\int_c (\kappa_1 \omega_1 + \kappa_2 \omega_2) = \kappa_1 \int_c \omega_1 + \kappa_2 \int_c \omega_2. \tag{3.1.7}$$

Sei $\tau \colon [\alpha, \beta] \longrightarrow [a, b]$ stückweise glatt und monoton mit $\tau(\alpha) = a$ und $\tau(\beta) = b$ bzw. $\tau(\alpha) = b$ und $\tau(\beta) = a$. Dann ist $c \circ \tau$ stückweise glatt mit

$$\int_{c \circ \tau} \omega = \int_c \omega \quad \text{bzw.} \quad \int_{c \circ \tau} \omega = -\int_c \omega. \tag{3.1.8}$$

Falls $f \colon W \longrightarrow \mathbb{R}$ glatt ist, so ist

$$\int_c df = f(c(b)) - f(c(a)). \tag{3.1.9}$$

Also ist $\int_c df$ *wegunabhängig*, d. h. $\int_c df$ hängt nur von den Endpunkten von c ab. Bezüglich einer Karte (U, x) mit $U \subseteq W$ gilt ferner

$$\frac{\partial \omega_i}{\partial x^j} = \frac{\partial \omega_j}{\partial x^i} \tag{3.1.10}$$

mit $\omega_i = \partial f / \partial x^i$ wie in (3.1.3), denn

$$\frac{\partial \omega_i}{\partial x^j} = \frac{\partial^2 f}{\partial x^i \partial x^j} = \frac{\partial^2 f}{\partial x^j \partial x^i} = \frac{\partial \omega_j}{\partial x^i}. \tag{3.1.11}$$

Die Gleichungen (3.1.10) sind daher notwendige Bedingungen dafür, dass eine Pfaff'sche Form Differential einer Funktion ist. Mit anderen Worten, die Gleichungen (3.1.10) sind *Integrabilitätsbedingungen* für die Gleichung $\omega = df$ bei gegebenem ω und gesuchtem f.

3.2 Differentialformen

Eine *Differentialform vom Grade* k auf $W \subseteq M$, kurz: eine *k-Form* auf W, ist eine Abbildung ω, die jedem $p \in W$ eine k-lineare alternierende Multilinearform $\omega(p) \colon (T_p M)^k \longrightarrow \mathbb{R}$ zuordnet. Wir schreiben auch $k = \deg \omega$.

Sei jetzt $W \subseteq M$ offen und ω eine k-Form auf W. Sei (U, x) eine Karte von M mit $U \subseteq W$. Auf U ist dann

$$\omega = \sum_{1 \le i_1 < \cdots < i_k \le m} \omega_{i_1 \ldots i_k} \, dx^{i_1} \wedge \cdots \wedge dx^{i_k} \tag{3.2.1}$$

mit Koeffizientenfunktionen

$$\omega_{i_1 \ldots i_k} = \omega^x_{i_1 \ldots i_k} := \omega\left(\frac{\partial}{\partial x^{i_1}}, \ldots, \frac{\partial}{\partial x^{i_k}} \right) \colon U \longrightarrow \mathbb{R}, \tag{3.2.2}$$

vgl. (2.5.7) und Folgerung A.4.

Sei nun (V, y) eine weitere Karte von M mit $V \subseteq W$. Auf V gilt dann

$$\omega = \sum_{1 \le i_1 < \cdots < i_k \le m} \omega^y_{i_1 \ldots i_k} \, dy_{i_1} \wedge \cdots \wedge dy_{i_k}$$

mit

$$\omega^y_{i_1 \ldots i_k} = \omega\left(\frac{\partial}{\partial y^{i_1}}, \ldots, \frac{\partial}{\partial y^{i_k}} \right).$$

Mit (2.2.13) und Lemma A.5 folgt daher

$$
\begin{aligned}
\omega^y_{i_1, \ldots, i_k} &= \omega\left(\frac{\partial}{\partial y^{i_1}}, \ldots, \frac{\partial}{\partial y^{i_k}} \right) \\
&= \sum_{1 \le j_1 < \ldots < j_k \le m} \det\left(\frac{\partial x^{j_\mu}}{\partial y^{i_\nu}} \right) \cdot \omega\left(\frac{\partial}{\partial x^{j_1}}, \ldots, \frac{\partial}{\partial x^{j_k}} \right) \\
&= \sum_{1 \le j_1 < \ldots < j_k \le m} \det\left(\frac{\partial x^{j_\mu}}{\partial y^{i_\nu}} \right) \cdot \omega^x_{j_1 \ldots j_k}.
\end{aligned}
\tag{3.2.3}
$$

Diese Tansformationsformel für die Koeffizienten von ω ist einigermaßen kompliziert. Es ist klar, dass explizite Rechnungen schnell umfangreich und unerfreulich werden. Im Falle $k = m$ ist nur eine Determinante zu berechnen, die Transformationsformel (3.2.3) ist dann übersichtlicher,

$$\omega^y_{1 \ldots m} = \det\left(\frac{\partial x^i}{\partial y^j} \right) \cdot \omega^x_{1 \ldots m}. \tag{3.2.4}$$

Wir nennen ω *glatt*, wenn die Koeffizientenfunktion $\omega^x_{i_1\ldots i_k}$ glatt sind für alle Karten (U, x) von M mit $U \subseteq W$. Das ist gleichbedeutend damit, dass ω ein glatter Schnitt des Vektorbündels $A^k W$ im Sinne von Aufgabe 15 in Kap. 2 ist.

Wir kommen nun zum *Differential* von Formen, genauer: zum sogenannten *äußeren Differential*. Das (äußere) Differential d ordnet jeder glatten Funktion (= 0-Form) $f : M \longrightarrow \mathbb{R}$ die 1-Form df zu. Wir wollen jeder glatten k-Form ω als (äußeres) Differential eine glatte $(k + 1)$-Form $d\omega$ zuordnen. Sei dazu $W \subseteq M$ offen und ω eine glatte k-Form auf W. Sei (U, x) eine Karte von M mit $U \subseteq W$. Auf U schreiben wir wie oben

$$\omega = \sum_{1 \le i_1 < \cdots < i_k \le m} \omega_{i_1\ldots i_k} \, dx^{i_1} \wedge \cdots \wedge dx^{i_k} \tag{3.2.5}$$

und definieren $d\omega$ (zunächst nur auf U) durch

$$d\omega := \sum_{1 \le i_1 < \cdots < i_k \le m} d\omega_{i_1\ldots i_k} \wedge dx^{i_1} \wedge \cdots \wedge dx^{i_k}. \tag{3.2.6}$$

Für Funktionen (also 0-Formen) f stimmt dann das Differential mit df überein.

Rechenregeln 3.2.1 *Für das Differential d gilt*

1. $d(a\omega + b\eta) = a\,d\omega + b\,d\eta$;
2. $d(\omega \wedge \eta) = d\omega \wedge \eta + (-1)^k \omega \wedge d\eta$ *mit* $k = \deg \omega$;
3. $d\,d\omega = 0$.

Beweis Behauptung 1. folgt aus der Linearität der Abbildung $f \mapsto df$. Zum Beweis von 2. können wir wegen 1. annehmen, dass

$$\omega = f \cdot \underbrace{dx^{i_1} \wedge \cdots \wedge dx^{i_k}}_{=:dx^I}, \quad \eta = g \cdot \underbrace{dx^{j_1} \wedge \cdots \wedge dx^{j_l}}_{=:dx^J}$$

ist. Dann gilt

$$\begin{aligned}
d(\omega \wedge \eta) &= d(f \cdot g) \wedge dx^I \wedge dx^J \\
&= g \cdot df \wedge dx^I \wedge dx^J + f \cdot dg \wedge dx^I \wedge dx^J \\
&= d\omega \wedge \eta + (-1)^k f \cdot dx^I \wedge dg \wedge dx^J \\
&= d\omega \wedge \eta + (-1)^k \omega \wedge d\eta.
\end{aligned}$$

Damit folgt 2. Schließlich folgt 3. durch Nachrechnen für ω wie oben:

$$d(d\omega) = d(df \wedge dx^I) = d\,df \wedge dx^I - df \wedge \underbrace{d\,dx^I}_{=0}.$$

Wegen der Symmetrie der zweiten partiellen Ableitungen ist

$$\frac{\partial^2 f}{\partial x^i \partial x^j}\, dx^i \wedge dx^j = -\frac{\partial^2 f}{\partial x^j \partial x^i}\, dx^j \wedge dx^i$$

und damit

$$d\,df = \sum_{i,j} \frac{\partial^2 f}{\partial x^i \partial x^j}\, dx^i \wedge dx^j = 0. \qquad\qquad \square$$

Zu zeigen bleibt jetzt noch, dass das Differential wohldefiniert, also unabhängig von der gewählten Karte ist. Dazu leiten wir eine Formel her, die die Karte nicht involviert.

Satz 3.2.2 *Sei* $W \subseteq M$ *offen und* ω *eine glatte k-Form auf W. Für glatte Vektorfelder* $X_0, \ldots, X_k$ *auf W ist dann*

$$d\omega(X_0, \ldots, X_k) = \sum_{0 \le i \le k} (-1)^i X_i \big(\omega(X_0, \ldots, \hat{X}_i, \ldots, X_k)\big)$$

$$+ \sum_{0 \le i < j \le k} (-1)^{i+j} \omega([X_i, X_j], X_0, \ldots, \hat{X}_i, \ldots, \hat{X}_j, \ldots, X_k).$$

Hierbei bedeutet das Hütchen auf den Variablen, dass man diese streicht.

Beweis Wir nennen die rechte Seite $\eta = \eta(X_0, \ldots, X_k)$. Offensichtlich ist η additiv in jeder der Variablen $X_0, \ldots, X_k$. Sei nun f eine glatte Funktion auf W und $i \in \{0, \ldots, k\}$ fest gewählt. Dann ist

$$\eta(X_0, \ldots, fX_i, \ldots, X_k) = f \cdot \eta(X_0, \ldots, X_k)$$

$$+ \sum_{j \ne i} (-1)^j X_j(f) \cdot \omega(X_0, \ldots, \hat{X}_j, \ldots, X_k)$$

$$+ \sum_{j < i} (-1)^{i+j} X_j(f) \cdot \omega(X_i, X_0, \ldots, \hat{X}_j, \ldots, \hat{X}_i, \ldots, X_k)$$

$$- \sum_{j > i} (-1)^{i+j} X_j(f) \cdot \omega(X_i, X_0, \ldots, \hat{X}_i, \ldots, \hat{X}_j, \ldots, X_k).$$

Die letzten drei Terme rechts heben sich gegenseitig auf. Damit folgt, dass $\eta = \eta(X_0, \ldots, X_k)$ in jeder Variablen homogen über $\mathcal{F}(W)$ ist.

Sei nun (U, x) eine Karte von M mit $U \subseteq W$. Weil die rechte Seite in der behaupteten Gleichung additiv in ω ist, können wir annehmen, dass ω auf U von der Gestalt $\omega = f\,dx^{i_1} \wedge \cdots \wedge dx^{i_k}$ ist. Wegen der gerade bewiesenen Eigenschaften müssen wir nur noch überprüfen, ob

$$\eta\left(\frac{\partial}{\partial x^{j_0}}, \dots, \frac{\partial}{\partial x^{j_k}}\right) = (df \wedge dx^{i_1} \wedge \dots \wedge dx^{i_k})\left(\frac{\partial}{\partial x^{j_0}}, \dots, \frac{\partial}{\partial x^{j_k}}\right)$$

gilt für alle $1 \le j_0 < \dots < j_k \le m$. Wegen $[\partial/\partial x^i, \partial/\partial x^j] = 0$ entfällt die Summe mit den Lieklammern in der Definition von η. Ferner verschwinden beide Seiten, falls $\{i_1, \dots, i_k\}$ nicht in $\{j_0, \dots, j_k\}$ enthalten ist. Falls umgekehrt $\{i_1, \dots, i_k\} = \{j_0, \dots, j_k\} \setminus \{j_\ell\}$ ist, so ist

$$\eta\left(\frac{\partial}{\partial x^{j_0}}, \dots, \frac{\partial}{\partial x^{j_k}}\right) = (-1)^\ell \frac{\partial f}{\partial x^{j_\ell}}$$

$$= \left(\frac{\partial f}{\partial x^{j_\ell}} dx^{j_\ell} \wedge dx^{i_1} \wedge \dots \wedge dx^{i_k}\right)\left(\frac{\partial}{\partial x^{j_0}}, \dots, \frac{\partial}{\partial x^{j_k}}\right)$$

$$= (df \wedge dx^{i_1} \wedge \dots \wedge dx^{i_k})\left(\frac{\partial}{\partial x^{j_0}}, \dots, \frac{\partial}{\partial x^{j_k}}\right)$$

$$= d\omega\left(\frac{\partial}{\partial x^{j_0}}, \dots, \frac{\partial}{\partial x^{j_k}}\right). \qquad \square$$

Definition 3.2.3

Die $(k+1)$-Form $d\omega$ heißt *Differential* der k-Form ω.

Seien M, N Mannigfaltigkeiten der Dimension m bzw. n und f eine glatte Abbildung von M nach N. Jede k-Form ω auf N lässt sich via f *zurückziehen* zu einer k-Form $f^*\omega$ auf M, vgl. Anhang A und insbesondere (A.3):

$$(f^*\omega)_p = (f_{*p})^* \omega_{f(p)}. \qquad (3.2.7)$$

Für 0-Formen h bedeutet dies $f^*h = h \circ f$.

Rechenregeln 3.2.4 *Das Zurückziehen erfüllt folgende Regeln:*

1. $f^*(a\omega + b\eta) = af^*\omega + bf^*\eta$;
2. $f^*(\omega \wedge \eta) = f^*\omega \wedge f^*\eta$;
3. $(g \circ f)^* = f^* \circ g^*$;
4. falls ω glatt ist, so auch $f^*\omega$, und es gilt $d(f^*\omega) = f^*(d\omega)$.

Beweis 1.–3. sind Übungsaufgaben. Zu 4.: Seien (U, x) und (V, y) Karten für M und N. Auf $U \cap f^{-1}(V)$ gilt dann

$$f^* dy^i = dy^i \circ f_* = d(y^i \circ f) = df^i \qquad (3.2.8)$$

mit $f^i := y^i \circ f$. Wegen 1. können wir annehmen, dass $\omega = h \cdot dy_{i_1} \wedge \cdots \wedge dy_{i_k}$ ist mit einer glatten Funktion h. Mit 2. erhalten wir

$$f^*\omega = (h \circ f) \cdot df^{i_1} \wedge \cdots \wedge df^{i_k}. \tag{3.2.9}$$

Nun sind $h \circ f$ und

$$df^i = \frac{\partial f^i}{\partial x^j} dx^j \tag{3.2.10}$$

glatt, also auch $f^*\omega$. Aus (3.2.6) und (3.2.9) und mit $d^2 = 0$ folgt weiterhin

$$
\begin{aligned}
d(f^*\omega) &= d(h \circ f) \wedge df^{i_1} \wedge \cdots \wedge df^{i_k} \\
&= (dh \circ f_*) \wedge df^{i_1} \wedge \cdots \wedge df^{i_k} \\
&= f^*dh \wedge f^*dy^{i_1} \wedge \cdots \wedge f^*dy^{i_k} \\
&= f^*(dh \wedge dy^{i_1} \wedge \cdots \wedge dy^{i_k}) = f^*d\omega. \qquad \square
\end{aligned}
$$

Neben der Definition des Zurückziehens wie in (A.3) sind (3.2.9) und (3.2.10) nützlich bei der expliziten Berechnung zurückgezogener Formen.

3.3   De Rham'sche[2] Kohomologie

Mit $\mathcal{A}^k(M)$ bezeichnen wir den $\mathbb{R}$-Vektorraum und $\mathcal{F}(M)$-Modul der glatten k-Formen auf M (also der glatten Schnitte von $A^k M$ wie in Aufgabe 15 in Kap. 2). Wir erhalten eine Sequenz

$$\cdots \longrightarrow \mathcal{A}^k(M) \xrightarrow{d} \mathcal{A}^{k+1}(M) \xrightarrow{d} \mathcal{A}^{k+2}(M) \longrightarrow \cdots \tag{3.3.1}$$

linearer Abbildungen, wobei jeweils die Komposition $d^2 = d \circ d = 0$ ist. Das heißt, die Sequenz ist ein Kokettenkomplex wie in Anhang B. Der Anfang ist bei

$$\{0\} \longrightarrow \mathcal{A}^0(M) = \mathcal{F}(M) \xrightarrow{d} \mathcal{A}^1(M) \xrightarrow{d} \mathcal{A}^2(M) \longrightarrow \cdots \tag{3.3.2}$$

Anders ausgedrückt: $\mathcal{A}^k(M) := \{0\}$ für alle $k < 0$.

Eine Differentialform ω heißt *geschlossen*, falls $d\omega = 0$ ist, und *exakt*, falls es eine Form η mit $\omega = d\eta$ gibt; exakt impliziert geschlossen, denn $d^2 = 0$. Zwei geschlossene Differentialformen heißen *kohomolog*, falls ihre Differenz exakt ist. Geschlossene und exakte Differentialformen entsprechen den Kozykeln und Korändern in Anhang B. Mit $Z^k(M) \subseteq \mathcal{A}^k(M)$ und $B^k(M) \subseteq Z^k(M)$ bezeichnen wir die Unterräume der Kozykel und Koränder.

---

[2] Georges de Rham (1903–1990)

Definition 3.3.1

Der Quotient $H^k(M) := Z^k(M)/B^k(M)$ heißt k-te *de Rham'sche Kohomologie* von M. Die Elemente von $H^k(M)$ heißen *de Rham'sche Kohomologieklassen* und die Dimension $b_k(M)$ des Vektorraums $H^k(M)$ die *k-te Betti'sche*[3] *Zahl* von M.

Eine notwendige Bedingung dafür, dass die partielle Differentialgleichung $\omega = d\eta$ bei gegebenem ω eine Lösung η hat, ist $d\omega = 0$. Für beliebiges $\omega \in Z^k(M)$ ist diese Bedingung hinreichend genau dann, wenn $b_k(M) = 0$ ist.

Beispiele 3.3.2

1) $H^1(\mathbb{R}^2) = \{0\}$: Sei $\omega = f\,dx + g\,dy$ eine glatte geschlossene 1-Form. Dann sind f und g glatt mit

$$\frac{\partial f}{\partial y} = \frac{\partial g}{\partial x}.$$

Zu zeigen: Es gibt eine Funktion $h\colon \mathbb{R}^2 \longrightarrow \mathbb{R}$ mit $dh = \omega$. Definiere h durch

$$h(x,y) = \int_0^x f(t,0)\,dt + \int_0^y g(x,t)\,dt.$$

Dann gilt

$$\frac{\partial h}{\partial x}(x,y) = f(x,0) + \int_0^y \frac{\partial g}{\partial x}(x,t)\,dt$$

$$= f(x,0) + \int_0^y \frac{\partial f}{\partial y}(x,t)\,dt$$

$$= f(x,0) + f(x,t)\big|_{t=0}^{t=y} = f(x,y).$$

Analog zeigt man $\partial h/\partial y = g$. Damit ist $dh = \omega$.

2) $H^1(\mathbb{R}^2 \setminus \{0\}) \neq 0$: Die Windungsform

$$\omega(x,y) = \frac{1}{x^2 + y^2}(-y\,dx + x\,dy)$$

ist glatt und geschlossen, aber nicht exakt; vgl. Aufgabe 3.

Satz und Definition 3.3.3 *Das Dachprodukt auf Differentialformen induziert durch*

$$H^k(M) \times H^l(M) \longrightarrow H^{k+l}(M), \quad [\omega] \wedge [\eta] := [\omega \wedge \eta],$$

ein Produkt auf den de Rham'schen Kohomologieklassen, welches wir ebenfalls Dachprodukt *nennen. Mit diesem wird* $H^*(M) := \bigoplus_{k \geq 0} H^k(M)$ *zu einer assoziativen und graduiert kommutativen Algebra.*

---

[3] Enrico Betti (1823–1892)

Beweis Die Behauptungen folgen direkt aus den Rechenregeln 3.2.1.   □

Satz und Definition 3.3.4 *Eine glatte Abbildung* $f: M \longrightarrow N$ *zwischen Mannigfaltigkeiten induziert durch* $\omega \mapsto f^*\omega$ *Homomorphismen* $H^k(N) \longrightarrow H^k(M)$, *die wir ebenfalls mit* f^* *bezeichnen. Ferner gilt:*

1. $(g \circ f)^* = f^* \circ g^*$ *und* id_M *induziert die Identität auf* $H^k(M)$.
2. $f^*([\omega] \wedge [\eta]) = f^*[\omega] \wedge f^*[\eta]$.

Insbesondere ist $f^*\colon H^*(N) \longrightarrow H^*(M)$ *ein Isomorphismus graduierter Algebren, wenn* f *ein Diffeomorphismus ist.*

Beweis Den Beweis der ersten Behauptungen überlassen wir als Übung; vgl. auch Satz B.4. Zur letzten Behauptung: Falls f ein Diffeomorphismus ist und $g := f^{-1}$, so ist $f^* \circ g^* = (g \circ f)^* = \mathrm{id}_{H^*(M)}$ nach 1. und analog $g^* \circ f^* = \mathrm{id}_{H^*(N)}$. Daher ist g^* invers zu f^*.   □

Folgerung 3.3.5 $\mathbb{R}^2$ *und* $\mathbb{R}^2 \setminus \{0\}$ *sind nicht diffeomorph.*   □

Weitere elementare Ergebnisse zur de Rham'schen Kohomologie werden in Aufgabe 9 diskutiert.

3.4   Das Poincaré-Lemma

Das Produkt $M \times \mathbb{R}$ ist eine Mannigfaltigkeit der Dimension $m + 1$. Punkte in $M \times \mathbb{R}$ schreiben wir als Paare (p, t). Für $t \in \mathbb{R}$ sei $i_t: M \longrightarrow M \times \mathbb{R}$ definiert durch $i_t(p) := (p, t)$. Falls wir $T_{(p,t)}(M \times \mathbb{R})$ wie üblich mit $T_p M \oplus T_t \mathbb{R} = T_p M \oplus \mathbb{R}$ identifizieren, vgl. Aufgabe 8 7) in Kap. 2, so gilt

$$(i_t)_{*p} v = (v, 0) \in T_{(p,t)}(M \times \mathbb{R}) \quad \text{für alle } v \in T_p M. \qquad (3.4.1)$$

Wir setzen noch

$$\frac{\partial}{\partial t}\Big|_{(p,t)} := [s \mapsto (p, t + s)]. \qquad (3.4.2)$$

Dann ist $\partial/\partial t$ ein glattes Vektorfeld auf $M \times \mathbb{R}$.

Im Folgenden betrachten wir den abgeschlossenen Teil $M \times [0, 1]$ von $M \times \mathbb{R}$. Eine Differentialform ω auf $M \times [0, 1]$ nennen wir *glatt*, falls es zu jedem $(p, t) \in M \times [0, 1]$ eine in $M \times \mathbb{R}$ offene Umgebung U von (p, t) und eine glatte Differentialform α auf U gibt, sodass $\alpha = \omega$ auf dem Durchschnitt $U \cap (M \times [0, 1])$.

Lemma 3.4.1 *Sei $k \geq 1$ und ω eine glatte k-Form auf $M \times [0,1]$. Dann gibt es eindeutig bestimmte glatte Formen η und ζ auf $M \times [0,1]$ vom Grade $k-1$ bzw. k, sodass $\omega = dt \wedge \eta + \zeta$ und*

$$\eta(v_1, \ldots, v_{k-1}) = 0 \quad und \quad \zeta(v_1, \ldots, v_k) = 0,$$

falls jeweils zumindest ein v_i ein Vielfaches von $\partial/\partial t$ ist.

Beweis Testen mit Tupeln von Vektoren $(\partial/\partial t, v_2, \ldots, v_k)$ zeigt die Eindeutigkeit von η und damit auch die von ζ:

$$\omega(\partial/\partial t, v_2, \ldots, v_k) = (dt \wedge \eta)(\partial/\partial t, v_2, \ldots, v_k) + \zeta(\partial/\partial t, v_2, \ldots, v_k)$$
$$= \eta(v_2, \ldots, v_k).$$

Sei nun (U, x) eine Karte von M. Dann ist $(U \times \mathbb{R}, x \times \mathrm{id})$ eine Karte von $M \times \mathbb{R}$, und auf $U \times [0,1]$ können wir ω schreiben als

$$\omega = \sum_{1 \leq j_1 < \cdots < j_{k-1} \leq m} \eta_{j_1 \ldots j_{k-1}} dt \wedge dx^{j_1} \wedge \cdots \wedge dx^{j_{k-1}}$$
$$+ \sum_{1 \leq i_1 < \cdots < i_k \leq m} \zeta_{i_1 \ldots i_k} dx^{i_1} \wedge \cdots \wedge dx^{i_k}.$$

Über $U \times [0,1]$ erfüllen damit

$$\eta := \sum_{1 \leq j_1 < \cdots < j_{k-1} \leq m} \eta_{j_1 \ldots j_{k-1}} dx^{j_1} \wedge \cdots \wedge dx^{j_{k-1}} \tag{3.4.3}$$

und

$$\zeta := \sum_{1 \leq i_1 < \cdots < i_k \leq m} \zeta_{i_1 \ldots i_k} dx^{i_1} \wedge \cdots \wedge dx^{i_k} \tag{3.4.4}$$

die gewünschten Eigenschaften. Die Eindeutigkeit der Darstellung zeigt, dass η und ζ nicht von der Wahl der Karte (U, x) abhängen und somit auf $M \times [0,1]$ wohldefiniert sind. $\square$

Sei $k \geq 1$ und ω eine glatte k-Form auf $M \times [0,1]$. Schreibe $\omega = dt \wedge \eta + \zeta$ wie in Lemma 3.4.1. Definiere eine $(k-1)$-Form $I\omega$ auf M durch

$$(I\omega)_p(v_1, \ldots, v_{k-1}) = \int_0^1 \eta_{(p,t)}((i_t)_{*p} v_1, \ldots, (i_t)_{*p} v_{k-1}) \, dt. \tag{3.4.5}$$

Bezüglich einer Karte (U, x) von M und assoziierter Karte $(U \times \mathbb{R}, x \times \mathrm{id})$ von $M \times \mathbb{R}$ gilt

$$I\omega = \sum_{1 \le j_1 < \cdots < j_{k-1} \le m} \bar{\omega}_{j_1 \ldots j_{k-1}} dx^{j_1} \wedge \cdots \wedge dx^{j_{k-1}}$$

mit Koeffizientenfunktionen

$$\bar{\omega}_{j_1 \ldots j_{k-1}}(p) = \int_0^1 \eta_{j_1 \ldots j_{k-1}}(p, t)\, dt, \tag{3.4.6}$$

wobei die $\eta_{j_1 \ldots j_{k-1}}$ die entsprechenden Koeffizientenfunktionen von η wie in (3.4.3) sind. Die $\bar{\omega}_{j_1 \ldots j_{k-1}}(p)$ sind somit glatte Funktionen auf U. Insbesondere ist $I\omega$ eine glatte $(k-1)$-Form auf M. Damit erhalten wir für alle $k \ge 1$ einen $\mathbb{R}$-linearen Operator

$$I \colon \mathcal{A}^k(M \times [0,1]) \longrightarrow \mathcal{A}^{k-1}(M). \tag{3.4.7}$$

Der Operator I hat folgende bemerkenswerte Eigenschaft:

Satz 3.4.2 *Für alle glatten k-Formen ω auf $M \times [0,1]$ ist $d(I\omega) + I(d\omega) = i_1^*\omega - i_0^*\omega$, wobei wir $d \circ I := 0$ setzen auf $\mathcal{A}^0(M \times [0,1])$.*

Beweis Wir überprüfen dies mithilfe einer Karte (U, x) von M. Der Operator I ist linear in ω, wir können uns daher auf die zwei folgenden Fälle beschränken.

1) $\omega = f dx^{i_1} \wedge \cdots \wedge dx^{i_k}$: Dann ist $I\omega = 0$ und

$$d\omega = \frac{\partial f}{\partial t} dt \wedge dx^{i_1} \wedge \cdots \wedge dx^{i_k} + \cdots,$$

wobei die weiteren Terme dt nicht enthalten. Für alle $p \in U$ ist somit

$$(I d\omega)_p = \left(\int_0^1 \frac{\partial f}{\partial t}(p, t) dt \right) dx^{i_1} \wedge \cdots \wedge dx^{i_k}$$

$$= (f(p, 1) - f(p, 0)) dx^{i_1} \wedge \cdots \wedge dx^{i_k} = (i_1^*\omega)_p - (i_0^*\omega)_p.$$

2) $\omega = f dt \wedge dx^{j_1} \wedge \cdots \wedge dx^{j_{k-1}}$: Dann ist

$$d\omega = \frac{\partial f}{\partial x^j} dx^j \wedge dt \wedge dx^{j_1} \wedge \cdots \wedge dx^{j_{k-1}}$$

$$= -\frac{\partial f}{\partial x^j} dt \wedge dx^j \wedge dx^{j_1} \wedge \cdots \wedge dx^{j_{k-1}},$$

also

$$(Id\omega)_p = -\left(\int\limits_0^1 \frac{\partial f}{\partial x^j}(p,t)\,dt \right) dx^j \wedge dx^{j_1} \wedge \cdots \wedge dx^{j_{k-1}}.$$

Ferner ist

$$(dI\omega)_p = d\left(\int\limits_0^1 f(p,t)\,dt \right) dx^{j_1} \wedge \cdots \wedge dx^{j_{k-1}}$$

$$= \frac{\partial}{\partial x^j}\left(\int\limits_0^1 f(p,t)\,dt \right) dx^j \wedge dx^{j_1} \wedge \cdots \wedge dx^{j_{k-1}}$$

$$= \left(\int\limits_0^1 \frac{\partial f}{\partial x^j}(p,t)\,dt \right) dx^j \wedge dx^{j_1} \wedge \cdots \wedge dx^{j_{k-1}}.$$

Also ist $dI\omega = -Id\omega$. Aus (3.4.1) folgt andererseits $i_t^*(dt) = 0$ und damit dann auch $i_t^*\omega = 0$. □

Wir schreiben die Formel aus Satz 3.4.2 auch kompakter als

$$dI + Id = i_1^* - i_0^* \qquad (3.4.8)$$

und bemerken, dass die Konvention $dI = 0$ auf $\mathcal{A}^0(M \times [0,1])$ konsistent mit dem linken Ende der Sequenz in (3.3.2) ist. Wir beschäftigen uns nun mit wichtigen Konsequenzen von (3.4.8).

Folgerung 3.4.3 *Falls $d\omega = 0$ ist, so ist $i_1^*\omega - i_0^*\omega = d(I\omega)$.* □

Zwei glatte Abbildungen $f_0, f_1 \colon M \longrightarrow N$ heißen *(glatt) homotop*, falls es eine glatte Abbildung $H \colon M \times [0,1] \longrightarrow N$ gibt, sodass $f_0(p) = H(p,0)$ und $f_1(p) = H(p,1)$ für alle $p \in M$ ist. Eine solche Abbildung H heißt auch eine *Homotopie* von f_0 nach f_1.

Folgerung 3.4.4 *Seien $f_0, f_1 \colon M \longrightarrow N$ homotope glatte Abbildungen und ω eine geschlossene k-Form auf N, $k \geq 0$. Dann ist $f_0^*\omega - f_1^*\omega$ exakt. Insbesondere ist $f_0^* = f_1^* \colon H^*(N) \longrightarrow H^*(M)$.*

Beweis Sei H eine Homotopie von f_0 nach f_1. Dann ist $f_0 = H \circ i_0$ und $f_1 = H \circ i_1$. Wegen $d(H^*\omega) = H^*(d\omega) = 0$ und Folgerung 3.4.3 erhalten wir damit

$$f_0^*\omega - f_1^*\omega = i_1^*(H^*\omega) - i_0^*(H^*\omega) = dI(H^*\omega). \qquad \square$$

Eine glatte Abbildung $f: M \longrightarrow N$ heißt *Homotopieäquivalenz*, wenn es eine glatte Abbildung $g: N \longrightarrow M$ gibt, ein sogenanntes *Homotopieinverses* zu f, sodass $g \circ f$ und $f \circ g$ homotop zur Identität von M bzw. N sind.

Folgerung 3.4.5 *Falls $f: M \longrightarrow N$ eine Homotopieäquivalenz ist, so ist die induzierte Abbildung $f^*: H^*(N) \longrightarrow H^*(M)$ ein Isomorphismus graduierter Algebren.*

Beweis Für ein Homotopieinverses $g: N \longrightarrow M$ von f gilt

$$f^* \circ g^* = (g \circ f)^* = \mathrm{id}_{H^*(M)} \quad \text{und} \quad g^* \circ f^* = (f \circ g)^* = \mathrm{id}_{H^*(N)}$$

nach Folgerung 3.4.4. Also ist $f^*: H^*(N) \longrightarrow H^*(M)$ ein Isomorphismus.   □

Eine Mannigfaltigkeit M heißt *zusammenziehbar*, wenn es eine glatte Abbildung $H: M \times [0,1] \longrightarrow M$ und einen Punkt $p_0 \in M$ gibt, sodass $H(p,0) = p_0$ und $H(p,1) = p$ für alle $p \in M$ ist. Eine solche Abbildung H nennen wir auch eine *Kontraktion (auf p_0)*.

Beispiele 3.4.6

1) $M = \mathbb{R}^m$ ist zusammenziehbar: $H(x,t) = tx$.
2) Eine (offene) Teilmenge $W \subseteq \mathbb{R}^m$ heißt *sternförmig*, wenn es einen Punkt $p_0 \in W$ gibt, sodass für jedes $p \in W$ die Strecke $tp + (1-t)p_0$, $0 \leq t \leq 1$, von p_0 nach p in W enthalten ist. Sternförmige Teilmengen sind zusammenziehbar: Setze $H(p,t) := tp + (1-t)p_0$.

Poincaré-Lemma 3.4.7 *Falls M zusammenziehbar und ω eine geschlossene k-Form auf M ist mit $k \geq 1$, dann ist ω exakt. Mit anderen Worten, $H^k(M) = \{0\}$ für alle $k \geq 1$.*

Beweis Sei $H: M \times [0,1] \longrightarrow M$ eine Kontraktion. Dann gilt

$$i_1^*(H^*\omega) = (H \circ i_1)^*\omega = \mathrm{id}_M^*\omega = \omega.$$

Weil $H \circ i_0$ konstant und $k \geq 1$ ist, folgt $i_0^*(H^*\omega) = (H \circ i_0)^*\omega = 0$. Nun ist $d(H^*\omega) = H^*(d\omega) = 0$, also ist ω exakt: $\omega = i_1^*(H^*\omega) - i_0^*(H^*\omega) = d(IH^*\omega)$.   □

3.5 Mayer-Vietoris-Sequenz und Fixpunktsatz von Brouwer

Seien W_1 und W_2 offene Teilmengen von M und $j_l: W_1 \cap W_2 \longrightarrow W_l$ und $i_l: W_l \longrightarrow W_1 \cup W_2$ die Inklusionen, $l = 1, 2$. Definiere Abbildungen

$$i: \mathcal{A}^k(W_1 \cup W_2) \to \mathcal{A}^k(W_1) \oplus \mathcal{A}^k(W_2), \quad i(\omega) = (i_1^*\omega, i_2^*\omega), \tag{3.5.1}$$

und

$$j : \mathcal{A}^k(W_1) \oplus \mathcal{A}^k(W_2) \to \mathcal{A}^k(W_1 \cap W_2), \quad j(\eta, \zeta) = j_1^* \eta - j_2^* \zeta. \qquad (3.5.2)$$

Satz 3.5.1 *Für alle $k \geq 0$ ist*

$$0 \to \mathcal{A}^k(W_1 \cup W_2) \xrightarrow{i} \mathcal{A}^k(W_1) \oplus \mathcal{A}^k(W_2) \xrightarrow{j} \mathcal{A}^k(W_1 \cap W_2) \to 0$$

eine kurze exakte Sequenz, d. h., i ist injektiv, $\ker j = \operatorname{im} i$ und j ist surjektiv.

Beweis Mithilfe einer Partition der Eins wie in Lemma 2.1.19 erhält man glatte Funktionen φ_1 und φ_2 auf $W_1 \cup W_2$ mit

$$\operatorname{supp} \varphi_1 \subseteq W_1, \quad \operatorname{supp} \varphi_2 \subseteq W_2, \quad \varphi_1, \varphi_2 \geq 0 \quad \text{und} \quad \varphi_1 + \varphi_2 = 1.$$

Sei nun $\omega \in \mathcal{A}^k(W_1 \cap W_2)$. Dann erhalten wir mit

$$\eta_p := \begin{cases} \varphi_2(p)\omega_p & \text{falls } p \in W_1 \cap W_2, \\ 0 & \text{falls } p \in W_1 \setminus \operatorname{supp} \varphi_2 \end{cases}$$

eine k-Form $\eta \in \mathcal{A}^k(W_1)$. Analog erhalten wir mit $\varphi_1 \omega$ ein $\zeta \in \mathcal{A}^k(W_2)$, sodass $\eta_p + \zeta_p = \omega_p$ für alle $p \in W_1 \cap W_2$. Damit folgt $j(\eta, -\zeta) = \omega$, und daher ist j surjektiv.

Sei nun $(\eta, \zeta) \in \ker j$. Dann ist $\eta_p = \zeta_p$ für alle $p \in W_1 \cap W_2$, also erhalten wir mit

$$\omega_p := \begin{cases} \eta_p & \text{falls } p \in W_1, \\ \zeta_p & \text{falls } p \in W_2, \end{cases}$$

eine k-Form $\omega \in \mathcal{A}^k(W_1 \cup W_2)$. Nach Definition gilt $i(\omega) = (\eta, \zeta)$, daher ist $\ker j \subseteq \operatorname{im} i$. Die Inklusion $\operatorname{im} i \subseteq \ker j$ ist offensichtlich. Damit ist $\ker j = \operatorname{im} i$. Die Injektivität von i ist ebenfalls offensichtlich. $\qquad \square$

In unserer Situation erhalten wir drei Kokettenkomplexe wie im Anhang B über $\mathbb{R}$ wie folgt: Für $k \geq 0$ setzen wir

$$\begin{aligned} C_1^k &:= \mathcal{A}^k(W_1 \cup W_2), \\ C_2^k &:= \mathcal{A}^k(W_1) \oplus \mathcal{A}^k(W_2) \\ C_3^k &:= \mathcal{A}^k(W_1 \cap W_2). \end{aligned} \qquad (3.5.3)$$

Für $k < 0$ setzen wir $C_1^k = C_2^k = C_3^k := \{0\}$. Die zugehörigen Differentiale d_1, d_2 und d_3 sind die üblichen Differentiale von Differentialformen vom Grade $k \geq 0$, im Falle

$y = (\eta, \zeta) \in C_2^k$ also $d_2 y := (d\eta, d\zeta)$. Für $k < 0$ ist jeweils notwendigerweise $d_l = 0$, $l = 1, 2, 3$. Mit Satz 3.5.1 liefern die drei Kokettenkomplexe aus (3.5.3) eine kurze exakte Sequenz von Kokettenkomplexen über $\mathbb{R}$, mit Satz B.7 damit eine lange exakte Sequenz:

Satz und Definition 3.5.2 *Für offene Teilmengen W_1 und W_2 von M induzieren die Abbildungen i und j eine lange exakte Sequenz, die* Mayer-Vietoris-Sequenz[4] *des Paares (W_1, W_2):*

$$0 \to H^0(W_1 \cup W_2) \xrightarrow{i^*} H^0(W_1) \oplus H^0(W_2) \xrightarrow{j^*} H^0(W_1 \cap W_2)$$

$$\xrightarrow{\delta} H^1(W_1 \cup W_2) \xrightarrow{i^*} H^1(W_1) \oplus H^1(W_2) \xrightarrow{j^*} \cdots \qquad \square$$

Beispiel 3.5.3

Eine der schönsten Anwendungen der Mayer-Vietoris-Sequenz ist die Berechnung der Kohomologie der Sphäre S^m, $m \geq 2$. Wegen $\mathcal{A}^k(S^m) = \{0\}$ für $k > m$ ist $H^k(S^m) = \{0\}$ für alle $k > m$. Außerdem ist S^m für alle $m \geq 1$ zusammenhängend, also ist $H^0(S^m) \cong \mathbb{R}$ für alle $m \geq 1$; s. Aufgabe 9 1). Nach Aufgabe 9 4) ist $H^1(S^1) \cong \mathbb{R}$.

Sei $m \geq 2$ und seien $N = (1, 0, \ldots, 0)$, $S = (-1, 0, \ldots, 0)$ Nord- und Südpol in S^m. Dann sind $W_1 = S^m \setminus \{N\}$ und $W_2 := S^m \setminus \{S\}$ offene Teilmengen in S^m mit $W_1 \cup W_2 = S^m$. Die entsprechenden stereographischen Projektionen $W_1 \longrightarrow \mathbb{R}^m$ und $W_2 \longrightarrow \mathbb{R}^m$ sind Diffeomorphismen, nach dem Poincaré-Lemma 3.4.7 ist daher $H^0(W_1) \cong \mathbb{R} \cong H^0(W_2)$ und $H^k(W_1) = H^k(W_2) = \{0\}$ für alle $k \neq 0$. Ferner ist

$$F: S^{m-1} \times (-\pi/2, \pi/2) \longrightarrow S^m \setminus \{N, S\} = W_1 \cap W_2,$$
$$F(x, \alpha) := ((\cos\alpha)x, \sin\alpha),$$

ein Diffeomorphismus. Für alle $k \geq 0$ ist daher

$$F^*: H^k(W_1 \cap W_2) \longrightarrow H^k(S^{m-1} \times (-\pi/2, \pi/2))$$

ein Isomorphismus. Nach Folgerung 3.4.5 und Aufgabe 10 1) ist aber

$$H^k(S^{m-1} \times (-\pi/2, \pi/2)) \cong H^k(S^{m-1}).$$

Damit sind wir zur rekursiven Bestimmung der Kohomologie von S^m aufgestellt. Wir nehmen an, dass $H^k(S^{m-1}) \cong \mathbb{R}$ ist für $k = 0, m - 1$, und dass $H^k(S^{m-1}) = \{0\}$ ist für alle anderen k. Zunächst betrachten wir das Stück

$$0 \longrightarrow H^0(S^m) \xrightarrow{i^*} H^0(W_1) \oplus H^0(W_2) \xrightarrow{j^*} H^0(W_1 \cap W_2)$$

der Mayer-Vietoris-Sequenz und erinnern uns hier und im Weiteren daran, dass diese Sequenz exakt ist. Wegen $m \geq 2$ ist $W_1 \cap W_2$ zusammenhängend, so wie auch W_1, W_2 und $W_1 \cup W_2$. Nun ist i^* auf $H^0(S^m)$ injektiv, also ist das Bild von i^* ein eindimensionaler Unterraum in $H^0(W_1) \oplus H^0(W_2) \cong \mathbb{R}^2$. Daher ist das Bild von j^* in $H^0(W_1 \cap W_2) \cong \mathbb{R}$ eindimensional, also gleich

---

[4] Walther Mayer (1887–1948), Leopold Vietoris (1891–2002)

Abb. 3.1 Von $f(x)$ durch x nach $g(x)$

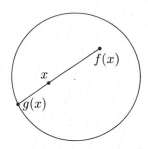

$H^0(W_1 \cap W_2)$, also ist j^* surjektiv. Damit folgt, dass $\delta = 0$ ist auf $H^0(W_1 \cap W_2)$. So erhalten wir eine exakte Sequenz

$$0 \longrightarrow H^1(S^m) \longrightarrow H^1(W_1) \oplus H^1(W_2) = 0,$$

und daher ist $H^1(S^m) = 0$. Ferner erhalten wir exakte Sequenzen

$$0 \longrightarrow H^k(W_1 \cap W_2) \xrightarrow{\delta} H^{k+1}(S^m) \longrightarrow 0$$

für alle $k \geq 1$, also ist δ für alle $k \geq 1$ ein Isomorphismus. Daher ist

$$H^k(S^m) \cong \begin{cases} \mathbb{R} & \text{falls } k = 0, m, \\ 0 & \text{sonst.} \end{cases} \tag{3.5.4}$$

Die Bettizahl $b_k(S^m)$ von S^m ist damit 1 für $k = 0, m$ und 0 sonst.

Fixpunktsatz von Brouwer[5] 3.5.4 (glatter Fall) *Sei $m \geq 1$,*

$$B^m := \{x \in \mathbb{R}^m \mid \|x\| \leq 1\} \text{ und } f\colon B^m \longrightarrow B^m \text{ glatt.}$$

Dann hat f einen Fixpunkt, *also einen Punkt $x \in B^m$ mit $f(x) = x$.*

Beweis Der Fall $m = 1$ folgt aus dem Zwischenwertsatz. Wir können daher $m \geq 2$ annehmen. Ferner nehmen wir an, dass f keinen Fixpunkt hat. Zu $x \in B^m$ sei dann $g(x)$ der Schnittpunkt des Strahls

$$tx + (1 - t)f(x), \quad t > 0,$$

mit S^{m-1}. Wir erhalten damit eine glatte Abbildung $g\colon B^m \longrightarrow S^{m-1}$ mit $g(x) = x$ für alle $x \in S^{m-1}$, s. Abb. 3.1. Wir betrachten nun die Homotopie

$$H\colon S^{m-1} \times [0, 1] \longrightarrow S^{m-1}, \quad H(x, t) = g(tx).$$

---

[5] Luitzen Egbertus Jan Brouwer (1881–1966)

Auf S^{m-1} ist dann $H_1 = H(\cdot, 1) = g = $ id und $H_0 = H(\cdot, 0) = $ const. Also induziert H_1 die Identität auf $H^{m-1}(S^{m-1})$. Weil H_0 konstant und $m - 1 \geq 1$ ist, ist andererseits $H_0^* = 0$ auf $H^{m-1}(S^{m-1})$. Mit Folgerung 3.4.4 gilt aber $H_0^* = H_1^*$ im Widerspruch zu $H^{m-1}(S^{m-1}) \neq \{0\}$. □

3.6   Orientierungen und Satz von Jordan-Brouwer

Sei V ein m-dimensionaler Vektorraum über $\mathbb{R}$. Dann heißen Basen $(b_1, \ldots, b_m)$ und $(b_1', \ldots, b_m')$ von V *gleich orientiert*, wenn der Automorphismus von V, der b_i in b_i' abbildet, $1 \leq i \leq m$, positive Determinante hat. Dies definiert eine Äquivalenzrelation auf der Menge der Basen von V mit zwei Äquivalenzklassen, den *Orientierungen* von V. Ist $\mathcal{O}$ eine gewählte Orientierung von V, dann nennen wir V zusammen mit $\mathcal{O}$ einen *orientierten Vektorraum*, die Basen aus $\mathcal{O}$ *positiv orientiert* und die anderen Basen von V *negativ orientiert*. Die Standardbasis $(e_1, \ldots, e_m)$ bestimmt die *kanonische Orientierung* des $\mathbb{R}^m$.

Wir wollen den Begriff der Orientierung nun auf Mannigfaltigkeiten übertragen. Sei dazu M eine Mannigfaltigkeit der Dimension m.

Definition 3.6.1

Eine *Orientierung* von M besteht aus einer Familie $\mathcal{O} = (\mathcal{O}_p)$ von Orientierungen der T_pM, $p \in M$, sodass zu jedem $p \in M$ eine Karte (U, x) von M um p existiert, sodass

$$\left(\left. \frac{\partial}{\partial x^1} \right|_q, \ldots, \left. \frac{\partial}{\partial x^m} \right|_q \right)$$

für alle $q \in U$ eine bezüglich $\mathcal{O}_q$ positiv orientierte Basis von T_qM ist. Solche Karten nennen wir dann *positiv orientiert* (bezüglich $\mathcal{O}$). Wir nennen M *orientierbar*, wenn M eine Orientierung besitzt, und *orientiert*, wenn eine Orientierung für M festgelegt ist. Einen lokalen Diffeomorphismus $f: M \longrightarrow N$ zwischen orientierten Mannigfaltigkeiten nennen wir *orientierungstreu*, wenn f_{*p} für alle $p \in M$ positiv orientierte Basen von T_pM in positiv orientierte Basen von $T_{f(p)}N$ abbildet.

Beispiel 3.6.2
Sei V ein m-dimensionaler Vektorraum über $\mathbb{R}$ und $\mathcal{O}$ eine Orientierung von V als Vektorraum wie oben. Betrachte nun V als Mannigfaltigkeit wie in Beispiel 2.1.15 1) und nenne eine Basis von T_vV, $v \in V$, positiv orientiert, wenn sie bezüglich der üblichen Identifikation $T_vV \cong V$ wie in Beispiel 2.2.3 1) zu $\mathcal{O}$ gehört. Die Karten x_B mit $B \in \mathcal{O}$ sind dann positiv orientiert, und V ist damit eine orientierte Mannigfaltigkeit.

Orientierbarkeit ist eine Verallgemeinerung der Zweiseitigkeit; vgl. hierzu auch Bemerkung 4.3.9. Das Möbiusband ist einseitig und damit nicht orientierbar. Wir wollen Zweiseitigkeit nun näher untersuchen.

Beispiel 3.6.3
Sei V ein reeller Vektorraum der Dimension $m \geq 2$, $\mathcal{O}_V$ eine Orientierung von V und $f : V \longrightarrow \mathbb{R}$ eine nicht triviale lineare Abbildung. Dann ist $L = f^{-1}(0)$ ein $(m-1)$-dimensionaler Unterraum von V, und die beiden offenen Halbräume $W_- := f^{-1}((-\infty, 0))$ und $W_+ := f^{-1}((0, \infty))$ von V haben L als gemeinsamen Rand. Wir nennen eine Basis $(b_2, \ldots, b_m)$ von L positiv orientiert, wenn die Basis $(b_1, b_2, \ldots, b_m)$ von V für ein (und dann alle) $b_1 \in W_+$ bezüglich $\mathcal{O}_V$ positiv orientiert ist. Damit wird L zu einem orientierten Vektorraum über $\mathbb{R}$.

Sei nun M wieder eine m-dimensionale Mannigfaltigkeit und $D \subseteq M$ ein *Gebiet*, d. h. eine offene Teilmenge von M. Wir nennen $p \in \partial D$ einen *regulären Randpunkt* von D, wenn es eine Karte

$$x : U \longrightarrow U' = (-r, r) \times U''$$

von M um p gibt mit

$$x^{-1}(\{0\} \times U'') = \partial D \cap U \quad \text{und} \quad x^{-1}((-r, 0) \times U'') = D \cap U. \tag{3.6.1}$$

Die anderen Randpunkte von D nennen wir *singulär*. Mit $\partial_R D$ bezeichnen wir die Menge der regulären, mit $\partial_S D := \partial D \setminus \partial_R D$ die Menge der singulären Randpunkte von D. Letztere ist abgeschlossen in M, weil ∂D abgeschlossen in M und $\partial_R D$ offen in ∂D ist.

Nach Definition ist $\partial_R D$ eine $(m-1)$-dimensionale Untermannigfaltigkeit von M. Sei $p \in \partial_R D$. Dann sagen wir, dass $v \in T_p M$ ein *innerer Vektor* (bezüglich D) ist, wenn jede glatte Kurve $c = c(t)$ durch p mit $\dot{c}(0) = v$ für alle genügend kleinen $t > 0$ in D liegt. Bezüglich einer Karte x um p wie in (3.6.1) sind dies genau die Vektoren

$$\xi^1 \frac{\partial}{\partial x^1}\bigg|_p + \cdots + \xi^m \frac{\partial}{\partial x^m}\bigg|_p \quad \text{mit } \xi^1 < 0.$$

Wir nennen $v \in T_p M$ einen *äußeren Vektor*, wenn $-v$ ein innerer Vektor ist. Wir erweitern nun Beispiel 3.6.3 auf den regulären Randteil von Gebieten.

Satz und Definition 3.6.4 *Eine Orientierung $\mathcal{O}$ von M induziert eine Orientierung auf $\partial_R D$: Für $p \in \partial_R D$ nennen wir eine Basis $(b_2, \ldots, b_m)$ von $T_p \partial_R D$ positiv orientiert, wenn die Basis $(b_1, b_2, \ldots, b_m)$ von $T_p M$ für einen (und dann jeden) äußeren Vektor $b_1 \in T_p M$ positiv orientiert bezüglich der gegebenen Orientierung $\mathcal{O}_p$ von $T_p M$ ist. Damit wird $\partial_R D$ zu einer $(m-1)$-dimensionalen orientierten Mannigfaltigkeit.*

Beweis Wir können $m \geq 2$ annehmen. Sei x eine Karte um $p \in \partial_R D$ wie in (3.6.1). Falls x eine negativ orientierte Karte von M ist, ersetzen wir x^2 durch $-x^2$ und erhalten damit eine positiv orientierte Karte. Dann ist

$$\left(\frac{\partial}{\partial x^2}\bigg|_q, \ldots, \frac{\partial}{\partial x^m}\bigg|_q \right)$$

für alle $q \in U \cap \partial_R D$ eine positiv orientierte Basis von $T_q \partial_R D$. $\qquad \square$

Beispiele 3.6.5

Die Sphäre S^m ist der Rand der offenen Kugel $D = \{x \in \mathbb{R}^{m+1} \mid \|x\| < 1\}$. Für $x \in S^m$ ist $T_x S^m = x^\perp$ und x ein äußerer Vektor bezüglich D. Eine Basis $(b_1, \ldots, b_m)$ von $T_x S^m$ ist damit nach Definition 3.6.4 positiv orientiert, wenn $(x, b_1, \ldots, b_m)$ eine positiv orientierte Basis des $\mathbb{R}^{m+1}$ (bezüglich dessen kanonischer Orientierung) ist. Damit wird S^m zu einer orientierten Mannigfaltigkeit.

Sei allgemeiner M eine orientierte Mannigfaltigkeit und $f: M \longrightarrow \mathbb{R}$ eine glatte Funktion, die $a \in \mathbb{R}$ als regulären Wert hat. Dann ist $D = f^{-1}((-\infty, a))$ ein Gebiet mit regulärem Rand $\partial D = \partial_R D = f^{-1}(a)$. Ein Vektor $v \in T_p M$ mit $p \in \partial D$ ist genau dann ein äußerer Vektor, wenn $df(v) > 0$ ist. Die Sphäre ordnet sich mit $M = \mathbb{R}^{m+1}$ und $f = f(x) = \|x\|^2$ in diese Beispielklasse ein.

Sei nun M eine kompakte orientierte Mannigfaltigkeit der Dimension $m - 1$ und $f: M \longrightarrow S^m$ eine glatte Einbettung. Wir versehen S^m mit der Orientierung wie in Beispiel 3.6.5. Zu $p \in M$ sei dann $v(p)$ der Einheitsvektor in $T_{f(p)} S^m$ senkrecht zu im f_{*p}, sodass $(v(p), f_{*p} b_2, \ldots, f_{*p} b_m)$ eine positiv orientierte Basis von $T_{f(p)} S^m = f(p)^\perp$ ist für alle positiv orientierten Basen $(b_2, \ldots, b_m)$ von $T_p M$.

Lemma 3.6.6 *Die Abbildung* $v: M \longrightarrow \mathbb{R}^{m+1}$ *ist glatt und*

$$F: M \times (-\varepsilon, \varepsilon) \longrightarrow S^m, \quad F(p, \alpha) = \cos \alpha \cdot f(p) + \sin \alpha \cdot v(p),$$

ist für genügend kleine $\varepsilon > 0$ *ein Diffeomorphismus auf eine offene Umgebung des Bildes* $f(M)$ *von* f *in* S^m.

Beweis Sei $p \in M$. Bezüglich der üblichen Identifizierung

$$T_{(p,0)}(M \times \mathbb{R}) \cong T_p M \oplus \mathbb{R}$$

ist dann $F_{*(p,0)}(v, 0) = f_{*p}(v)$ und $F_{*(p,0)}(\partial/\partial\alpha) = v(p)$. Also ist $F_{*(p,0)}$ surjektiv und somit, wegen $\dim T_p M + 1 = m$, ein Isomorphismus. Aus dem Umkehrsatz 2.2.13 folgt daher, dass es offene Umgebungen U_p von $(p, 0)$ in $M \times \mathbb{R}$ und V_p von $f(p)$ in S^m gibt, sodass $F: U_p \longrightarrow V_p$ ein Diffeomorphismus ist.

Es bleibt noch zu zeigen, dass F für $\varepsilon > 0$ genügend klein injektiv ist. Wäre das nicht der Fall, dann gäbe es Folgen (p_n, α_n) und (q_n, β_n) mit $p_n, q_n \in M$ und $\alpha_n, \beta_n \in \mathbb{R}$, sodass $\alpha_n, \beta_n \longrightarrow 0$, $(p_n, \alpha_n) \neq (q_n, \beta_n)$ und $F(p_n, \alpha_n) = F(q_n, \beta_n)$. Weil M kompakt ist, können wir durch Übergang zu Teilfolgen $p_n \longrightarrow p \in M$ und $q_n \longrightarrow q \in M$ annehmen. Dann ist $f(p) = F(p, 0) = F(q, 0) = f(q)$; also ist $p = q$, denn f ist injektiv. Dann sind aber die (p_n, α_n) und (q_n, β_n) in U_p für alle genügend großen n, ein Widerspruch. $\qquad\square$

Zerlegungssatz von Jordan-Brouwer 3.6.7 *Sei* M *kompakt und orientiert mit Dimension* $m - 1 \geq 1$ *und* $f: M \longrightarrow S^m$ *eine Einbettung. Dann zerfällt das*

Komplement $S^m \setminus f(M)$ *des Bildes* $f(M)$ *in* $z + 1$ *Zusammenhangskomponenten, wobei* z *die Anzahl der Zusammenhangskomponenten von* M *bezeichnet. Jede Zusammenhangskomponente des Bildes* $f(M)$ *ist im Rand von genau zwei der Zusammenhangskomponenten von* $S^m \setminus f(M)$.

Beweis Sei $W_1 := \operatorname{im} F$ mit F und $\varepsilon > 0$ wie in Lemma 3.6.6 und $W_2 := S^m \setminus f(M)$, zwei offene Teilmengen in S^m mit $W_1 \cup W_2 = S^m$. Für alle $k \geq 0$ ist $H^k(W_1) \cong H^k(M \times (-\varepsilon, \varepsilon))$, denn F ist ein Diffeomorphismus, und $H^k(M \times (-\varepsilon, \varepsilon)) \cong H^k(M)$ nach Aufgabe 10 1). Ferner ist $F : M \times ((-\varepsilon, 0) \cup (0, \varepsilon)) \longrightarrow W_1 \cap W_2$ ein Diffeomorphismus, also besteht $W_1 \cap W_2$ aus $2z$ Zusammenhangskomponenten.

Wir betrachten jetzt den Anfang der Mayer-Vietoris-Sequenz

$$0 \longrightarrow H^0(S^m) \xrightarrow{i^*} H^0(W_1) \oplus H^0(W_2) \xrightarrow{j^*} H^0(W_1 \cap W_2) \longrightarrow H^1(S^m).$$

Nun ist $m \geq 2$, also ist $H^0(S^m) \cong \mathbb{R}$ und $H^1(S^m) = 0$. Ferner ist

$$H^0(W_1) \cong \mathbb{R}^z \quad \text{und} \quad H^0(W_1 \cap W_2) \cong \mathbb{R}^{2z}.$$

Damit erhalten wir eine kurze exakte Sequenz

$$0 \longrightarrow H^0(S^m) \xrightarrow{i^*} H^0(W_1) \oplus H^0(W_2) \xrightarrow{j^*} H^0(W_1 \cap W_2) \longrightarrow 0 \qquad (3.6.2)$$

und schließen $H^0(W_2) \cong \mathbb{R}^{z+1}$. Also besteht $W_2 = S^m \setminus f(M)$ aus $z + 1$ Zusammenhangskomponenten.

Die Zusammenhangskomponenten von $f(M)$ sind die Bilder der Zusammenhangskomponenten von M, denn f ist ein Diffeomorphismus von M auf die Untermannigfaltigkeit $f(M) \subseteq S^m$. Für jede Zusammenhangskomponente M_i von M, $1 \leq i \leq z$, erhalten wir genau zwei verschiedene Zusammenhangskomponenten $U_{2i-1} := F(M_i \times (-\varepsilon, 0))$ und $U_{2i} := F(M_i \times (0, \varepsilon))$ von $W_1 \cap W_2$, und die U_j sind in jeweils genau einer Zusammenhangskomponente von W_2 enthalten. Seien

$$f_i : W_1 \longrightarrow \mathbb{R}, \quad g_j : W_1 \cap W_2 \longrightarrow \mathbb{R} \quad \text{und} \quad h_k : W_2 \longrightarrow \mathbb{R}$$

die charakteristischen Funktionen der $F(M_i \times (-\varepsilon, \varepsilon))$, der U_j und der Zusammenhangskomponenten V_k von W_2, $1 \leq k \leq z + 1$. Dann bilden die $[f_1], \ldots, [f_z]$ eine Basis von $H^0(W_1)$, die $[g_1], \ldots, [g_{2z}]$ eine Basis von $H^0(W_1 \cap W_2)$ und die $[h_1], \ldots, [h_{z+1}]$ eine Basis von $H^0(W_2)$. Weil $f_i = g_{2i-1} + g_{2i}$ auf $W_1 \cap W_2$ ist, folgt $j^*([f_i], 0) = [g_{2i-1}] + [g_{2i}]$. Ferner ist $j^*(0, [h_k])$ die negative Summe der $[g_j]$, sodass U_j in V_k enthalten ist. Das heißt, die Menge $\{1, \ldots, 2z\}$ ist zerlegt in disjunkte Teilmengen I_k, $1 \leq k \leq z + 1$, sodass $(0, [h_k])$ auf die negative Summe der $[g_j]$ mit $j \in I_k$ abgebildet wird. Würde eines der I_k beide Indizes $2i - 1$ und $2i$ für ein $1 \leq i \leq z$ enthalten, dann wäre $[g_{2i-1}] - [g_{2i}] \notin \operatorname{im} j^*$. Dann wäre j^* nicht surjektiv, ein Widerspruch zur Exaktheit von (3.6.2). $\qquad\square$

3.7 Orientiertes Integral und Integralformel von Stokes

Sei $A \subseteq M$ Lebesgue-messbar[6] und ω eine m-Form über A. Unser Ziel ist die Definition des Integrals $\int_A \omega$. Wir zerlegen dazu A in höchstens abzählbar viele Lebesgue-messbare Teilmengen A_μ, sodass folgende Bedingungen gelten:

1) Die A_μ sind paarweise disjunkt und $\bigcup_\mu A_\mu = A$.
2) Zu jedem μ existiert eine Karte (U_μ, x_μ) von M mit $A_\mu \subseteq U_\mu$.

Auf U_μ schreiben wir dann (mit $x_\mu = (x_\mu^1, \ldots, x_\mu^m)$)

$$\omega = f_\mu \, dx_\mu^1 \wedge \cdots \wedge dx_\mu^m \tag{3.7.1}$$

und setzen

$$\int_A \omega := \sum_\mu \int_{x_\mu(A_\mu)} f_\mu \circ x_\mu^{-1}, \tag{3.7.2}$$

wobei rechts bezüglich des gewöhnlichen Lebesgue-Maßes auf $\mathbb{R}^m$ integriert wird. Zu klären ist nun, unter welchen Bedingungen das Integral $\int_A \omega$ wohldefiniert ist.

Lemma 3.7.1 *Seien (U, x) und (V, y) zwei Karten von M, sodass*

$$\left(\frac{\partial}{\partial x^1}(p), \ldots, \frac{\partial}{\partial x^m}(p) \right) \quad und \quad \left(\frac{\partial}{\partial y^1}(p), \ldots, \frac{\partial}{\partial y^m}(p) \right)$$

für alle $p \in U \cap V$

1. gleich bzw.
2. umgekehrt orientiert sind.

Sei $A \subseteq U \cap V$ Lebesgue-messbar und schreibe

$$\omega = f \, dx^1 \wedge \cdots \wedge dx^m = g \, dy^1 \wedge \cdots \wedge dy^m$$

auf $U \cap V$. Falls dann $f \circ x^{-1}$ auf $x(A)$ integrabel ist, so auch $g \circ y^{-1}$ auf $y(A)$, und dann ist

$$\int_{x(A)} f \circ x^{-1} = \pm \int_{y(A)} g \circ y^{-1},$$

wobei das Vorzeichen im Falle 1. positiv, im Falle 2. negativ ist.

---

[6] Henri Léon Lebesgue (1875–1941)

Beweis Sei $\tau\colon x(U \cap V) \longrightarrow y(U \cap V)$ der Kartenwechsel, also $\tau = y \circ x^{-1}$. Für alle $u \in x(U \cap V)$ ist dann $\det D\tau|_u > 0$ im Falle 1. bzw. $\det D\tau|_u < 0$ im Falle 2. Nach (3.2.4) ist

$$f = g \cdot \det((\partial x_i / \partial y_j)), \quad \text{also} \quad f \circ x^{-1} = (g \circ y^{-1} \circ \tau) \cdot \det D\tau.$$

Mit der Transformationsregel für das Lebesgue'sche Integral folgt nun, dass $f \circ x^{-1}$ genau dann über $x(A)$ integrabel ist, wenn $g \circ y^{-1}$ über $y(A)$ integrabel ist und dass dann

$$\int\limits_{x(A)} f \circ x^{-1} = \pm \int\limits_{\tau^{-1}(y(A))} (g \circ y^{-1} \circ \tau) \cdot |\det D\tau| = \pm \int\limits_{y(A)} g \circ y^{-1},$$

wobei das Vorzeichen im Falle 1. positiv, im Falle 2. negativ ist.   □

Eine notwendige Information in (3.7.2) für das Integral ist daher eine Orientierung von M über A. Das Integral hängt von einer solchen Orientierung ab. Aus diesem Grunde setzen wir voraus, dass M orientiert ist. In der Zerlegung $A = \bigcup_\mu A_\mu$ setzen wir neben den oben gestellten Bedingungen 1) und 2) weiter voraus:

3) Die (U_μ, x_μ) sind positiv orientierte Karten von M.

Wir nennen ω *integrabel* über A, wenn

$$\sum_\mu \int\limits_{x_\mu(A_\mu)} |f_\mu \circ x_\mu^{-1}| < \infty \tag{3.7.3}$$

ist. Zu zeigen ist nun, dass Integrabilität und Integral (3.7.2) von ω nicht von der gewählten Zerlegung und den gewählten positiv orientierten Karten abhängen:

Lemma 3.7.2 *Sei M orientiert und $A \subseteq M$ Lebesgue-messbar. Seien $A = \bigcup_\mu A_\mu = \bigcup_\nu B_\nu$ Zerlegungen von A in Lebesgue-messbare Teilmengen. Zu A_μ und B_ν seien jeweils (U_μ, x_μ) und (V_ν, y_ν) positiv orientierte Karten mit $A_\mu \subseteq U_\mu$ und $B_\nu \subseteq V_\nu$.*

Sei ω eine m-Form über A. Dann ist ω genau dann integrabel bezüglich der Daten (A_μ, x_μ), wenn ω integrabel bezüglich der Daten (B_ν, y_ν) ist, und dann ist

$$\sum_\mu \int\limits_{x_\mu(A_\nu)} f_\mu \circ x_\mu^{-1} = \sum_\nu \int\limits_{y_\nu(B_\nu)} g_\nu \circ y_\nu^{-1},$$

wobei die f_μ und g_ν jeweils die Koeffizienten von ω bezüglich x_μ und y_ν im Sinne von (3.7.1) sind.

Beweis Seien $\tau_{\nu\mu}$ die Kartenwechsel, $\tau_{\nu\mu} = y_\nu \circ x_\mu^{-1}$. Wie im Beweis von Lemma 3.7.1 erhalten wir

$$\sum_\mu \int_{x_\mu(A_\mu)} |f_\mu \circ x_\mu^{-1}| = \sum_{\mu,\nu} \int_{x_\mu(A_\mu \cap B_\nu)} |f_\mu \circ x_\mu^{-1}|$$

$$= \sum_{\mu,\nu} \int_{\tau_{\nu\mu}^{-1}(y_\nu(A_\mu \cap B_\nu))} |g_\nu \circ y_\nu^{-1} \circ \tau_{\nu\mu}| \cdot |\det D\tau_{\nu\mu}|$$

$$= \sum_{\mu,\nu} \int_{y_\nu(A_\mu \cap B_\nu)} |g_\nu \circ y_\nu^{-1}|$$

$$= \sum_\nu \int_{y(B_\nu)} |g_\nu \circ y_\nu^{-1}|.$$

Dies zeigt, dass die Integrabilität von ω wohldefiniert ist. Die Unabhängigkeit des Integrals folgt mit derselben Rechnung unter Weglassung der Absolutstriche. Bei dieser Rechnung ist $\det D\tau_{\mu,\nu} > 0$ essenziell. $\square$

Beispiel 3.7.3
Falls ω eine glatte m-Form mit kompaktem Träger ist, so ist ω integrabel.

Theorem 3.7.4 *Sei* $h: V \longrightarrow M$ *ein orientierungstreuer Diffeomorphismus auf die offene Teilmenge* $W \subseteq M$ *und* ω *eine integrable m-Form auf der Lebesgue-messbaren Teilmenge* $A \subseteq W$. *Mit* $B := h^{-1}(A)$ *ist dann*

$$\int_A \omega = \int_B h^*\omega.$$

Beweis Wähle eine Zerlegung $A = \cup A_\mu$ und positiv orientierte Karten (U_μ, x_μ) von M wie in der Definition des Integrals $\int_A \omega$, sodass zusätzlich $U_\mu \subseteq W$ ist für alle μ. Dann sind die (V_μ, y_μ) mit $V_\mu = f^{-1}(U_\mu)$ und $y_\mu = x_\mu \circ f$ positiv orientierte Karten von V, die B überdecken und so, dass $h^* dx_\mu^i = dy_\mu^i$. Mit

$$\omega = f_\mu \, dx_\mu^1 \wedge \cdots \wedge dx_\mu^m \quad \text{und} \quad h^*\omega = g_\mu \, dy_\mu^1 \wedge \cdots \wedge dy_\mu^m$$

gilt bezüglich dieser speziellen Karten $g_\mu = f_\mu \circ h$. Zerlege nun B in die $B_\mu = h^{-1}(A_\mu)$. Insgesamt folgt dann $x_\mu(A_\mu) = y_\mu(B_\mu)$ und $f_\mu \circ x_\mu^{-1} = g_\mu \circ y_\mu^{-1}$. $\square$

Ein (achsenparalleler) kompakter bzw. offener *Quader* im R^m ist eine Teilmenge der Form $I_1 \times \cdots \times I_m$, wobei die I_j kompakte bzw. offene Intervalle sind.

Integralformel von Stokes[7] für Quader 3.7.5 *Sei $Q \subseteq \mathbb{R}^m$ ein kompakter Quader, V eine offene Umgebung von Q in $\mathbb{R}^m$ und $h\colon V \longrightarrow M$ ein orientierungstreuer Diffeomorphismus auf die offene Teilmenge $W \subseteq M$. Falls dann ω eine glatte $(m-1)$-Form auf W ist, so ist*

$$\int_P d\omega = \int_{\partial_R P} \omega,$$

wobei $\partial_R P$ den regulären Teil des Randes von $P = h(Q)$ mit der induzierten Orientierung wie in Satz 3.6.4 bezeichnet.

Beweis Wir ziehen ω mit h auf $Q = [a_1, b_1] \times \cdots \times [a_m, b_m]$ zurück. Der reguläre Teil des Randes von Q besteht dann aus den Teilen

$$Q(x_i) := (a_1, b_1) \times \ldots (a_{i-1}, b_{i-1}) \times \{x_i\} \times (a_{i-1}, b_{i-1}) \times \cdots \times (a_m, b_m)$$

mit $x_i = a_i$ and $x_i = b_i$. Der reguläre Teil des Randes von P besteht aus den Bildern dieser Mengen unter h, denn h ist ein Diffeomorphismus (auf der Umgebung V von Q). Weil h orientierungstreu und $dh^*\omega = h^*d\omega$ ist, folgt $\int_P d\omega = \int_Q dh^*\omega$. Bezüglich der induzierten Orientierung wie in Satz 3.6.4 gilt ferner

$$\int_{h(Q(a_i))} \omega = (-1)^i \int_{Q(a_i)} h^*\omega \quad \text{und} \quad \int_{h(Q(b_i))} \omega = (-1)^{i-1} \int_{Q(b_i)} h^*\omega,$$

wobei wir die $Q(a_i)$ und $Q(b_i)$ jeweils als kanonisch orientierte offene Quader in $\mathbb{R}^{m-1}$ betrachten. Mit geeigneten glatten Funktionen f_j ist nun

$$h^*\omega = \sum_{1 \leq i \leq m} f_i\, dx^1 \wedge \cdots \wedge \widehat{dx^i} \wedge \cdots \wedge dx^m.$$

Damit wird

$$dh^*\omega = \sum_{1 \leq i,j \leq m} \frac{\partial f_i}{\partial x^j}\, dx^j \wedge dx^1 \wedge \cdots \wedge \widehat{dx^i} \wedge \cdots \wedge dx^m$$

$$= \sum_{1 \leq i \leq m} (-1)^{i-1} \frac{\partial f_i}{\partial x^i}\, dx^1 \wedge \cdots \wedge dx^m.$$

---

[7] Sir George Gabriel Stokes (1819–1903)

Mit dem Satz von Fubini[8] und dem Hauptsatz der Differential- und Integralrechnung erhalten wir

$$\int_Q \frac{\partial f_i}{\partial x^i}\,dx^1\ldots dx^m = \int_{Q_i}\int_{[a_i,b_i]}\frac{\partial f_i}{\partial x^i}\,dx^i\,dx^1\ldots \widehat{dx^i}\ldots dx^m$$

$$= \int_{Q_i}(f_i(x',b_i,x'')-f_i(x',a_i,x''))dx^1\ldots\widehat{dx^i}\ldots dx^m,$$

wobei $x' = (x^1,\ldots,x^{i-1})$, $x'' = (x^{i+1},\ldots,x^m)$ und $Q_i \subseteq \mathbb{R}^{m-1}$ das Produkt der Intervalle $[a_j,b_j]$ mit $j \neq i$ ist. Der Term auf der rechten Seite ist aber

$$\int_{Q(b_i)} h^*\omega - \int_{Q(a_i)} h^*\omega,$$

denn die Terme von $h^*\omega$ oben, die dx^i enthalten, verschwinden auf den $Q(x_i)$. Bezüglich der Orientierung von $Q(a_i)$ und $Q(b_i)$ als Randstücke von Q fehlt noch der Faktor $(-1)^{i-1}$. Damit folgt die Behauptung. $\square$

Integralformel von Stokes 3.7.6 (glatter Fall) *Sei M eine orientierte Mannigfaltigkeit der Dimension m und $D \subseteq M$ ein Gebiet mit glattem Rand, also mit $\partial_S D = \emptyset$. Sei ω eine glatte $(m-1)$-Form auf M mit kompaktem Träger. Dann ist*

$$\int_D d\omega = \int_{\partial D} \omega.$$

Beweis Zu jedem $p \in D$ gibt es eine Karte $x_p\colon U_p \longrightarrow (-2,2)^m$ um p mit $U_p \subseteq D$. Zu jedem $p \in \partial D$ gibt es eine Karte $x_p\colon U_p \longrightarrow (-2,2)^m$ um p mit $x_p(\partial D \cap U) = \{0\} \times (-2,2)^{m-1}$ und $x_p(D \cap U) = (-2,0) \times (-2,2)^{m-1}$. Weil der Träger $\operatorname{supp}\omega$ von ω kompakt ist, gibt es endlich viele Punkte $p_1,\ldots,p_n$ in $\bar{D}$, sodass

$$\bar{D} \cap \operatorname{supp}\omega \subseteq \bigcup_i x_{p_i}^{-1}((-1,1)^m).$$

Mithilfe einer Partition der Eins wie in Lemma 2.1.19 findet man glatte Funktionen $\varphi_i\colon M \longrightarrow \mathbb{R}$ mit $0 \le \varphi_i \le 1$ und $\operatorname{supp}\varphi_i \subseteq U_{p_i}$, sodass $\sum_i \varphi_i = 1$ auf $\bigcup_i U_{p_i}$. Wir setzen dann $\omega_i := \varphi_i \cdot \omega$, also $\omega = \sum \omega_i$. Differential und Integral sind linear, also genügt es, die Behauptung für die ω_i nachzuweisen. Mit anderen Worten, wir können annehmen,

---

[8] Guido Fubini (1879–1943)

dass $\omega = \omega_i$ ist für ein $1 \le i \le n$. Wir setzen nun $V = (-2, 2)^m$, $W = U_{p_i}$ und $h = x_{p_i}^{-1}$. Dann ist $h: V \longrightarrow W$ ein Diffeomorphismus.

Wir diskutieren nun die Fälle $p_i \in D$ und $p_i \in \partial D$ separat. Im ersten Fall setzen wir $Q = [-1, 1]^m$ und $P = f(Q)$. Dann ist $\mathrm{supp}\,\omega$ im Inneren von P, und mit der Integralformel 3.7.5 erhalten wir daher

$$\int\limits_D d\omega = \int\limits_P d\omega = \int\limits_{\partial_R P} \omega = 0 = \int\limits_{\partial D} \omega.$$

Für $p_i \in \partial D$ setzen wir $Q = [-1, 0] \times [-1, 1]^{m-1}$ und wieder $P = f(Q)$. Der Träger $\mathrm{supp}\,\omega$ trifft den Rand von P und D nur in $h(\{0\} \times (-1, 1)^{m-1})$, und die von P und D induzierten Orientierungen dieser Teile ihrer Ränder stimmen überein. Mit der Integralformel 3.7.5 folgt also auch in diesem Fall

$$\int\limits_D d\omega = \int\limits_P d\omega = \int\limits_{\partial_R P} \omega = \int\limits_{\partial D} \omega. \qquad \square$$

In vielen Anwendungen ist der Rand des Gebietes nicht glatt, aber der singuläre Teil des Randes nicht zu groß, sodass die Integralformel von Stokes noch gilt. Den Fall der Quader, auf den wir den glatten Fall zurückgeführt haben, haben wir ja sogar als Erstes behandelt. Viele weitere Fälle lassen sich durch geeignete Überdeckungen oder Zerlegungen auf diesen Fall zurückführen. Weitergehende Überlegungen hierzu findet man z. B. in Kapitel 10 von [Kö] oder Abschnitt XVIII.6 von [La].

In der Integralformel von Stokes 3.7.6 können wir $D = M$ wählen. Dann ist $\partial D = \emptyset$, und damit verschwindet die rechte Seite der Formel.

Folgerung 3.7.7 *Sei M eine orientierte Mannigfaltigkeit der Dimension m und ω eine glatte $(m - 1)$-Form auf M mit kompaktem Träger. Dann ist $\int_M d\omega = 0$.* $\qquad \square$

Folgerung 3.7.8 *Sei M eine kompakte orientierte Mannigfaltigkeit der Dimension m, und seien ω_0 und ω_1 kohomologe geschlossene m-Formen auf M. Dann ist*

$$\int\limits_M \omega_0 = \int\limits_M \omega_1.$$

Beweis Mit $\omega_1 - \omega_0 = d\eta$ resultiert die Behauptung aus Folgerung 3.7.7. $\qquad \square$

Folgerung 3.7.9 *Sei M eine kompakte orientierte Mannigfaltigkeit der Dimension m. Seien f_0, f_1: $M \longrightarrow N$ homotope glatte Abbildungen und ω eine geschlossene m-Form auf N. Dann ist*

$$\int_M f_0^* \omega = \int_M f_1^* \omega.$$

Beweis Nach Folgerung 3.4.4 sind $f_0^* \omega$ und $f_1^* \omega$ kohomologe geschlossene m-Formen auf M, damit resultiert die Behauptung aus Folgerung 3.7.8. $\Box$

3.8 Ergänzende Literatur

Wir haben die de Rham'sche Kohomologie mit kompaktem Träger nicht eingeführt. In Aufgabe 1 steht sie im Hintergrund, und der Leser mag sich anhand dieses Hinweises an eine Definition herantrauen. Diese und einiges mehr über Differentialformen, Orientierungen und de Rham'sche Kohomologie findet man in [BT], [Sp1, Kapitel 6–8] und [ST].

Die klassischen Integralformeln aus der Vektoranalysis, so wie sie in der Physik eingesetzt werden, sind Spezialfälle der Integralformel von Stokes 3.7.6. Die Rolle der Differentialformen in Geometrie und Physik wird in [AF] diskutiert.

3.9 Aufgaben

1. Sei $\omega = \varphi\, dx$ eine Pfaff'sche Form auf $\mathbb{R}$, wobei φ glatt mit kompaktem Träger sei. Dann ist $\int_{-n}^{n} \omega = 0$ für alle genügend großen n genau dann, wenn ω ein Potential mit kompaktem Träger hat.
2. Auf der (x, y)-Ebene $\mathbb{R}^2$ sei $\alpha = x\, dy - y\, dx$ und $c: [a, b] \longrightarrow \mathbb{R}^2$ stückweise glatt mit $c(a) = c(b)$. Dann ist $\int_c \alpha = 2F$, wobei F der „orientierte Flächeninhalt" des durch c bestimmten Gebietes der Ebene ist, gerechnet „mit Multiplizität". Berechne das Integral von α über die Randkurven von Rechtecken und Scheiben.
3. Die Windungsform ω auf $\mathbb{R}^2 \setminus \{0\}$ erfüllt die Gleichungen (3.1.10), hat aber keine Stammfunktion auf $\mathbb{R}^2 \setminus \{0\}$. Tipp: Betrachte das Integral der Windungsform entlang der geschlossenen Kurve $(\cos t, \sin t)$, $0 \leq t \leq 2\pi$.
4. Sei $W \subseteq M$ offen und ω eine Pfaff'sche Form auf W. Dann ist ω genau dann glatt, wenn die Funktion $W \longrightarrow \mathbb{R}$, $p \mapsto \omega_p(X(p))$, glatt ist für alle glatten Vektorfelder X auf W.
5. Sei W offen in M und ω eine k-Form auf W. Dann ist ω genau dann glatt, wenn die Funktion

$$\omega(X_1, \ldots, X_k): W \longrightarrow \mathbb{R}, \quad p \mapsto \omega_p(X_1(p), \ldots, X_k(p)), \tag{3.9.1}$$

   für alle glatten Vektorfelder $X_1, \ldots, X_k$ auf W glatt ist.
6. Bestimme Bereiche, auf denen $f: \mathbb{R}^2 \longrightarrow \mathbb{R}^2$, $f(r, \varphi) = (r\cos\varphi, r\sin\varphi)$, ein Diffeomorphismus ist, und berechne $f^* dx^1$ und $f^* dx^2$.

7. 1) Für die *Volumenform* $\omega = dx^1 \wedge \cdots \wedge dx^m$ auf $\mathbb{R}^m$ gilt

$$\omega(v_1, \ldots, v_m) = \det(v_1, \ldots, v_m),$$

wobei rechts die Determinante der Matrix mit den v_i als Spalten gemeint ist.
2) Vergleiche die $(m-1)$-Form

$$\alpha = \sum_{1 \leq i \leq m} (-1)^{i-1} x^i \, dx^1 \wedge \cdots \wedge \widehat{dx^i} \wedge \cdots \wedge dx^m$$

auf $\mathbb{R}^m$ mit der gleichnamigen Form in Aufgabe 2 und zeige, dass

$$\alpha_x(v_1, \ldots, v_{m-1}) = \omega(x, v_1, \ldots, v_{m-1})$$

für alle $x \in \mathbb{R}^m$ und $v_1, \ldots, v_{m-1} \in T_x \mathbb{R}^m \cong \mathbb{R}^m$. Zeige außerdem, dass $d\alpha = m\omega$ und $r^*\alpha = \|x\|^{-m} \alpha$ auf $\mathbb{R}^m \setminus \{0\}$, wobei $r = r(x) = x/\|x\|$.
8. Die sogenannte *symplektische Form*

$$\omega = dx^1 \wedge dy^1 + \cdots + dx^n \wedge dy^n$$

auf $\mathbb{R}^{2n} = \{(x^1, y^1, \ldots, x^n, y^n) \mid x^1, y^1, \ldots, x^n, y^n \in \mathbb{R}\}$ ist das zentrale Objekt der symplektischen Geometrie. Zeige:
   1) $d\omega = 0$.
   2) Es gibt eine Pfaff'sche Form α mit $d\alpha = \omega$ (damit 1) verschärfend).
   3) ω ist nicht entartet: Für alle $v \in \mathbb{R}^{2n}$, $v \neq 0$, gibt es $w \in \mathbb{R}^{2n}$ mit $\omega(v, w) \neq 0$.
   4) Vermöge $z^j = x^j + iy^j$ ist $\mathbb{R}^{2n} \cong \mathbb{C}^n$ (als reeller Vektorraum). Die Multiplikation mit i ist damit ein Isomorphismus des $\mathbb{R}^{2n}$, den wir mit J bezeichnen (wie üblich). In dieser Notation ist $\langle v, w \rangle := \omega(v, Jw)$, $v, w \in \mathbb{R}^{2n}$, das euklidische Skalarprodukt (damit 3) verschärfend), und umgekehrt ist $\omega(v, w) = \langle Jv, w \rangle$.
   5) $\omega^n = \omega \wedge \cdots \wedge \omega$ (n mal) $= n! \, dx^1 \wedge dy^1 \wedge \cdots \wedge dx^n \wedge dy^n$.
9. (Bearbeitung vor Abschn. 3.4)
   1) Falls M zusammenhängend ist, so ist $H^0(M) \cong \mathbb{R}$. Bestimme $H^0(M)$ auch im nicht zusammenhängenden Fall.
   2) Für alle $m \geq 1$ ist $H^1(\mathbb{R}^m) = \{0\}$.
   3) Für alle $m \geq 2$ ist $H^1(S^m) = \{0\}$. Tipp: Bezüglich der Karten $(U_\pm, \pi_\pm)$ wie in Beispiel 2.1.2 2) besitzt eine geschlossene 1-Form ω auf S^m nach 2) Potentiale $f_\pm$ auf $U_\pm$. Vergleiche diese auf $U_+ \cap U_-$.
   4) $H^1(S^1) \cong \mathbb{R}$. Der Torus $T^m = (S^1)^m$ hat erste Betti'sche Zahl $b_1(T^m) \geq m$. (Es gilt sogar $b_1(T^m) = m$.) Für $m \geq 2$ sind S^m und T^m daher nicht diffeomorph.
10. 1) Für $a < b$ und $t \in (a, b)$ ist $i_t \colon M \longrightarrow M \times (a, b)$, $i_t(p) := (p, t)$, eine Homotopieäquivalenz.
   2) Die Inklusion $i \colon S^{m-1} \longrightarrow \mathbb{R}^m \setminus \{0\}$ ist eine Homotopieäquivalenz.
   3) Zeige, dass M genau dann zusammenziehbar ist, wenn für alle Punkte (oder einen Punkt) $p \in M$ die Inklusion $i \colon \{p\} \longrightarrow M$ eine Homotopieäquivalenz ist. Vergleiche das Poincaré-Lemma dahingehend mit Folgerung 3.4.5.
   4) Sei $H(x, t) = tx$ die Kontraktion des $\mathbb{R}^m$ wie in Beispiel 3.4.6 1) und $\omega = f \, dx^{i_1} \wedge \cdots \wedge dx^{i_k}$ eine k-Form auf $\mathbb{R}^m$. Dann ist

$$IH^*\omega = \int_0^1 t^{k-1} f(tx) dt \sum_j (-1)^{j-1} x^{i_j} dx^{i_1} \wedge \cdots \wedge \widehat{dx^{i_j}} \wedge \cdots \wedge dx^{i_k}. \tag{3.9.2}$$

Vergleiche die Summe rechts auch mit der Differentialform α in Aufgabe 7 2).

11. Zeige mit Argumenten wie in Beispiel 3.5.3, dass

$$H^k(\mathbb{K}P^n) \cong \begin{cases} \mathbb{R} & \text{für } k \in \{0, d, 2d, \dots, nd\}, \\ 0 & \text{sonst.} \end{cases}$$

für $\mathbb{K} \in \{\mathbb{C}, \mathbb{H}\}$ und $d = \dim_{\mathbb{R}} \mathbb{K} \in \{2, 4\}$.

12. Für offene Teilmengen W_1, W_2 in M sei $f: W_1 \cap W_2 \longrightarrow W_1 \cup W_2$ die Inklusion. Zeige: Für de Rham'sche Kohomologieklassen $a \in H^k(W_1 \cap W_2)$ und $b \in H^l(W_1 \cup W_2)$ gilt $\delta(a \wedge f^*b) = \delta a \wedge b$ in $H^{k+l+1}(W_1 \cup W_2)$. Tipp: Verfolge die Definition von δ in Anhang B und überlege jeweils, was die entsprechenden Wahlen im Falle von Differentialformen bedeuten.

13. 1) Eine Mannigfaltigkeit ist genau dann orientierbar, wenn jede ihrer Zusammenhangskomponenten orientierbar ist.

    2) Falls $f: M \longrightarrow N$ ein lokaler Diffeomorphismus und N orientiert ist, so trägt M genau eine Orientierung, sodass f orientierungstreu ist.

    3) Der reell projektive Raum $\mathbb{R}P^m$ ist genau dann orientierbar, wenn m ungerade ist. Überlege dazu, dass $\mathbb{R}P^m$ genau dann orientierbar ist, wenn die Antipodenabbildung auf S^m orientierungstreu ist.

    4) Lie'sche Gruppen sind orientierbar.

14. 1) Falls $f: U \longrightarrow V$ ein Diffeomorphismus zwischen offenen Teilmengen des $\mathbb{R}^m$ ist, so ist f genau dann orientierungstreu, wenn $\det Df > 0$ ist.

    2) Sei f eine holomorphe Funktion in $\mathbb{C}$, $U = \{z \in \mathbb{C} \mid (df/dz)(z) \neq 0\}$ und $V = f(U)$. Dann sind U und V offene Teilmengen von $\mathbb{R}^2 \cong \mathbb{C}$, und $f: U \longrightarrow V$ ist ein orientierungstreuer lokaler Diffeomorphismus.

15. 1) Falls $\mathcal{A}$ ein Atlas von M ist, sodass die Kartenwechsel $y \circ x^{-1}$ für alle Karten (U, x) und (V, y) aus $\mathcal{A}$ orientierungstreu sind, dann trägt M eine Orientierung, bezüglich derer die Karten aus $\mathcal{A}$ positiv orientiert sind.

    2) Falls M orientierbar ist, so besitzt M einen lokal endlichen Atlas (U_i, x_i) positiv orientierter Karten zusammen mit einer Partition (φ_i) der Eins (mit $\operatorname{supp} \varphi_i \subseteq U_i$). Falls dann ω_i die glatte m-Form auf M ist mit $\omega_i = \varphi_i dx_i^1 \wedge \cdots \wedge dx_i^m$ auf U_i und $\omega_i = 0$ außerhalb von $\operatorname{supp} \varphi_i$, so ist $\omega = \sum \omega_i$ eine glatte m-Form auf M. Für alle $p \in M$ und $v_1, \dots, v_m \in T_p M$ ist $\omega_p(v_1, \dots, v_m) > 0$ genau dann, wenn $(v_1, \dots, v_m)$ eine positiv orientierte Basis von $T_p M$ ist.

    3) Eine glatte m-Form ω auf M, sodass $\omega_p \neq 0$ ist für alle $p \in M$, heißt *Orientierungsform* oder auch *Volumenform*. Für $p \in M$ nennen wir dann eine Basis $(v_1, \dots, v_m)$ von $T_p M$ positiv orientiert, wenn $\omega_p(v_1, \dots, v_m) > 0$ ist. Dies bestimmt eine Orientierung von M im Sinne der Definition 3.6.1.

    4) Falls ω eine Orientierungsform auf M ist, so gibt es zu jeder glatten m-Form η auf M eine glatte Funktion φ auf M mit $\eta = \varphi \omega$.

    5) Falls $f: M \longrightarrow N$ ein lokaler Diffeomorphismus zwischen orientierten Mannigfaltigkeiten ist und ω_M und ω_N (zugehörige) Orientierungsformen auf M und N sind, so ist f genau dann orientierungstreu, wenn $f^* \omega_N = \varphi \omega_M$ ist mit $\varphi > 0$.

16. Für eine Einbettung $f: M \longrightarrow S^m$ wie in Satz 3.6.7 besteht der Rand der Zusammenhangskomponenten von $S^m \setminus f(M)$ jeweils aus einer Vereinigung von Zusammenhangskomponenten von $f(M)$. Es gibt mindestens zwei und höchstens z Zusammenhangskomponenten von $S^m \setminus f(M)$, deren Rand aus genau einer Zusammenhangskomponente von $f(M)$ besteht.

17. 1) Vergleiche das Integral von Differentialformen mit dem Integral von Pfaff'schen Formen in Abschn. 3.1.

    2) Integriere die $(m-1)$-Form α aus Aufgabe 7 2) über den Rand kompakter Quader. Vergleiche dies mit Aufgabe 2.

3) Für α und ω wie in Aufgabe 7, alle glatten Funktionen φ auf $\mathbb{R}^m$ und alle beschränkten Gebiete $D \subseteq \mathbb{R}^m$ mit glattem Rand ∂D ist

$$\int\limits_D \varphi \omega = \int\limits_{\partial D} \psi \alpha$$

mit $\psi(x) = \int_0^1 t^{m-1} \varphi(tx) \, dt$. Tipp: Vergleiche mit Aufgabe 10 4).

4) Eine glatte m-Form ω auf S^m ist genau dann exakt, wenn $\int_{S^m} \omega$ verschwindet. Tipp: Siehe (3.5.4).

18. Für Mannigfaltigkeiten M und N der Dimension m und n induzieren Orientierungen auf M und N kanonisch eine Orientierung auf $M \times N$. Für m-Formen α auf M und n-Formen β auf N gilt dann

$$\int\limits_{M \times N} \pi_M^* \alpha \wedge \pi_N^* \beta = \int\limits_M \alpha \int\limits_N \beta,$$

wobei π_M und π_N die Projektionen auf M und N bezeichnen.

Geometrie von Untermannigfaltigkeiten

4

In diesem Kapitel diskutieren wir die Geometrie der Untermannigfaltigkeiten euklidischer Räume. Wir nehmen an, dass der Leser mit den Grundlagen der euklidischen Geometrie vertraut ist, also mit der Geometrie des mit dem euklidischen Skalarprodukt und der zugehörigen Metrik $d(p,q) = \|p - q\|$ versehenen $\mathbb{R}^n$. Eine Bewegung des $\mathbb{R}^n$ ist eine Abbildung $B\colon \mathbb{R}^n \longrightarrow \mathbb{R}^n$ der Form $B(x) = Sx + t$ mit $S \in \mathrm{O}(n)$ und $t \in \mathbb{R}^n$. Zum Aufwärmen stellen wir gleich als erste Aufgabe zu zeigen, dass eine Abbildung $\mathbb{R}^n \longrightarrow \mathbb{R}^n$ Abstände genau dann erhält, wenn sie eine Bewegung ist.

Die Geometrie der Untermannigfaltigkeiten zerfällt in zwei Teile: die innere und die äußere Geometrie. Die innere Geometrie betrifft Messungen innerhalb der Untermannigfaltigkeit, die äußere Geometrie die Gestalt der Untermannigfaltigkeit relativ zum umgebenden euklidischen Raum. Diese beiden Aspekte diskutieren wir zunächst kurz für Kurven in euklidischen Räumen, bei denen natürlich die innere Geometrie nur aus der Längenmessung von Kurvensegmenten besteht. Danach diskutieren wir zunächst die innere Geometrie, dann die äußere Geometrie von Untermannigfaltigkeiten und beweisen zum Abschluss das *Theorema egregium* von Gauß[1] .

Wir sind an *geometrischen Eigenschaften und Invarianten* von Untermannigfaltigkeiten $M \subseteq \mathbb{R}^n$ interessiert. Diese sollen nicht von Koordinaten auf M abhängen und sollen M genau dann zukommen, wenn sie für jede Bewegung B des $\mathbb{R}^n$ auch $B(M)$ zukommen. Längen von Kurven sind solche Invarianten, aber es gibt auch nicht so offensichtliche, weil tieferliegende Eigenschaften und Invarianten.

Die Tangentialräume $T_x\mathbb{R}^n$ identifizieren wir durchgehend mit $\mathbb{R}^n$ wie in Beispiel 2.2.3 1), Tangentialräume an Untermannigfaltigkeiten $M \subseteq \mathbb{R}^n$ mit linearen Unterräumen des $\mathbb{R}^n$ wie in Satz 2.3.2 2); vgl. Beispiel 2.2.3 2). Allgemeiner betrachten wir statt Untermannigfaltigkeiten auch Immersionen $f\colon M \longrightarrow \mathbb{R}^n$.

Mit der vereinbarten Identifikation der Tangentialräume ist ein *Vektorfeld längs f* in diesem Kapitel eine Abbildung $X\colon M \longrightarrow \mathbb{R}^n$. Wir stellen uns dann $X(p)$ als Vektor mit

---

[1] Johann Carl Friedrich Gauß (1777–1855)

© Springer International Publishing AG 2018
W. Ballmann, *Einführung in die Geometrie und Topologie*, Mathematik Kompakt,
https://doi.org/10.1007/978-3-0348-0986-3_4

Fußpunkt $f(p)$ vor. Wir nennen ein solches X *tangential*, wenn $X(p) \in \text{im } f_{*p}$ ist für alle $p \in M$, also wenn es ein Vektorfeld Y auf M gibt mit $X = df \circ Y$. Für eine glatte Abbildung φ von M in einen Vektorraum V schreiben wir auch häufig $X\varphi$ statt $d\varphi \circ X$, vgl. (2.4.6).

4.1 Kurven

Wir beginnen unsere Untersuchungen mit Kurven in euklidischen Räumen. Falls $c\colon I \longrightarrow \mathbb{R}^n$ eine glatte Kurve ist, so interpretieren wir den Parameter $t \in I$ in der Regel als Zeit und nennen deshalb $\|\dot{c}\|$ das *Tempo* von c. Wir nennen c *regulär*, wenn $\dot{c}(t) \neq 0$ ist für alle $t \in I$. Falls c regulär ist, so ist das *Richtungsfeld* von c,

$$e\colon I \longrightarrow \mathbb{R}^3, \quad e(t) := \dot{c}(t)/\|\dot{c}(t)\|, \tag{4.1.1}$$

ein glattes Vektorfeld längs c mit konstanter Norm 1.

Beispiele 4.1.1
Die Kurve $c\colon \mathbb{R} \longrightarrow \mathbb{R}$

1. $c(t) = (t, t^3)$ ist regulär,
2. $c(t) = (t^2, t^3)$ ist in $t = 0$ nicht regulär und ihr Bild hat in $(0,0)$ eine Spitze,
3. $c(t) = (t^3, t^3)$ ist in $t = 0$ nicht regulär, obwohl ihr Bild, eine Gerade, regulär wirkt.

Falls $c\colon I \longrightarrow \mathbb{R}^n$ eine glatte Kurve und $\varphi\colon J \longrightarrow I$ ein Diffeomorphismus ist, so ist $\tilde{c} = c \circ \varphi$ genau dann regulär, wenn c regulär ist. Wir bezeichnen ein solches φ als eine *Parametertransformation* und $\tilde{c}$ als eine *Reparametrisierung* von c. Allgemeiner nennen wir $c \circ \varphi$ eine *monotone Reparametrisierung* von c, falls $\varphi\colon [\alpha, \beta] \longrightarrow [a, b]$ monoton, surjektiv und glatt ist.

Länge und Energie

Geometrie in euklidischen Räumen fußt auf Längenmessungen. Sei $c\colon [a, b] \longrightarrow \mathbb{R}^n$ eine glatte Kurve. Dann heißen

$$L(c) := \int_a^b \|\dot{c}(t)\| \, dt \quad \text{und} \quad E(c) = \frac{1}{2} \int_a^b \|\dot{c}(t)\|^2 \, dt \tag{4.1.2}$$

Länge und *Energie* von c. Mit der Cauchy-Schwarz'schen[2] Ungleichung folgt

$$L^2(c) = \left(\int_a^b 1 \cdot \|\dot{c}\| \right)^2 \leq \left(\int_a^b 1^2 \right)\left(\int_a^b \|\dot{c}\|^2 \right) = 2(b-a)E(c), \tag{4.1.3}$$

---

[2] Hermann Amandus Schwarz (1843–1921)

und Gleichheit gilt genau dann, wenn c konstantes Tempo hat, also wenn die Funktion $\|\dot{c}\|$ konstant ist. Offensichtlich sind Länge und Energie von Kurven invariant unter Bewegungen: Falls B eine Bewegung des $\mathbb{R}^n$ ist, so ist $L(B \circ c) = L(c)$ und $E(B \circ c) = E(c)$. Längen von Kurven sind außerdem unabhängig von der Parametrisierung der Kurve, s. Aufgabe 1 1). Länge ist damit eine geometrische Invariante von Kurven im Sinne des oben Gesagten.

Wir sagen, dass eine glatte Kurve $c\colon I \longrightarrow \mathbb{R}^n$ nach der *Bogenlänge parametrisiert* ist, wenn c konstantes Tempo $\|\dot{c}(t)\| = 1$ hat. Dann ist c regulär, und die Länge von Teilbögen von c entspricht der Länge der Parameterintervalle.

Satz 4.1.2 *Falls* $c\colon I \longrightarrow \mathbb{R}$ *eine reguläre Kurve und* $t_0 \in I$ *ist, so gibt es eine Parametertransformation* $\varphi\colon J \longrightarrow I$ *mit* $0 \in J$ *so, dass* $\varphi(0) = t_0$ *und* $c \circ \varphi$ *nach der Bogenlänge parametrisiert ist.*

Beweis Definiere $\psi\colon I \longrightarrow \mathbb{R}$ durch $\psi(t) := \int_{t_0}^{t} \|\dot{c}\|$. Weil c regulär ist, ist ψ glatt mit $\dot{\psi}(t) = \|\dot{c}(t)\| \neq 0$. Also ist ψ ein Diffeomorphismus auf ein Intervall $J \subseteq \mathbb{R}$ mit $\psi(t_0) = 0$. Die Umkehrabbildung $\varphi\colon J \longrightarrow I$ ist dann die gewünschte Parametertransformation. $\qquad\square$

Wir diskutieren nun einige elementare Aussagen über Länge und Energie. Die Argumente sind so gewählt, dass sie in späteren Erweiterungen dieser Aussagen wieder angewandt werden können.

Satz 4.1.3 *Für* $x, y \in \mathbb{R}^n$ *und alle glatten Kurven* $c\colon [a, b] \longrightarrow \mathbb{R}^n$ *von* x *nach* y *ist* $L(c) \geq d(x, y)$. *Gleichheit gilt genau dann, wenn* c *eine monotone Reparametrisierung der Strecke* $ty + (1 - t)x$, $0 \leq t \leq 1$, *von* x *nach* y *ist.*

Beweis Wir nehmen $x \neq y$ an und setzen $v := (y - x)/\|y - x\|$ (der Einheitsvektor, der von x nach y zeigt). Sei $h\colon \mathbb{R}^n \longrightarrow \mathbb{R}, h(z) := \langle v, z \rangle$, die zu v assoziierte Höhenfunktion. Dann ist $\operatorname{grad} h = v$ und damit

$$L(c) = \int_a^b \|\dot{c}\| \geq \int_a^b \langle v, \dot{c} \rangle = \int_a^b \langle \operatorname{grad} h, \dot{c} \rangle$$

$$= h(c(b)) - h(c(a)) = h(y) - h(x) = \|y - x\| = d(x, y).$$

Gleichheit impliziert, dass $\langle v, \dot{c} \rangle = \|\dot{c}\|$ ist. $\qquad\square$

Folgerung 4.1.4 *Für $x, y \in \mathbb{R}^n$ gilt*

$$d(x, y) = \min\{L(c) \mid c \text{ ist glatte Kurve von } x \text{ nach } y\},$$

und das Minimum wird genau durch die monotonen Reparametrisierungen der Strecke $ty + (1 - t)x$, $0 \leq t \leq 1$, von x nach y realisiert.   □

Die Energie hat bessere analytische Eigenschaften als die Länge, sie ist *nicht* invariant unter Parametertransformationen, sondern bevorzugt Kurven mit konstantem Tempo:

Satz 4.1.5 *Seien $x, y \in \mathbb{R}^n$ und*

$$c_0 \colon [a, b] \longrightarrow \mathbb{R}^n, \quad c_0(t) = \frac{1}{b - a}\big((t - a)y + (b - t)x\big),$$

die Strecke von x nach y. Für alle glatten Kurven $c \colon [a, b] \longrightarrow \mathbb{R}^n$ von x nach y gilt dann $E(c) \geq E(c_0)$, und Gleichheit impliziert $c = c_0$.

Beweis Wir nehmen $x \neq y$ an. Mit den Bezeichnungen wie im Beweis von Satz 4.1.3 erhalten wir dann

$$2E(c) = \int_a^b \|\dot{c}\|^2 \geq \int_a^b \langle v, \dot{c}\rangle^2$$

$$\geq \frac{1}{b - a}\left(\int_a^b \langle v, \dot{c}\rangle\right)^2 = \frac{1}{b - a}\big(h(y) - h(x)\big)^2 = 2E(c_0).$$

Gleichheit impliziert, dass $\langle v, \dot{c}\rangle$ konstant und $\dot{c} = \langle v, \dot{c}\rangle v$ ist.   □

Krümmung

Während die Ableitung einer Kurve in einem Punkt die beste Approximation der Kurve durch eine Gerade ist, sind wir nun an Approximationen zweiter Ordnung interessiert. Sei dazu $c \colon I \longrightarrow \mathbb{R}^n$ eine glatte Kurve und t_0 ein Punkt im Inneren von I so, dass $\dot{c}(t_0)$ und $\ddot{c}(t_0)$ linear unabhängig sind.

Satz 4.1.6 *Für $t_1 < t_2 < t_3$ in I nahe genug an t_0 sind $c(t_1)$, $c(t_2)$ und $c(t_3)$ nicht kollinear, und für $t_1, t_2, t_3 \longrightarrow t_0$ strebt der eindeutige Kreis $K(t_1, t_2, t_3)$ durch $c(t_1)$, $c(t_2)$ und $c(t_3)$ gegen einen Grenzkreis $K(t_0)$. Dieser läuft durch $c(t_0)$, ist tangential an c in $c(t_0)$ und in der von $\dot{c}(t_0)$ und $\ddot{c}(t_0)$ aufgespannten affinen Ebene $E(t_0)$ durch*

Abb. 4.1 Approximierende Kreise

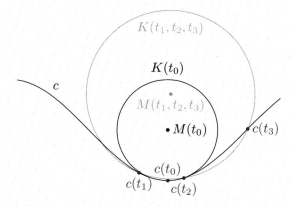

c(t_0) *enthalten. Sein Mittelpunkt* $M = M(t_0) \in E(t_0)$ *ist durch das folgende lineare Gleichungssystem bestimmt:*

$$\langle M - c(t_0), \dot{c}(t_0) \rangle = 0,$$
$$\langle M - c(t_0), \ddot{c}(t_0) \rangle = \|\dot{c}(t_0)\|^2.$$

Beweis Die erste Behauptung folgt leicht aus der Taylorapproximation[3] zweiter Ordnung von c in t_0. Wir bezeichnen nun mit $M(t_1, t_2, t_3)$ den Mittelpunkt des Kreises $K(t_1, t_2, t_3)$, s. Abb. 4.1. Dann hat die Funktion

$$f = f(t) := \|c(t) - M(t_1, t_2, t_3)\|^2$$

denselben Wert in den Punkten t_1, t_2 und t_3, nämlich das Quadrat des Radius von $K(t_1, t_2, t_3)$. Ihre erste Ableitung

$$2\langle c(t) - M(t_1, t_2, t_3), \dot{c}(t) \rangle$$

hat daher Nullstellen in Punkten $s_1 \in (t_1, t_2)$ und $s_2 \in (t_2, t_3)$, ihre zweite Ableitung

$$2\langle c(t) - M(t_1, t_2, t_3), \ddot{c}(t) \rangle + 2\|\dot{c}(t)\|^2$$

hat damit eine Nullstelle in einem Punkt $r \in (s_1, s_2)$. □

Definitionen 4.1.7

Für c und t_0 wie oben nennen wir $E(t_0)$ die *Schmiegebene* und $K(t_0)$ den *Schmiegkreis* von c in t_0. Wir nennen $M(t_0)$ den *Krümmungsmittelpunkt*, $R(t_0) = \|M - c(t_0)\|$ den *Krümmungsradius* und $\kappa(t_0) = 1/R(t_0)$ die *Krümmung* von c in t_0.

---

[3] Brook Taylor (1685–1731)

Abb. 4.2 Die Vektorfelder e
und n

Im Hinblick auf die erste Gleichung in Satz 4.1.6 besagt die zweite, dass $R(t_0)$ mal der Norm der Komponente von $\ddot{c}(t_0)$ senkrecht zu $\dot{c}(t_0)$ gleich $\|\dot{c}(t_0)\|^2$ ist. Mit anderen Worten,

$$\kappa(t_0) = \frac{\|\ddot{c}(t_0) - \langle e(t_0), \ddot{c}(t_0)\rangle e(t_0)\|}{\|\dot{c}(t_0)\|^2}, \tag{4.1.4}$$

wobei $e = \dot{c}/\|\dot{c}\|$ das Richtungsfeld von c wie in (4.1.1) bezeichnet. Damit erhalten wir eine mit der ersten Definition konsistente zweite Definition der Krümmung $\kappa(t_0)$ von c in t_0, die auch dann greift, wenn $\ddot{c}(t_0)$ linear abhängig von $\dot{c}(t_0)$ ist.

Falls c nach der Bogenlänge parametrisiert ist, so ist $\langle \dot{c}, \dot{c}\rangle/2$ nach Definition konstant und hat damit Ableitung $\langle \dot{c}, \ddot{c}\rangle = 0$. Dann ist also $\ddot{c}(t)$ für alle $t \in I$ senkrecht zu $\dot{c}(t)$ und mithin

$$\kappa(t_0) = \|\ddot{c}(t_0)\|. \tag{4.1.5}$$

In den Aufgaben 2 und 3 wird überprüft, dass die Krümmung von Kurven eine geometrische Invariante ist, die unsere Vorstellungen von Krümmung adäquat wiedergibt.

Ebene Kurven

Kurven $c\colon I \longrightarrow \mathbb{R}^2$ nennen wir auch *ebene Kurven*. Falls $c\colon I \longrightarrow \mathbb{R}^2$ eine reguläre ebene Kurve ist, so gibt es genau ein zum Richtungsfeld $e = \dot{c}/\|\dot{c}\|$ von c senkrechtes Vektorfeld n längs c, sodass $(e(t), n(t))$ für alle $t \in I$ eine positiv orientierte Basis des $\mathbb{R}^2$ ist, nämlich

$$n = (-e^2, e^1)$$

mit $e = (e^1, e^2)$, s. Abb. 4.2. Wir nennen $n = n(t)$ das *Hauptnormalenfeld* von c. Damit können wir der Krümmung regulärer ebener Kurven ein Vorzeichen verleihen,

$$\kappa_o(t) := \frac{\langle n(t), \ddot{c}(t)\rangle}{\|\dot{c}(t)\|^2}. \tag{4.1.6}$$

Wir nennen κ_o die *orientierte Krümmung* von c. Die Formel (4.1.6) können wir noch umschreiben zu

$$\kappa_o(t) = \frac{\det(\dot{c}(t), \ddot{c}(t))}{\|\dot{c}(t)\|^3}. \tag{4.1.7}$$

Falls c nach der Bogenlänge parametrisiert ist, so erhalten wir

$$\kappa_o(t) = \langle n(t), \ddot{c}(t) \rangle = \det(\dot{c}(t), \ddot{c}(t)). \tag{4.1.8}$$

Für die weiter oben definierte Krümmung gilt offensichtlich $\kappa = |\kappa_o|$.

> **Satz 4.1.8 (Ableitungsgleichungen)** *Für Richtungsfeld e und Hauptnormalenfeld n einer regulären ebenen Kurve $c: I \longrightarrow \mathbb{R}^2$ gelten*
>
> $$\dot{e} = \|\dot{c}\|\kappa_o n \quad und \quad \dot{n} = -\|\dot{c}\|\kappa_o e.$$

Beweis Da die Funktionen $\langle e, e \rangle$ und $\langle n, n \rangle$ konstant sind, verschwindet ihre Ableitung; also ist $\langle e, \dot{e} \rangle = \langle n, \dot{n} \rangle = 0$. Daher ist $\dot{e}$ ein Vielfaches von n und $\dot{n}$ ein Vielfaches von e. Nun ist $\|\dot{c}\|e = \dot{c}$ und daher $\|\dot{c}\|\langle n, \dot{e} \rangle = \langle n, \ddot{c} \rangle = \|\dot{c}\|^2\kappa_o$. Dies zeigt die erste Gleichung. Die Funktion $\langle n, e \rangle$ ist ebenfalls konstant, also gilt $\langle \dot{n}, e \rangle = -\langle n, \dot{e} \rangle$. Damit folgt die zweite Gleichung. $\square$

Mithilfe der Ableitungsgleichungen aus Satz 4.1.8 erhalten wir weitere Interpretationen der Krümmung: Sei $c: I \longrightarrow \mathbb{R}^2$ eine reguläre ebene Kurve, $v \in \mathbb{R}^2$ ein fest gewählter Einheitsvektor. Sei $\alpha = \alpha(t) \in \mathbb{R}/2\pi\mathbb{Z}$ der orientierte Winkel von v nach $e(t)$, also $\cos\alpha = \langle v, e \rangle$ und $\sin\alpha = -\langle v, n \rangle$. Mit Satz 4.1.8 folgt

$$\dot{\alpha}\sin\alpha = -\langle v, \dot{e} \rangle = \|\dot{c}\|\kappa_o \sin\alpha,$$
$$\dot{\alpha}\cos\alpha = -\langle v, \dot{n} \rangle = \|\dot{c}\|\kappa_o \cos\alpha.$$

Daher ist

$$\dot{\alpha} = \|\dot{c}\|\,\kappa_o. \tag{4.1.9}$$

Falls $I = \mathbb{R}$ und c periodisch mit Periode $\omega > 0$ ist, dann ist $e(\omega) = e(0)$, also $\alpha(\omega) = \alpha(0)$ modulo $2\pi\mathbb{Z}$ und damit

$$\frac{1}{2\pi} \int\limits_0^{\omega} \kappa_0(t)\|\dot{c}(t)\|\, dt = k \in \mathbb{Z}. \tag{4.1.10}$$

Die Zahl k nennt man die *Windungszahl* von c (bezüglich der gegebenen Periode ω). Die Windungszahl zählt die Umläufe von e um den Nullpunkt während einer Periode. Der *Umlaufsatz* besagt, dass die Windungszahl ± 1 ist, falls c eine Jordankurve ist, also neben den durch die Periode erzwungenen Identitäten keine weiteren Doppelpunkte hat, s. z. B. Abschnitt 2.2 in [Kl].

Eine weitere Interpretation der Krümmung bezieht sich auf die Änderung der Länge von c beim Übergang zu Parallelkurven. Sei dazu $I = [a, b]$ und

$$c_s \colon [a, b] \longrightarrow \mathbb{R}^2, \quad c_s(t) := c(t) + s n(t), \quad s \in \mathbb{R}, \tag{4.1.11}$$

die Familie der *Parallelkurven* zu $c = c_0$. Nach Satz 4.1.8 gilt dann

$$\dot{c}_s = \dot{c} - s \|\dot{c}\| \kappa_o e = (1 - s\kappa_o) \dot{c}.$$

Also ist die Ableitung δL der Länge $L(c_s)$ als Funktion von s in $s = 0$ gegeben durch

$$\delta L = - \int_a^b \kappa_o(t) \|\dot{c}(t)\| \, dt. \tag{4.1.12}$$

Wir können die orientierte Krümmung damit auch als Maß für die Längenveränderung ebener Kurven in die normale Richtung interpretieren.

Bei gegebenem Tempo und gegebener orientierter Krümmung sind die Ableitungsgleichungen aus Satz 4.1.8 ein lineares System gewöhnlicher Differentialgleichungen für die Felder e und n. Zur Vorbereitung des nächsten Satzes schreiben wir die Gleichungen in Matrizenform,

$$\dot{F} = FS \tag{4.1.13}$$

mit

$$F := \begin{pmatrix} e^1 & n^1 \\ e^2 & n^2 \end{pmatrix} \quad \text{und} \quad S := \|\dot{c}\| \cdot \begin{pmatrix} 0 & -\kappa_o \\ \kappa_o & 0 \end{pmatrix}. \tag{4.1.14}$$

Hierbei sind die Koeffizienten von F und S Funktionen von $t \in I$, und Ableiten von F bedeutet Ableiten der Koeffizienten von F. Der wichtige Punkt in Gleichung 4.1.13 ist die Schiefsymmetrie von S.

Satz 4.1.9 *Seien* $T \colon I \longrightarrow (0, \infty)$ *und* $\kappa_o \colon I \longrightarrow \mathbb{R}$ *glatte Funktionen. Dann gilt:*

1. *(Existenz) Zu* $t_0 \in I$ *und* $x_0, e_0 \in \mathbb{R}^2$ *mit* $\|e_0\| = 1$ *gibt es eine reguläre ebene Kurve* $c \colon I \longrightarrow \mathbb{R}^2$ *mit* $c(t_0) = x_0$ *und* $e(t_0) = e_0$, *sodass* T *das Tempo und* κ_o *die orientierte Krümmung von* c *ist.*

2. *(Eindeutigkeit) Zu je zwei regulären ebenen Kurven* $c_1, c_2 \colon I \longrightarrow \mathbb{R}^2$ *mit Tempo* T *und orientierter Krümmung* κ_o *gibt es genau eine orientierungstreue Bewegung* B *des* $\mathbb{R}^2$ *mit* $c_2 = B \circ c_1$.

Beweis Sei $F: I \longrightarrow \mathbb{R}^{2\times2}$ eine Lösung der linearen gewöhnlichen Differentialgleichung (4.1.13) mit $\|\dot{c}\|$ ersetzt durch T und mit $F(t_0) \in SO(2)$. Wegen der Schiefsymmetrie von S gilt

$$\frac{d}{dt}(FF^*) = \dot{F}F^* + F\dot{F}^* = FSF^* + FS^*F^* = FSF^* - FSF^* = 0.$$

Damit folgt, dass $F(t)$ für alle $t \in I$ in $O(2)$ ist. Nun ist F aber glatt als Funktion von t, daher auch $\det F$. Weil $\det F(t) = \pm1$ für alle $t \in I$ und $\det F(t_0) = 1$ ist, muss $\det F(t) = 1$ sein für alle $t \in I$. Damit folgt, dass $F(t)$ für alle $t \in I$ in $SO(2)$ ist. Wir wählen nun die spezielle Lösung $F: I \longrightarrow \mathbb{R}^{2\times2}$ mit

$$F(t_0) = \begin{pmatrix} e_0^1 & -e_0^2 \\ e_0^2 & e_0^1 \end{pmatrix} \in SO(2).$$

Nach dem gerade Bewiesenen ist dann $F(t)$ für alle $t \in I$ in $SO(2)$. Ferner erfüllen erste Spalte e und zweite Spalte n von F die Ableitungsgleichungen aus Satz 4.1.8 (mit $\|\dot{c}\|$ ersetzt durch T). Wegen $F(t) \in SO(2)$ ist dann $(e(t), n(t))$ für alle $t \in I$ eine positiv orientierte Orthonormalbasis des $\mathbb{R}^2$. Daher ist

$$c = c(t) := x_0 + \int\limits_{t_0}^{t} T \cdot e$$

eine glatte ebene Kurve mit Richtungsfeld e, Hauptnormalenfeld n, Tempo T und orientierter Krümmung κ_o. Damit folgt 1.

Seien jetzt $c_1, c_2: I \longrightarrow \mathbb{R}^2$ Kurven mit Tempo T und orientierter Krümmung κ_o. Sei $B = Ax + a$ die eindeutige und orientierungstreue Bewegung des $\mathbb{R}^2$ mit

$$A(c_1(t_0)) + a = c_2(t_0), \quad A(e_1(t_0)) = e_2(t_0), \quad A(n_1(t_0)) = n_2(t_0),$$

wobei e_1, e_2, n_1 und n_2 die c_1 und c_2 zugeordneten Richtungs- und Hauptnormalenfelder bezeichnen. Dann ist $B \circ c_1$ eine nach der Bogenlänge parametrisierte Kurve mit Richtungsfeld $A \circ e_1$, Hauptnormale $A \circ n_1$ und orientierter Krümmung κ_o. Daher sind $A \circ e_1$ und $A \circ n_1$ Lösungen der Ableitungsgleichungen aus Satz 4.1.8 mit denselben Anfangsbedingungen wie e_2 und n_2. Daraus folgt $A \circ e_1 = e_2$ und $A \circ n_1 = n_2$. Wegen $A(c_1(t_0)) + a = c_2(t_0)$ folgt schließlich $c_2 = B \circ c_1$. $\quad\square$

▶ **Bemerkung 4.1.10** Die Liealgebra von $SO(2)$ (der Tangentialraum an die Einheitsmatrix) besteht aus den schiefsymmetrischen (2×2)-Matrizen, vgl. Beispiel 2.3.8 3). Nun ist die Matrix $S = S(t)$ in (4.1.13) schiefsymmetrisch, also ist $SO(2) \ni B \mapsto BS(t)$ für alle $t \in I$ ein links-invariantes Vektorfeld auf $SO(2)$; s. auch Aufgabe 14 1) in Kap. 2. Die Lösungen der entsprechenden Differentialgleichung auf $SO(2)$ verlaufen daher in $SO(2)$. Der erste Teil des obigen Beweises zeigt dies mit elementaren Mitteln.

Folgerung 4.1.11 *Eine reguläre ebene Kurve bewegt sich genau dann gegen den Uhrzeigersinn auf einem Kreis mit Radius $R > 0$, wenn ihre orientierte Krümmung konstant $1/R$ ist.*

Raumkurven

Wir wechseln nun zum nächsten Fall $n = 3$, zu *Raumkurven*, also Kurven im $\mathbb{R}^3$. Sei $c: I \longrightarrow \mathbb{R}^3$ eine glatte Raumkurve, sodass $\dot{c}(t)$ und $\ddot{c}(t)$ linear unabhängig sind für alle $t \in I$. Dann ist c regulär, und neben dem Richtungsfeld $e = \dot{c}/\|\dot{c}\|$ erhalten wir ein zweites Vektorfeld längs c,

$$n := \frac{\ddot{c} - \langle e, \ddot{c} \rangle e}{\|\ddot{c} - \langle e, \ddot{c} \rangle e\|}, \tag{4.1.15}$$

das *Hauptnormalenfeld* entlang c. Zusammen mit dem *Binormalenfeld*

$$b = e \times n, \tag{4.1.16}$$

wobei $\times$ das Kreuzprodukt bezeichnet, erhalten wir damit das *Frenet'sche Dreibein* $e, n, b: I \longrightarrow \mathbb{R}^3$ von c. Das Tripel $(e(t), n(t), b(t))$ ist für jedes $t \in I$ eine positiv orientierte Orthonormalbasis des $\mathbb{R}^3$. Die entsprechenden Ableitungsgleichungen heißen *Frenet-Serret-Formeln*[4]:

$$\dot{e} = \|\dot{c}\|\kappa\, n, \quad \dot{n} = -\|\dot{c}\|\kappa\, e + \|\dot{c}\|\tau\, b, \quad \dot{b} = -\|\dot{c}\|\tau\, n. \tag{4.1.17}$$

Hierbei heißt $\tau = \tau(t) := \langle \dot{n}(t), b(t) \rangle = -\langle n(t), \dot{b}(t) \rangle$ die *Torsion* von c.

Wie im Falle von ebenen Kurven ist es instruktiv und hilfreich, die Ableitungsgleichungen in Matrizenform zu schreiben,

$$\dot{F} = FS \tag{4.1.18}$$

mit

$$F := \begin{pmatrix} e^1 & n^1 & b^1 \\ e^2 & n^2 & b^2 \\ e^3 & n^3 & b^3 \end{pmatrix} \quad \text{und} \quad S := \|\dot{c}\| \cdot \begin{pmatrix} 0 & -\kappa & 0 \\ \kappa & 0 & -\tau \\ 0 & \tau & 0 \end{pmatrix}. \tag{4.1.19}$$

Wichtig ist wieder die Schiefsymmetrie von S. Wir erhalten damit den zu Satz 4.1.9 analogen Satz über Raumkurven:

---

[4] Jean Frédéric Frenet (1816–1900), Joseph Alfred Serret (1819–1885)

Satz 4.1.12 *Seien $T, \kappa \colon I \longrightarrow (0, \infty)$ und $\tau \colon I \longrightarrow \mathbb{R}$ glatte Funktionen.*

1. *(Existenz) Zu $t_0 \in I$ und $x_0, e_0, n_0 \in \mathbb{R}^3$ mit (e_0, n_0) orthonormal gibt es eine reguläre Raumkurve $c \colon I \longrightarrow \mathbb{R}^3$ mit $c(t_0) = x_0$, $e(t_0) = e_0$ und $n(t_0) = n_0$, so dass T das Tempo, κ die Krümmung und τ die Torsion von c ist.*
2. *(Eindeutigkeit) Zu je zwei regulären Raumkurven $c_1, c_2 \colon I \longrightarrow \mathbb{R}^3$ mit Tempo T, Krümmung κ und Torsion τ gibt es genau eine orientierungstreue Bewegung B des $\mathbb{R}^3$ mit $c_2 = B \circ c_1$.*

Beweis Mutatis mutandis ist der Beweis identisch mit dem Beweis des Satzes 4.1.9: An einigen Stellen ist die Ziffer 2 durch die Ziffer 3 zu ersetzen; die Matrizen F und S sind jetzt (3×3)-Matrizen wie in (4.1.19), und die Anfangsbedingung lautet

$$F(t_0) := (e_0, n_0, e_0 \times n_0) \in \mathrm{SO}(3).$$

Die Details der Übertragung überlassen wir als Übung. □

Parallelität in einem neuen Sinn

Das Frenet'sche Dreibein können wir nur dann längs einer Raumkurve c erklären, wenn $\dot{c}$ und $\ddot{c}$ punktweise linear unabhängig sind. Außerdem involvieren die Ableitungsgleichungen (4.1.17) von Frenet und Serret dritte Ableitungen von c. Eine analoge Theorie in beliebigen Dimensionen, insbesondere also Kurven im $\mathbb{R}^n$ mit $n \geq 4$, involviert die ersten n Ableitungen der Kurve und verlangt, dass die ersten $n - 1$ davon punktweise linear unabhängig sind, vgl. z. B. die Abschnitte 1.2 und 1.3 in [Kl]. Das ist nun reichlich viel verlangt, wenn n groß ist.

Um zu einer kanonischen Klasse von Vektorfeldern entlang c zu kommen, bringen wir nun eine andere Idee ins Spiel, die von der Kurve abhängigen Parallelität. Dies ist ein zentraler Begriff der heutigen Differentialgeometrie, den wir hier in einer ersten und einfachen Situation kennenlernen. Sei dazu $c \colon I \longrightarrow \mathbb{R}^n$ eine reguläre Kurve.

Definitionen 4.1.13

Wir nennen ein Vektorfeld $X \colon I \longrightarrow \mathbb{R}^n$ längs c ein *Normalenfeld*, wenn X senkrecht zu c ist, d. h., wenn $\langle \dot{c}(t), X(t) \rangle = 0$ ist für alle $t \in I$. Für ein Normalenfeld X längs c nennen wir die Komponente von $\dot{X}$ normal zu c die *kovariante Ableitung* von X längs c, geschrieben als $\nabla X / dt$ oder X':

$$\frac{\nabla X}{dt} = X' := \dot{X} - \langle e, \dot{X} \rangle e.$$

Wir nennen ein Normalenfeld X längs c *parallel*, wenn $X' = 0$ ist.

Falls X ein Normalenfeld längs c ist, so verschwindet die Funktion $\langle e, X \rangle$ identisch, also auch ihre Ableitung. Damit erhalten wir

$$\langle e, \dot{X} \rangle = -\langle \dot{e}, X \rangle. \tag{4.1.20}$$

Die Komponente $\langle e(t), \dot{X}(t) \rangle e(t)$ von $\dot{X}(t)$ tangential an c hängt also nur vom Wert von X in t ab. Ferner folgt, dass zu gegebenen $t \in I$ und $v \in \mathbb{R}^n$ senkrecht zu $e(t)$ die Ableitung eines Normalenfeldes X längs c mit $X(t) = v$ Norm zumindest $|\langle \dot{e}(t), v \rangle|$ hat mit Gleichheit genau dann, wenn $\dot{X}(t)$ tangential an c ist. Parallele Normalenfelder sind somit die in diesem Sinne sparsamsten Normalenfelder.

Satz 4.1.14 *Seien X und Y Normalenfelder längs c. Dann gilt:*

1. *(Linearität) Für $\alpha, \beta \in \mathbb{R}$ ist $(\alpha X + \beta Y)' = \alpha X' + \beta Y'$.*
2. *(Produktregel) Die Funktion $\langle X, Y \rangle$ hat Ableitung $\langle X', Y \rangle + \langle X, Y' \rangle$.*

Beweis 1. ist klar. Zum Beweis von 2. rechnen wir

$$\frac{d}{dt}\langle X, Y \rangle = \langle \dot{X}, Y \rangle + \langle X, \dot{Y} \rangle = \langle X', Y \rangle + \langle X, Y' \rangle,$$

wobei wir bei der Gleichheit rechts $\langle e, X \rangle = \langle e, Y \rangle = 0$ ausnützen. $\square$

Folgerung 4.1.15 *Für parallele Normalenfelder X und Y längs c gilt:*

1. *Linearkombinationen $\alpha X + \beta Y$ sind ebenfalls parallel längs c.*
2. *Die Funktion $\langle X, Y \rangle$ ist konstant.* $\square$

Satz 4.1.16 *Zu $t_0 \in I$ und $X_0 \in \mathbb{R}^n$ senkrecht zu $\dot{c}(t_0)$ gibt es genau ein paralleles Normalenfeld X längs c mit $X(t_0) = X_0$.*

Beweis Parallele Normalenfelder X längs c erfüllen nach Definition 4.1.13 und (4.1.20) die lineare gewöhnliche Differentialgleichung

$$\dot{X} = -\frac{\langle \ddot{c}, X \rangle}{\|\dot{c}\|^2}\dot{c}. \tag{4.1.21}$$

Sei nun umgekehrt $X : I \longrightarrow \mathbb{R}^n$ die Lösung von (4.1.21) mit $X(t_0) = X_0$. Skalare Multiplikation der linken und rechten Seite von (4.1.21) mit $\dot{c}$ zeigt, dass $\langle \dot{c}, X \rangle$ verschwindende Ableitung hat, mithin konstant ist. Wegen $\langle \dot{c}(t_0), X(t_0) \rangle = 0$ schließen wir daraus, dass X ein Normalenfeld längs c ist. Insgesamt folgt, dass ein Vektorfeld X längs c genau dann ein paralleles Normalenfeld längs c ist, wenn es eine Lösung von (4.1.21) und $X(t)$ für ein $t \in I$ senkrecht zu $\dot{c}(t)$ ist. $\square$

Folgerung 4.1.17 *Sei $c\colon I \longrightarrow \mathbb{R}^n$ eine reguläre Kurve. Zu $t_0 \in I$ und orthonormalen Vektoren $x_2, \ldots, x_n \in \mathbb{R}^n$ senkrecht zu $\dot{c}(t_0)$ seien $X_2, \ldots, X_n$ die parallelen Normalenfelder längs c mit $X_i(t_0) = x_i$ für alle $2 \leq i \leq n$. Dann ist $(e(t), X_2(t), \ldots, X_n(t))$ für alle $t \in I$ eine Orthonormalbasis des $\mathbb{R}^n$.* $\square$

Ein paralleles Normalenfeld längs c besteht im Allgemeinen nicht aus zueinander im üblichen Sinne parallelen Vektoren – dann wäre das Normalenfeld ja konstant. Um die parallelen Normalenfelder längs c zu bestimmen, muss man die Differentialgleichung (4.1.21) lösen.

Beispiel 4.1.18
Sei c eine Raumkurve, sodass $\dot{c}$ und $\ddot{c}$ punktweise linear unabhängig sind. Das Frenet'sche Dreibein $(e, n, b = e \times n)$ ist dann leicht zu bestimmen, die Bestimmung der parallelen Normalenfelder ist schwieriger. Wir können die Normalenfelder aber als Linearkombinationen $X = \alpha n + \beta b$ mit reellen Funktionen α und β ansetzen. Mithilfe der Ableitungsgleichungen (4.1.17) übersetzt sich die Parallelität von X dann in die Differentialgleichungen

$$\dot{\alpha} = \|\dot{c}\| \tau \beta \quad \text{und} \quad \dot{\beta} = -\|\dot{c}\| \tau \alpha$$

für die Koeffizienten. Falls Tempo und Torsion von c konstant sind, so ist dieses Gleichungssystem leicht zu lösen: Falls α die Differentialgleichung $\ddot{\alpha} + \|\dot{c}\| \tau \alpha = 0$ löst, so löst das Paar α und $\beta := \dot{\alpha}/\|\dot{c}\| \tau$ die Differentialgleichungen oben.

Satz 4.1.19 *Für glatte Funktionen $T\colon I \longrightarrow (0, \infty)$ und $\kappa_2, \ldots, \kappa_n\colon I \longrightarrow \mathbb{R}$ gilt:*

1. *(Existenz) Zu $t_0 \in I$ und $x_0, \ldots, x_n \in \mathbb{R}^n$ mit $(x_1, \ldots, x_n)$ orthonormal gibt es eine reguläre Kurve $c\colon I \longrightarrow \mathbb{R}^n$ mit Tempo T und parallele Normalenfelder $X_2, \ldots, X_n$ längs c mit $c(t_0) = x_0$, $e(t_0) = x_1$, $X_i(t_0) = x_i$ und $\langle \dot{e}, X_i \rangle = \kappa_i T$ für alle $2 \leq i \leq n$.*
2. *(Eindeutigkeit) Zu je zwei regulären Kurven $c_1, c_2\colon I \longrightarrow \mathbb{R}^n$ mit Tempo T und parallelen und orthonormalen Normalenfeldern $X_2, \ldots, X_n$ längs c_1 und $Y_2, \ldots, Y_n$ längs c_2 mit $\langle \dot{e}_1, X_i \rangle = \kappa_i T$ und $\langle \dot{e}_2, Y_i \rangle = \kappa_i T$ gibt es genau eine Bewegung $B = Ax + a$ des $\mathbb{R}^n$ mit $c_2 = B \circ c_1$ und $Y_i = A \circ X_i$ für alle $2 \leq i \leq n$.*

Beweis Wir schreiben die Ableitungsgleichungen für e und $X_2, \ldots, X_n$ wieder in Matrizenform

$$\dot{F} = FS \tag{4.1.22}$$

mit

$$F := \begin{pmatrix} e^1 & X_2^1 & \cdots & X_n^1 \\ \vdots & \vdots & & \vdots \\ e^n & X_2^n & \cdots & X_n^n \end{pmatrix} \quad \text{und} \quad S := T \cdot \begin{pmatrix} 0 & -\kappa_2 & \cdots & -\kappa_n \\ \kappa_2 & 0 & \cdots & 0 \\ \vdots & \vdots & & \vdots \\ \kappa_n & 0 & \cdots & 0 \end{pmatrix}. \qquad (4.1.23)$$

Wichtig ist wieder die Schiefsymmetrie von S. Der Rest ist wie gehabt.   □

Vergleiche die Matrizen S in (4.1.19) und (4.1.23) und die entsprechenden Differentialgleichungssysteme (4.1.18) und (4.1.22). Die „kleine Änderung" an der Matrix S hat die große Auswirkung, dass wir nun über kanonische Normalenfelder längs regulären Kurven in euklidischen Räumen verfügen, unabhängig von der Dimension der Räume. Wir wollen es bei dieser Einsicht belassen und die Diskussion nicht vertiefen, da wir die Begriffe der kovarianten Ableitung und der Parallelität längs Kurven nur als Motivation für analoge Begriffe in unserer späteren Diskussion eingeführt haben.

4.2   Innere Geometrie

Nach den einführenden Bemerkungen über Kurven betrachten wir ab jetzt den allgemeinen Fall von Untermannigfaltigkeiten im euklidischen Raum $\mathbb{R}^n$. Es gibt zwei Arten, diese zu geben, einmal durch Gleichungen, also als Niveaus von Abbildungen, oder durch Einbettungen bzw. Immersionen $M \longrightarrow \mathbb{R}^n$. Der zweite Fall umfasst den ersten, weil wir uns zu einer Untermannigfaltigkeit $M \subseteq \mathbb{R}^n$ die Inklusion $i \colon M \longrightarrow \mathbb{R}^n$ als Einbettung dazudenken können. Dennoch lohnt es sich oft, die Ergebnisse für den ersten Fall gesondert auszusprechen, weil die Formulierungen in der Regel einfacher und verständlicher sind.

Die innere Geometrie von Untermannigfaltigkeiten befasst sich mit Messungen geometrischer Objekte, die in der Untermannigfaltigkeit enthalten sind. Den Maßstab liefert dabei der umgebende Raum $\mathbb{R}^n$, nämlich das euklidische Skalarprodukt. In jeder anderen Hinsicht wird der umgebende Raum aber ignoriert, etwa wegen der Unfähigkeit der Bewohner der Untermannigfaltigkeit, den Raum außerhalb der Untermannigfaltigkeit zu erkennen.[5] In unserer Diskussion der Kurven oben ist ihre Länge eine Größe ihrer inneren Geometrie, ihre Krümmung jedoch nicht.

Im Folgenden bezeichnen wir mit M eine Mannigfaltigkeit der Dimension m und mit $f \colon M \longrightarrow \mathbb{R}^n$ eine Immersion. Zu $p \in M$ nennen wir die linearen Unterräume

$$T_p f := \operatorname{im} df(p) \quad \text{und} \quad N_p f := [\operatorname{im} df(p)]^{\perp} \qquad (4.2.1)$$

---

[5] Dieses Wahrnehmungsproblem ist eines der Themen der 1884 veröffentlichten Novelle *Flatland* von Edwin Abbott Abbott (1838–1926).

des $\mathbb{R}^n$ den *Tangentialraum* und *Normalraum* an f in p. Mit

$$\pi_p^T : \mathbb{R}^n \longrightarrow \mathbb{R}^n \quad \text{und} \quad \pi_p^N : \mathbb{R}^n \longrightarrow \mathbb{R}^n \tag{4.2.2}$$

bezeichnen wir die orthogonalen Projektionen des $\mathbb{R}^n$ auf $T_p f$ und $N_p f$. Falls $M \subseteq \mathbb{R}^n$ eine Untermannigfaltigkeit und f die Inklusion ist, so ist $T_p f = T_p M$ unter der üblichen Identifikation von $T_p M$ wie in Satz 2.3.2. Deshalb schreiben wir dann auch $T_p M$ und $N_p M$ statt $T_p f$ und $N_p f$.

Beispiele 4.2.1

1) Für eine reguläre Kurve $c : I \longrightarrow \mathbb{R}^n$ ist $T_t c = \mathbb{R} \cdot \dot{c}(t) = \mathbb{R} \cdot e(t)$. Für reguläre ebene Kurven c ist $N_t c = \mathbb{R} \cdot n(t)$, für reguläre Raumkurven c ist $N_t c$ die lineare Hülle der Hauptnormalen $n(t)$ und Binormalen $b(t)$.
2) Die Sphäre $S_r^m = \{x \in \mathbb{R}^{m+1} \mid \|x\|^2 = r^2\}$ von Radius $r > 0$ ist eine Untermannigfaltigkeit des $\mathbb{R}^{m+1}$ mit $T_x S^m = \{y \in \mathbb{R}^{m+1} \mid \langle x, y \rangle = 0\}$ und $N_x M = \mathbb{R} \cdot x$ für alle $x \in S_r^m$.

Sei $X : M \longrightarrow \mathbb{R}^n$ ein Vektorfeld längs f. Zu $p \in M$ nennen wir dann

$$X^T(p) := \pi_p^T(X(p)) \quad \text{und} \quad X^N(p) = \pi_p^N(X(p)) \tag{4.2.3}$$

tangentiale und *normale Komponente* von X in p. Wir schreiben auch

$$X^T = \pi^T \circ X \quad \text{und} \quad X^N = \pi^N \circ X. \tag{4.2.4}$$

Erste Fundamentalform

Messungen in M hängen nur von der Einschränkung des euklidischen Skalarproduktes des umgebenden Raumes $\mathbb{R}^n$ auf die Tangentialräume $T_p f$ ab. Dieser Tatbestand wird durch die erste Fundamentalform auf den Punkt gebracht.

Definition 4.2.2
Zu p in M nennen wir das Skalarprodukt g_p auf $T_p M$,

$$g_p(v, w) := \langle df(p)(v), df(p)(w) \rangle, \quad v, w \in T_p M,$$

die *erste Fundamentalform* von f in p. Die Familie der Skalarprodukte $g = (g_p)_{p \in M}$ nennen wir die *erste Fundamentalform* von f.

Statt $g_p(v, w)$ schreiben wir auch $\langle v, w \rangle_p$ oder $\langle v, w \rangle$. Entsprechend halten wir es mit den zugehörigen Normen. Diese Schreibweisen bieten sich insbesondere bei Untermannigfaltigkeiten $M \subseteq \mathbb{R}^n$ an, denn dann ist f die Inklusion und $df(p)$ die übliche Identifikation von $T_p M$ mit einem linearen Unterraum von $\mathbb{R}^n$.

Zunächst klären wir die Regularität der ersten Fundamentalform in Abhängigkeit vom Punkte p. Sei dazu (U, x) eine Karte von M. Für alle $p \in U$ bilden dann die Koordinatenfelder $\partial/\partial x^1(p), \ldots, \partial/\partial x^m(p)$ eine Basis von $T_p M$. Wegen $df(p)(\partial/\partial x^i(p)) = (\partial f/\partial x^i)(p)$ sind die Koeffizienten der Fundamentalmatrix der ersten Fundamentalform bezüglich dieser Basis durch

$$g_{ij}(p) := \left\langle \frac{\partial}{\partial x^i}(p), \frac{\partial}{\partial x^j}(p) \right\rangle_p = \left\langle \frac{\partial f}{\partial x^i}(p), \frac{\partial f}{\partial x^j}(p) \right\rangle \qquad (4.2.5)$$

gegeben. Nun sind die partiellen Ableitungen $\partial f/\partial x^i : U \longrightarrow \mathbb{R}^n$ glatt, daher auch die Funktionen $g_{ij} : U \longrightarrow \mathbb{R}$. Weil die g_p Skalarprodukte sind, ist die Matrix der g_{ij} punktweise symmetrisch und positiv definit.

Beispiele 4.2.3

1) Falls $c : I \longrightarrow \mathbb{R}^n$ eine reguläre Kurve ist, so ist $g_{tt} = \|\dot{c}\|^2$.[6]
2) *Drehflächen:* Sei $c = (r, h) = (r(t), h(t))$, $t \in I$, eine reguläre Kurve in der (x, z)-Ebene mit $r > 0$, die *Profilkurve* der *Drehfläche*

$$f : I \times \mathbb{R} \longrightarrow \mathbb{R}^3, \quad f(t, \varphi) := (r(t) \cos(\varphi), r(t) \sin(\varphi), h(t)).$$

Ein konkretes Beispiel aus dieser Klasse ist der Torus wie in Aufgabe 8 1) in Kap. 2. In Anlehnung an die entsprechenden Begriffe aus der Geografie nennen wir die Kurven $\varphi = $ const *Meridiane* bzw. *Längenkreise* und die Kurven $t = $ const *Breitenkreise* von f. Die partiellen Ableitungen von f sind

$$\frac{\partial f}{\partial t} = (\dot{r} \cos(\varphi), \dot{r} \sin(\varphi), \dot{h}), \quad \frac{\partial f}{\partial \varphi} = (-r \sin(\varphi), r \cos(\varphi), 0).$$

Nun sind $\partial f/\partial t$ and $\partial f/\partial \varphi$ punktweise $\neq 0$ und senkrecht zueinander, damit auch punktweise linear unabhängig. Daher ist f eine Immersion. Für alle $p \in M$ bilden die Vektoren $(\partial f/\partial t)(p)$ und $(\partial f/\partial \varphi)(p)$ eine Basis von $T_p f$, und ihr Kreuzprodukt ist ein Erzeuger der Geraden $N_p f$. Die Koeffizienten der Fundamentalmatrix der ersten Fundamentalform sind

$$g_{tt} = \left\langle \frac{\partial f}{\partial t}, \frac{\partial f}{\partial t} \right\rangle = \|\dot{c}\|^2, \quad g_{t\varphi} = g_{\varphi t} = \left\langle \frac{\partial f}{\partial t}, \frac{\partial f}{\partial \varphi} \right\rangle = 0, \quad g_{\varphi\varphi} = \left\langle \frac{\partial f}{\partial \varphi}, \frac{\partial f}{\partial \varphi} \right\rangle = r^2.$$

Damit ist die Fundamentalmatrix

$$\begin{pmatrix} \|\dot{c}\|^2 & 0 \\ 0 & r^2 \end{pmatrix}$$

der ersten Fundamentalform eine Diagonalmatrix. Falls c nach der Bogenlänge parametrisiert ist, also Tempo 1 hat, so ist $g_{tt} = \|\dot{c}\|^2 = 1$.

---

[6] Hier und in anderen Beispielen benützen wir den Variablennamen als Index.

3) *Schraubflächen*: Sei $a \neq 0$ eine Konstante und $c = c(t) = (x(t), y(t))$, $t \in I$, eine reguläre Kurve in der (x, y)-Ebene, die *Profilkurve* der *Schraubfläche*

$$f(t, \varphi) = (x(t) \cos \varphi - y(t) \sin \varphi, x(t) \sin \varphi + y(t) \cos \varphi, a\varphi).$$

Ein konkretes Beispiel aus dieser Klasse ist die *Wendelfläche*, auch *Helikoid* genannt, mit $f(t, \varphi) = (t \cos \varphi, t \sin \varphi, a\varphi)$.
Die partiellen Ableitungen von f sind

$$\frac{\partial f}{\partial t} = (\dot{x} \cos \varphi - \dot{y} \sin \varphi, \dot{x} \sin \varphi + \dot{y} \cos \varphi, 0),$$

$$\frac{\partial f}{\partial \varphi} = (-x \sin \varphi - y \cos \varphi, x \cos \varphi - y \sin \varphi, a).$$

Diese sind punktweise linear unabhängig, denn $\partial f / \partial t \neq 0$ und $a \neq 0$. Die Koeffizienten der Fundamentalmatrix der ersten Fundamentalform sind damit

$$g_{tt} = \|\dot{c}\|^2, \quad g_{t\varphi} = g_{\varphi t} = x\dot{y} - \dot{x}y, \quad g_{\varphi\varphi} = \|c\|^2 + a^2.$$

Diese hängen nicht vom Parameter φ ab.

4) *Regelflächen*: Sei $c : I \longrightarrow \mathbb{R}^3$ eine reguläre Raumkurve und $X : I \longrightarrow \mathbb{R}^3$ ein glattes Vektorfeld längs c, sodass $\dot{c}(t)$ und $X(t)$ linear unabhängig sind für alle $t \in I$. Die zugehörige *Regelfläche* ist dann

$$f(s, t) = c(t) + sX(t).$$

Ein konkretes Beispiel ist die Wendelfläche wie oben mit $f(s, t) = (s \cos t, s \sin t, at)$. Die Geraden $t = $ const heißen *Erzeugende*, die Kurven $s = $ const *Leitkurven* von f. Die partiellen Ableitungen von f sind

$$\frac{\partial f}{\partial s} = X \quad \text{und} \quad \frac{\partial f}{\partial t} = \dot{c} + s\dot{X}.$$

Daher gibt es eine Umgebung U von $\{s = 0\}$ in $\mathbb{R} \times I$, sodass f auf U eine Immersion ist. Die Koeffizienten der ersten Fundamentalform sind

$$g_{ss} = \|X\|^2, \quad g_{st} = g_{ts} = \langle X, \dot{c} + s\dot{X}\rangle, \quad g_{tt} = \langle \dot{c} + s\dot{X}, \dot{c} + s\dot{X}\rangle.$$

5) *Graphen*: Sei $W \subset \mathbb{R}^m$ offen und $h : W \longrightarrow \mathbb{R}$ glatt. Dann ist $f : W \longrightarrow \mathbb{R}^{m+1}$, $f(x) := (x, h(x))$, eine Einbettung mit $\partial f / \partial x^j = (e_j, \partial h / \partial x^j)$, wobei e_j den j-ten Standardvektor des $\mathbb{R}^m$ bezeichnet. Die Tangentialräume $T_p f$, $p \in M$, sind jeweils die linearen Hüllen der Vektoren $(\partial f / \partial x^j)(p)$. Die Koeffizienten der ersten Fundamentalform bezüglich dieser Basen sind

$$g_{ij} = \left\langle \frac{\partial f}{\partial x^i}, \frac{\partial f}{\partial x^j} \right\rangle = \delta_{ij} + \frac{\partial h}{\partial x^i} \frac{\partial h}{\partial x^j}.$$

Im Falle $m = 2$ werden die Normalräume an f durch die Kreuzprodukte $(\partial f / \partial x^1) \times (\partial f / \partial x^2)$ erzeugt.

Sei nun (U, x) wieder eine Karte von M, und seien X und Y Vektorfelder auf U. Wir schreiben X und Y als Linearkombinationen

$$X = \xi^i \frac{\partial}{\partial x^i} \quad \text{und} \quad Y = \eta^i \frac{\partial}{\partial x^i}$$

der Koordinatenvektorfelder. In jedem $p \in U$ gilt dann

$$\langle X(p), Y(p) \rangle = \left\langle \xi^i(p) \frac{\partial}{\partial x^i}(p), \eta^j(p) \frac{\partial}{\partial x^j}(p) \right\rangle = g_{ij}(p) \xi^i(p) \eta^j(p). \tag{4.2.6}$$

Zur besseren Lesbarkeit lassen wir das Argument p weg und schreiben (4.2.6) als Gleichheit von Funktionen,

$$\langle X, Y \rangle = g_{ij} \xi^i \eta^j. \tag{4.2.7}$$

Weil die g_{ij} glatt sind, schließen wir, dass die Funktion $\langle X, Y \rangle$ glatt ist, falls X und Y glatt sind. Wir schreiben auch

$$g = g_{ij} dx^i dx^j, \tag{4.2.8}$$

denn $dx^i(X) = \xi^i$ und

$$dx^i dx^j (X, Y) := dx^i(X) dx^j(Y) = \xi^i \eta^j. \tag{4.2.9}$$

Wir werden des Öfteren die inverse Matrix der Fundamentalmatrix (g_{ij}) benötigen. Im Zusammenhang mit der Einstein'schen Summationskonvention ist es bequem, ihre Koeffizienten mit g^{ij} zu bezeichnen. Dann gilt nach Definition

$$g^{ij} g_{jk} = g_{kj} g^{ji} = \delta_k^i. \tag{4.2.10}$$

An den Formeln zur Bestimmung der inversen Matrix aus der linearen Algebra erkennt man, dass die g^{ij} ebenfalls glatt sind.

Lemma 4.2.4 *Sei $p \in M$ und (U, x) eine Karte von M um p. Sei $w \in \mathbb{R}^n$ ein Vektor und $w = w^T + w^N$ die Zerlegung von w in tangentiale und normale Komponenten bezüglich der Zerlegung $\mathbb{R}^n = T_p f \oplus N_p f$ wie in (4.2.1). Dann gibt es genau einen Tangentialvektor $v \in T_p M$ mit $w^T = df(p)(v)$:*

$$v = \xi^j \frac{\partial}{\partial x^j}(p) \quad und \quad w^T = \xi^j \frac{\partial f}{\partial x^j}(p) \quad mit \quad \xi^j = \left\langle w, \frac{\partial f}{\partial x^i}(p) \right\rangle g^{ij}(p).$$

Insbesondere sind tangentiale und normale Komponenten eines glatten Vektorfeldes längs f glatt.

Beweis Die erste Behauptung ist klar, denn $df(p)$ ist injektiv. Schreibe nun

$$w^T = \xi^j (\partial f / \partial x^j)(p).$$

Dann ist

$$\left\langle w, \frac{\partial f}{\partial x^i}(p) \right\rangle = \left\langle w^T, \frac{\partial f}{\partial x^i}(p) \right\rangle = \xi^k \left\langle \frac{\partial f}{\partial x^k}(p), \frac{\partial f}{\partial x^i}(p) \right\rangle = \xi^k g_{ki}(p).$$

Damit folgt

$$\xi^j = \xi^k g_{ki}(p) g^{ij}(p) = \left\langle w, \frac{\partial f}{\partial x^i}(p) \right\rangle g^{ij}(p). \qquad \square$$

▶ **Bemerkung 4.2.5** Im Falle einer Untermannigfaltigkeit $M \subseteq \mathbb{R}^n$ läuft die Korrespondenz zwischen tangentialer Komponente w^T von w und Tangentialvektor v von M auf die übliche Identifizierung der Tangentialräume von M mit linearen Unterräumen des $\mathbb{R}^n$ hinaus und ist in diesem Sinne trivial.

Der innere Abstand

Die erste Fundamentalform ist so definiert, dass $df(p) \colon T_p M \longrightarrow \mathbb{R}^n$ für alle $p \in M$ Normen erhält. Länge und Energie einer stückweise glatten Kurve $c \colon [a,b] \longrightarrow M$ erklären wir nun wie zuvor,

$$L(c) = \int_a^b \|\dot{c}(t)\| \, dt \quad \text{und} \quad E(c) = \frac{1}{2} \int_a^b \|\dot{c}(t)\|^2 dt. \qquad (4.2.11)$$

Wegen $d(f \circ c)/dt = df \circ \dot{c}$ ist dann $L(c) = L(f \circ c)$ und $E(c) = E(f \circ c)$.

In Folgerung 4.1.4 haben wir gesehen, dass der Abstand von Punkten in euklidischen Räumen durch Kurvenlängen realisiert wird. Damit kommen wir zur *inneren Metrik* bzw. zum *inneren Abstand d* von M,

$$d(p,q) = \inf L(c), \quad p,q \in M, \qquad (4.2.12)$$

wobei das Infimum über alle stückweise glatten Kurven c in M genommen wird, die von p nach q verlaufen. Die *äußere Metrik* $\|f(p) - f(q)\|$, $p,q \in M$, erfüllt daher $\|f(p) - f(q)\| \le d(p,q)$ (und ist nur eine echte Metrik, wenn f injektiv ist). Die äußere Metrik verlangt aber im Allgemeinen Messungen außerhalb von M bzw. dem Bild von f, denn die kürzesten Kurven zwischen Punkten in $\mathbb{R}^n$ sind Geraden, die in der Regel nicht in M bzw. dem Bild von f enthalten sind.

▶ **Bemerkung 4.2.6** Wir lassen ∞ als Wert von d zu: $d(p,q) = \infty$ gilt genau dann, wenn p und q in verschiedenen Zusammenhangskomponenten von M liegen.

Satz 4.2.7 *Die innere Metrik von M ist eine Metrik auf M, die die gegebene Topologie induziert.*

Beweis Sei $p \in M$ und $x: U \longrightarrow U'$ eine Karte von M um p mit $x(p) = 0$. Wähle $\varepsilon > 0$, sodass der offene euklidische Ball B' vom Radius ε um 0 in U' enthalten ist und für alle $q \in x^{-1}(B')$ und $\xi \in \mathbb{R}^m$ gilt

$$\varepsilon^2 \delta_{ij}\xi^i\xi^j \le g_{ij}(q)\xi^i\xi^j \le \varepsilon^{-2}\delta_{ij}\xi^i\xi^j.$$

Nun ist M hausdorffsch. Daher verläuft jeder stetige Weg von p zu einem Punkt q außerhalb von $B = x^{-1}(B')$ zunächst innerhalb von B bis zu $x^{-1}(\partial B')$. Ein solches Stück Weg hat die Länge $\ge \varepsilon^2$. Damit folgt $d(p,q) > 0$.

Für die Länge einer stückweise glatten Kurve c innerhalb von B gilt

$$\varepsilon L(c) \le L_E(x \circ c) \le L(c)/\varepsilon$$

nach Wahl von $\varepsilon > 0$, wobei $L_E(x \circ c)$ die euklidische Länge von $x \circ c$ bezeichnet. Diese Abschätzung überträgt sich damit auf den Abstand von p zu $q \in B$,

$$\varepsilon d(p,q) \le \|x(p) - x(q)\| \le d(p,q)/\varepsilon.$$

Damit folgt $d(p,q) > 0$, wenn immer $p \ne q$. Da d symmetrisch ist und die Dreiecksungleichung erfüllt, ist d eine Metrik auf M. Die Behauptung über die Topologie folgt unmittelbar aus der Abschätzung der Abstände in B.   □

▶ **Bemerkung 4.2.8** Weil f im Allgemeinen nicht injektiv sein muss, ist im Beweis der Positivität $d(p,q) > 0$ oben Vorsicht geboten.

Beispiel 4.2.9
Mit dem Argument aus dem Beweis von Satz 4.1.3 zeigen wir, dass der innere Abstand $d(x,y)$ auf der Sphäre S^m vom Radius 1 in $\mathbb{R}^{m+1}$ durch den Winkel $\angle(x,y)$ gegeben ist.

Zu gegebenem $x \in S^m$ wählen wir dazu $\varphi = \varphi(y) = \angle(x,y)$ als Ersatz für die Höhenfunktion h im Beweis von Satz 4.1.3. Nun können wir Punkte $y \in S^m \setminus \{\pm x\}$ eindeutig als

$$y = \cos(\varphi)x + \sin(\varphi)z$$

schreiben mit $z = z(y)$ im Äquator von x, also $\langle x, z \rangle = 0$ und $\langle z, z \rangle = 1$, und $\varphi = \varphi(y) \in (0, \pi)$. Die Funktion $\varphi: S^m \setminus \{\pm x\} \longrightarrow (0, \pi)$ ist glatt mit Gradient (vgl. Aufgabe 11)

$$(\text{grad}\,\varphi)(\cos(\varphi)x + \sin(\varphi)z) = -\sin(\varphi)x + \cos(\varphi)z.$$

Wir zeigen nun zunächst, dass $d(x, y) \geq \varphi(y)$ ist. Dazu reicht es nachzuweisen, dass jede stückweise glatte Kurve $c : [a, b] \longrightarrow S^m$ mit $c(a) = x$ Länge $L(c) \geq \varphi(c(b))$ hat. Zu diesem Zweck können wir annehmen, dass $a = \sup\{t \in [a, b] \mid c(t) = x\}$ und $b = \inf\{t \in [a, b] \mid \varphi(c(t)) = \varphi(c(b))\}$ ist. Für alle $t \in (a, b)$ liegt dann $c(t)$ in $S^m \setminus \{\pm x\}$. Weil $\| \operatorname{grad} \varphi \| = 1$ ist, erhalten wir

$$L(c) = \int\limits_a^b \|\dot{c}(t)\|\, dt \geq \int\limits_a^b \langle \operatorname{grad} \varphi(c(t)), \dot{c}(t) \rangle\, dt = \varphi(y).$$

Andererseits ist der Großkreisbogen

$$c \colon [0, 1] \longrightarrow S^m, \quad c(t) = \cos(t\varphi(y))x + \sin(t\varphi(y))z(y)$$

glatt mit Länge $\varphi(y) = \angle(x, y)$. Damit folgt die Behauptung $d(x, y) = \angle(x, y)$. Es folgt auch, dass kürzeste Verbindungskurven monotone Reparametrisierungen von Großkreisbögen sind.

Variationen und Geodätische

Wir befassen uns nun mit der Frage, welche Bedingungen eine stückweise glatte Kurve $c \colon [a, b] \longrightarrow M$ erfüllen muss, die die kürzeste Verbindung ihrer Endpunkte $p = c(a)$ und $q = c(b)$ ist. Wir betrachten dazu die Länge L als ein Funktional auf dem Raum der stückweise glatten Kurven von p nach q.[7] Die Kürzesten sind dann die Kurven, in denen L ein Minimum annimmt, sind also kritische Punkte von L. Um diesen Begriff kritischer Punkte von L genau zu fassen, betrachtet man glatte Familien stückweise glatter Kurven, sogenannte Variationen, sodass L längs dieser Familien differenzierbar ist. In einem Spezialfall sind uns Variationen schon begegnet, vgl. (4.1.11) und (4.1.12).

Definition 4.2.10

Eine *Variation* von c ist eine Abbildung

$$h \colon (-\varepsilon, \varepsilon) \times [a, b] \longrightarrow M \quad \text{mit} \quad h(0, t) = c(t),$$

sodass eine Unterteilung $a = t_0 < t_1 < \cdots < t_k = b$ von $[a, b]$ existiert, sodass die Einschränkung von h auf $(-\varepsilon, \varepsilon) \times [t_{i-1}, t_i]$ für alle $1 \leq i \leq k$ glatt ist.

Die Kurven $c_s := h(s, \cdot)$ nennen wir die *Kurven der Variation* und das stückweise glatte Vektorfeld $V = V(t) = (\partial_s h)(0, t)$ längs c das *Variationsfeld* von h, s. Abb. 4.3. Statt h schreiben wir auch (c_s). Wir nennen eine Variation $h = (c_s)$ von $c = c_0$ *eigentlich*, wenn $c_s(a) = c(a)$ und $c_s(b) = c(b)$ ist für alle $s \in (-\varepsilon, \varepsilon)$.

Sei $c \colon [a, b] \longrightarrow M$ eine stückweise glatte Kurve. Wie im glatten Fall nennen wir c *regulär*, wenn $\dot{c}(t) \neq 0$ ist für alle $t \in [a, b]$. Sei nun c regulär und $h = (c_s)$ eine

---

[7] Weil der Definitionsbereich von L ein Raum von Abbildungen ist, nennt man L nicht einfach nur eine Funktion, sondern vornehm ein *Funktional*, was aber keine tiefere Bedeutung hat.

Abb. 4.3 Eine Variation

Variation von $c = c_0$. Dann sind auch die c_s regulär, wenn wir nur genügend kleine s betrachten. Nach Definition der ersten Fundamentalform gilt

$$\|\dot{c}_s(t)\| = \|\partial_t(f \circ h)(s,t)\|.$$

Mit einer Unterteilung wie in Definition 4.2.10 folgt daher, dass $\|\dot{c}_s(t)\|$ glatt auf den Rechtecken $(-\varepsilon, \varepsilon) \times [t_{i-1}, t_i]$, $1 \le i \le k$, ist. Damit folgt, dass die Längen $L(c_s)$ glatt von s abhängen.

Definition 4.2.11

Sei $c \colon [a,b] \longrightarrow M$ regulär und $h = (c_s)$ eine Variation von $c = c_0$. Dann nennen wir die Ableitung δL von $L(c_s)$ nach s in $s = 0$ die *erste Variation der Bogenlänge* von (c_s).

Satz 4.2.12 *Sei* $c \colon [a,b] \longrightarrow M$ *stückweise glatt mit konstantem Tempo* $T \neq 0$. *Für eine Variation* $h = (c_s)$ *von* $c = c_0$ *mit Variationsfeld* V *ist dann*

$$\delta L = \frac{1}{T}\left[\sum_{i=1}^{k}\langle V, \dot{c}\rangle\big|_{t_{i-1}}^{t_i} - \int_a^b \langle df \circ V, \frac{d^2(f \circ c)}{dt^2}\rangle\, dt\right]$$

$$= \frac{1}{T}\left[\langle V, \dot{c}\rangle\big|_a^b + \sum_{i=1}^{k-1}\langle V(t_i), \Delta_i\rangle - \int_a^b \langle df \circ V, \frac{d^2(f \circ c)}{dt^2}\rangle\, dt\right]$$

mit $\Delta_i := \dot{c}(t_i-) - \dot{c}(t_i+)$, $1 \le i \le k-1$.

Beweis Wir können annehmen, dass $\dot{c}_s(t) \neq 0$ ist für alle s und t. Dann ist $\|\dot{c}_s(t)\|$ glatt auf den Rechtecken $(-\varepsilon, \varepsilon) \times [t_{i-1}, t_i]$ wie in Definition 4.2.10. Daher ist

$$\frac{d(L(c_s))}{ds} = \frac{d}{ds}\left(\int_a^b \|\dot{c}_s(t)\|\, dt\right)$$

$$= \int_a^b \frac{d}{ds}\sqrt{\langle \partial_t(f \circ h), \partial_t(f \circ h)\rangle}\, dt.$$

Mit der Voraussetzung $\|\dot{c}(t)\| = T = \text{const}$ erhalten wir damit

$$\delta L = \frac{1}{T} \int_a^b \langle \partial_s \partial_t (f \circ h), \partial_t (f \circ h) \rangle (0, t) \, dt$$

$$= \frac{1}{T} \int_a^b \langle \partial_t \partial_s (f \circ h), \partial_t (f \circ h) \rangle (0, t) \, dt$$

$$= \frac{1}{T} \int_a^b \partial_t \langle \partial_s (f \circ h), \partial_t (f \circ h) \rangle (0, t) \, dt - \frac{1}{T} \int_a^b \langle \partial_s (f \circ h), \partial_t^2 (f \circ h) \rangle (0, t) \, dt$$

$$= \frac{1}{T} \sum_{i=1}^k \langle \partial_s (f \circ h), \partial_t (f \circ h) \rangle (0, t) \Big|_{t_{i-1}}^{t_i} - \frac{1}{T} \int_a^b \langle \partial_s (f \circ h), \partial_t^2 (f \circ h) \rangle (0, t) \, dt.$$

In $s = 0$ gilt aber nach Definition

$$\partial_s (f \circ h) = df \circ V, \quad \partial_t (f \circ h) = df \circ \dot{c} \quad \text{und} \quad \partial_t^2 (f \circ h) = \frac{d^2 (f \circ c)}{dt^2}. \qquad \square$$

Wir kommen damit zu einem Resultat von Johann Bernoulli[8] aus dem Jahre 1698 (nicht publiziert), einem der ersten Resultate in der Differentialgeometrie überhaupt; vgl. [HT, S. 117].

Satz 4.2.13 *Eine stückweise glatte Kurve $c: [a, b] \longrightarrow M$ hat genau dann konstantes Tempo T und erste Variation der Bogenlänge $\delta L = 0$ für jede eigentliche Variation von c, wenn c glatt ist und die tangentiale Komponente der zweiten Ableitung von $f \circ c$ verschwindet.*

Beweis Wir nehmen zunächst an, dass c glatt ist und die tangentiale Komponente der zweiten Ableitung von $f \circ c$ verschwindet. Nach Definition der ersten Fundamentalform ist dann

$$\frac{d}{dt} \langle \dot{c}, \dot{c} \rangle = \frac{d}{dt} \left\langle \frac{d(f \circ c)}{dt}, \frac{d(f \circ c)}{dt} \right\rangle = 2 \left\langle \frac{d(f \circ c)}{dt}, \frac{d^2 (f \circ c)}{dt^2} \right\rangle = 0,$$

denn $d(f \circ c)/dt$ ist tangential an f. Also hat c konstantes Tempo T.

Wir können nun weiter annehmen, dass c nicht konstant, also dass $T > 0$ ist. Sei $h = (c_s)$ eine eigentliche Variation von $c = c_0$ mit Variationsfeld V.

---

[8] Johann Bernoulli (1667–1748). Er diskutierte natürlich nur Kurven auf Flächen im $\mathbb{R}^3$, was aber in der Argumentation auf dasselbe hinausläuft.

Weil h eigentlich und c glatt ist, folgt $V(a) = 0$, $V(b) = 0$ und $\Delta_i = 0$, $1 \leq i \leq k - 1$. Damit verschwinden die ersten Terme in der Formel für δL. Nun verschwindet der Integrand des Integrals punktweise, denn $df \circ V$ ist tangential und $d^2(f \circ c)/dt^2$ ist normal zu f. Also ist $\delta L = 0$.

Für die umgekehrte Richtung können wir annehmen, dass c nicht konstant ist. Sei dann $a = t_0 < t_1 < \cdots < t_k = b$ eine Unterteilung, sodass c auf den Intervallen $[t_{i-1}, t_i]$ glatt ist. Wir zeigen nun zunächst, dass die tangentiale Komponente der zweiten Ableitung von $f \circ c$ auf den Intervallen $[t_{i-1}, t_i]$ verschwindet. Da die tangentiale Komponente nach Lemma 4.2.4 auf diesen Intervallen glatt ist, reicht es zu zeigen, dass sie auf den offenen Intervallen (t_{i-1}, t_i) verschwindet. Wir nehmen einmal an, dass dies in einem $t' \in (t_{i-1}, t_i)$ nicht der Fall ist. Dann gibt es einen Vektor $v \in T_{c(t')}M$ mit

$$\left\langle df(c(t'))(v), \frac{d^2(f \circ c)}{dt^2}(t') \right\rangle > 0.$$

Sei nun (U, x) eine Karte von M um $c(t')$, und sei $\xi \in \mathbb{R}^m$ der Hauptteil von v bezüglich x. Dann ist

$$v = \xi^i \frac{\partial}{\partial x^i}\Big|_{c(t')} \quad \text{und} \quad df(c(t')) \cdot v = \xi^i \frac{\partial f}{\partial x^i}(c(t')).$$

Weil die Ableitungen von f und c stetig sind, gibt es ein $\varepsilon > 0$ mit $(t' - \varepsilon, t' + \varepsilon) \subseteq (t_{i-1}, t_i)$, sodass $c((t' - \varepsilon, t' + \varepsilon)) \subseteq U$ und

$$\left\langle \xi^i \frac{\partial f}{\partial x^i}(c(t)), \frac{d^2(f \circ c)}{dt^2}(t) \right\rangle > 0$$

ist für alle $t \in (t' - \varepsilon, t' + \varepsilon)$. Sei nun $\varphi \colon \mathbb{R} \longrightarrow \mathbb{R}$ eine Glockenfunktion mit

$$0 \leq \varphi \leq 1, \quad \operatorname{supp} \varphi \subseteq (t' - \varepsilon, t' + \varepsilon), \quad \text{und} \quad \varphi(t') = 1.$$

Setze

$$h(s, t) = \begin{cases} x^{-1}\big(x(c(t)) + s\,\varphi(t)\,\xi\big) & \text{für } t \in (t' - \varepsilon, t' + \varepsilon), \\ c(t) & \text{sonst.} \end{cases}$$

Dann ist h eine eigentliche Variation von c. Das Variationsfeld V von h erfüllt

$$df(c(t))(V(t)) = \varphi(t)\,\xi^i \frac{\partial f}{\partial x^i}(c(t))$$

für alle $t \in (t' - \varepsilon, t' + \varepsilon)$ und $V(t) = 0$ sonst. Nach Wahl von v bzw. ξ hat dies aber $\delta L \neq 0$ zur Folge, ein Widerspruch. Daher verschwindet die tangentiale Komponente der zweiten Ableitung von $f \circ c$ auf den Intervallen $[t_{i-1}, t_i]$.

Wir zeigen nun als Nächstes, dass c stetig differenzierbar, also dass $\dot{c}(t_i-) = \dot{c}(t_i+)$ ist für alle $0 < i < k$. Um wieder zum Widerspruch zu kommen, nehmen wir an, dass $\Delta_i = \dot{c}(t_i-) - \dot{c}(t_i+) \neq 0$ ist für ein solches i. Wir wählen wieder eine Karte (U, x) von M, dieses Mal um $c(t_i)$, und eine Glockenfunktion φ wie oben, aber nun mit Träger in $(t_i - \varepsilon, t_i + \varepsilon) \subseteq (t_{i-1}, t_{i+1})$ und mit $\varphi(t_i) = 1$, sodass $c((t_i - \varepsilon, t_i + \varepsilon)) \subseteq U$, und erklären eine eigentliche Variation h von c wie oben, wobei ξ^i die Koeffizienten von Δ_i bezüglich x sind. Da schon die tangentialen Ableitungen von $f \circ c$ normal zu f sind, folgt $\delta L = \langle V(t_i), \Delta_i \rangle = \|\Delta_i\|^2 \neq 0$, ein Widerspruch. Also ist c stetig differenzierbar.

Nun bleibt noch zu zeigen, dass c glatt ist. Dazu berufen wir uns auf die Diskussion, die unten folgt: Nach Wahl der t_i ist c auf den Intervallen $[t_{i-1}, t_i]$ schon glatt. Sei nun $0 < i < k$ und (U, x) eine Karte um $c(t_i)$. Sei $\varepsilon > 0$ so gewählt, dass $c((t_i - \varepsilon, t_i + \varepsilon))$ in U enthalten ist. Weil die tangentiale Komponente der zweiten Ableitung von $f \circ c$ auf den Intervallen $(t_i - \varepsilon, t_i]$ und $[t_i, t_i + \varepsilon)$ verschwindet, erfüllen die $c^j := x^j \circ c$ auf diesen Intervallen die gewöhnlichen Differentialgleichungen (4.2.17) zweiter Ordnung. Nun stimmen die Werte und die Ableitungen der $c^j|_{(t_i-\varepsilon,t_i]}$ und $c^j|_{[t_i,t_i+\varepsilon)}$ in $t = t_i$ jeweils überein, denn c ist stetig differenzierbar. Also lösen die c^j die Gleichungen (4.2.17) auf $(t_i - \varepsilon, t_i + \varepsilon)$. Weil die Koeffizienten Γ_{ij}^k der Gleichungen glatt sind, sind die c^j auf diesen Intervallen glatt. Daher ist c glatt auf $(t_i - \varepsilon, t_i + \varepsilon)$ und damit auf $[a, b]$. $\qquad\square$

Definition 4.2.14

Wir nennen eine glatte Kurve $c\colon I \longrightarrow M$ eine *Geodätische*, wenn die tangentiale Komponente der zweiten Ableitung von $f \circ c$ verschwindet,

$$\left[\frac{d^2(f \circ c)}{dt^2} \right]^T = 0.$$

Beispiel 4.2.15

Seien $p, q \in M$. Es gebe eine Kurve $c_0\colon [a, b] \longrightarrow M$ so, dass $f \circ c_0$ die mit konstanter Geschwindigkeit durchlaufene Strecke im $\mathbb{R}^n$ von $f(p)$ nach $f(q)$ ist. Dann ist c_0 glatt und hat konstantes Tempo $\|f(q) - f(p)\|/|b - a|$. Die zweite Ableitung von $f \circ c_0$ verschwindet, also ist c_0 eine Geodätische.

Unter allen stückweise glatten Kurven in $\mathbb{R}^n$ von $f(p)$ nach $f(q)$ ist $f \circ c_0$ die kürzeste, damit *argumentum a fortiori* unter allen Kurven der Form $f \circ c$. Daher ist c_0 die kürzeste Verbindung von p nach q in M, die erste Variation der Bogenlänge jeder eigentlichen Variation von c_0 muss also verschwinden. Also sehen wir auch auf diese Weise, dass c_0 eine Geodätische ist.

Bei den Regelflächen wie in Beispiel 4.2.3 4) sind die Erzeugenden $t = \text{const}$ Geraden im $\mathbb{R}^3$, damit also Geodätische der jeweiligen Fläche.

Kovariante Ableitung und Geodätische

Die Definitionen der Länge stückweise glatter Kurven in M und der Geodätischen als kritische Punkte des Längenfunktionals involvieren nur die erste Fundamentalform von M bzw. f. Wir suchen daher nach einer Formel für Geodätische, die nur die erste Fundamentalform benötigt. Es ist dazu zweckmäßig, etwas weiter auszuholen. Sei $X\colon I \longrightarrow TM$

ein glattes *Vektorfeld längs* c, d. h., $X(t) \in T_{c(t)}M$ für alle $t \in I$. Dann ist $Xf = df \circ X$ ein glattes tangentiales Vektorfeld längs $f \circ c$. Im Allgemeinen ist $d(Xf)/dt$ nicht mehr tangential an f. Dem tangentialen Anteil von $d(Xf)/dt$ gilt unser Augenmerk. Siehe auch Lemma 4.2.4.

Definition 4.2.16

Das eindeutige Vektorfeld $X': I \longrightarrow TM$ längs c mit

$$df \circ X' = [d(Xf)/dt]^T$$

nennen wir die *kovariante Ableitung* von X und schreiben auch $\nabla X/dt$ statt X'. Wir nennen X *parallel* (längs c), wenn $X' = 0$ ist.

Geodätische sind damit nach Definition 4.2.14 durch die Bedingung charakterisiert, dass die kovariante Ableitung $\nabla \dot{c}/dt$ verschwindet oder, in anderen Worten, dass $\dot{c}$ parallel längs c ist.

▶ **Bemerkungen 4.2.17**

1) Meines Wissens verdanken wir Levi-Civita[9] die Einsicht, dass die orthogonale Projektion auf die tangentiale Komponente wie in Definition 4.2.16 zu einer sinnvollen Art der Ableitung, der kovarianten Ableitung führt.

2) Für ein Vektorfeld X längs einer Kurve c in M ist X' wieder ein Vektorfeld längs c, während die gewöhnliche Ableitung $\dot{X}$ von X Werte in TTM hat. Die zweite Ableitung $\ddot{X}$ hat schon Werte in $TTTM$ usw. Höhere kovariante Ableitungen von X bleiben demgegenüber immer noch Vektorfelder längs c.

3) Die Strategie, orthogonale Projektionen der gewöhnlichen Ableitungen zu betrachten, haben wir schon bei den Normalenfeldern von Kurven kennengelernt; s. Definition 4.1.13 und die darauf folgende Diskussion.

Wir diskutieren nun zunächst die Berechnung kovarianter Ableitungen in Termen lokaler Koordinaten. Sei (U, x) eine Karte von M und $c: I \longrightarrow U$ eine glatte Kurve. Sei $X: I \longrightarrow M$ ein glattes Vektorfeld längs c. Dann gilt

$$X = \xi^i \frac{\partial}{\partial x^i} \quad \text{und} \quad Xf = df \circ X = \xi^i \frac{\partial f}{\partial x^i} \quad \text{mit} \quad \xi^j = \left\langle X, \frac{\partial}{\partial x^i} \right\rangle g^{ij},$$

wobei diese Gleichungen als Gleichungen längs c zu lesen sind. Mit $c^i := x^i \circ c$ und wegen $f \circ c = (f \circ x^{-1}) \circ (x \circ c)$ erhalten wir daher

$$\frac{d(Xf)}{dt} = \frac{d}{dt}\left(\xi^i \frac{\partial f}{\partial x^i}\right) = \dot{\xi}^i \frac{\partial f}{\partial x^i} + \dot{c}^j \xi^i \frac{\partial^2 f}{\partial x^j \partial x^i}. \tag{4.2.13}$$

---

[9] Tullio Levi-Civita (1873–1941)

Weil die $\partial f / \partial x^i$ tangential an f sind, ist der erste Term rechts schon tangential an f. Der zweite Term ist eine Linearkombination der zweiten partiellen Ableitungen von f bezüglich x und im Allgemeinen nicht tangential an f. Die tangentialen Komponenten der zweiten partiellen Ableitungen sind aber punktweise Linearkombinationen der ersten partiellen Ableitungen, die ja Basen der $T_p f$ sind,

$$\left[\frac{\partial^2 f}{\partial x^i \partial x^j}\right]^T =: \Gamma_{ij}^k \frac{\partial f}{\partial x^k}. \tag{4.2.14}$$

Die Koeffizienten $\Gamma_{ij}^k : U \longrightarrow \mathbb{R}$ heißen *Christoffelsymbole*[10]. Insgesamt berechnet sich die kovariante Ableitung von X nach Definition 4.2.16 und (4.2.13) damit zu

$$\frac{\nabla X}{dt} = X' = \left(\dot{\xi}^k + \Gamma_{ij}^k \dot{c}^i \xi^j\right)\frac{\partial}{\partial x^k}, \tag{4.2.15}$$

wobei die Γ_{ij}^k streng genommen als $\Gamma_{ij}^k \circ c$ zu lesen sind. Nach Lemma 4.2.4 oder auch nach Satz 4.2.23 unten sind die Christoffelsymbole glatt. Daher ist die kovariante Ableitung von X ebenfalls glatt. Da die zweiten partiellen Ableitungen $\partial^2 f / \partial x^i \partial x^j$ symmetrisch in i und j sind, sind die Christoffelsymbole symmetrisch in den beiden unteren Indizes, $\Gamma_{ij}^k = \Gamma_{ji}^k$.

> **Satz 4.2.18** *Seien X und Y glatte Vektorfelder längs c. Dann gilt:*
>
> *1. (Linearität) Für $\alpha, \beta \in \mathbb{R}$ ist $(\alpha X + \beta Y)' = \alpha X' + \beta Y'$.*
> *2. (Produktregel 1) Für glatte $\varphi \colon I \longrightarrow \mathbb{R}$ gilt $(\varphi X)' = \dot{\varphi} X + \varphi X'$.*
> *3. (Produktregel 2) Die Funktion $\langle X, Y\rangle$ hat Ableitung $\langle X', Y\rangle + \langle X, Y'\rangle$.*

Beweis Behauptungen 1. und 2. folgen sofort aus Definition 4.2.16 oder auch (4.2.15). Nach Definition der ersten Fundamentalform gilt ferner $\langle X, Y\rangle = \langle Xf, Yf\rangle$, also

$$d\langle X, Y\rangle/dt = d\langle Xf, Yf\rangle/dt = \langle d(Xf)/dt, Yf\rangle + \langle Xf, d(Yf)/dt\rangle$$
$$= \langle df \circ X', df \circ Y\rangle + \langle df \circ X, df \circ Y'\rangle = \langle X', Y\rangle + \langle X, Y'\rangle,$$

wobei wir beim Übergang von der ersten zur zweiten Zeile ausnützen, dass im ersten Term der normale Anteil von $d(Xf)/dt$ per Definition senkrecht zu f und damit zu $Yf = df \circ Y$ ist und analog beim zweiten Term. $\square$

> **Folgerung 4.2.19** *Für parallele Vektorfelder X und Y längs c gilt:*
>
> *1. Linearkombinationen $\alpha X + \beta Y$ sind ebenfalls parallel längs c.*
> *2. Die Funktion $\langle X, Y\rangle$ ist konstant.* $\square$

---

[10] Elwin Bruno Christoffel (1829–1900)

Sei $W \subseteq \mathbb{R}^2 = \{(s,t) \mid s,t \in \mathbb{R}\}$ eine offene Teilmenge, und sei $\varphi : W \longrightarrow M$ glatt. Dann sind die partiellen Ableitungen $\partial\varphi/\partial s$ und $\partial\varphi/\partial t$ Vektorfelder längs der s- und t-Parameterlinien. Wir können daher ihre kovarianten Ableitungen längs dieser Kurven betrachten.

Satz 4.2.20 *Sei W eine offene Teilmenge der (s,t)-Ebene und $\varphi : W \longrightarrow M$ glatt. Dann ist*

$$\frac{\nabla}{\partial s}\frac{\partial\varphi}{\partial t} = \frac{\nabla}{\partial t}\frac{\partial\varphi}{\partial s}.$$

Beweis Nach Definition gilt

$$\frac{\nabla}{\partial s}\frac{\partial\varphi}{\partial t} = \left[\frac{\partial^2\varphi}{\partial s\partial t}\right]^T = \left[\frac{\partial^2\varphi}{\partial t\partial s}\right]^T = \frac{\nabla}{\partial t}\frac{\partial\varphi}{\partial s}. \qquad \square$$

Bezüglich lokaler Koordinaten x ist mit (4.2.15) ein Vektorfeld X längs einer glatten Kurve c parallel im Sinne von Definition 4.2.16, wenn die Koeffizienten ξ^i von X bezüglich x die gewöhnliche Differentialgleichung

$$\dot{\xi}^k + \Gamma_{ij}^k \dot{c}^i \xi^j = 0 \qquad (4.2.16)$$

erster Ordnung lösen. Die Gleichung ist linear in den ξ^i, maximale Lösungen sind daher jeweils auf dem ganzen Definitionsbereich der Differentialgleichung definiert.

Folgerung 4.2.21 *Sei $c : I \longrightarrow M$ eine glatte Kurve und $t_0 \in I$. Dann gilt:*

1. Zu $v \in T_{c(t_0)}f$ gibt es genau ein paralleles Vektorfeld X längs c mit $X(t_0) = v$.

2. Zu einer Basis $(v_1,\ldots,v_m)$ von $T_{c(t_0)}M$ und den parallelen Vektorfeldern X_i längs c mit $X_i(t_0) = v_i$ ist $(X_1(t),\ldots,X_m(t))$ für alle $t \in I$ eine Basis von $T_{c(t)}M$. Ferner gilt $\langle X_i(t), X_j(t)\rangle = \langle v_i, v_j\rangle$. $\qquad \square$

Nach Definition sind Geodätische glatte Kurven c mit $\nabla\dot{c}/dt = 0$. Damit sind sie nach (4.2.16) als Lösungen der gewöhnlichen Differentialgleichung

$$\ddot{c}^k + \Gamma_{ij}^k \dot{c}^i \dot{c}^j = 0 \qquad (4.2.17)$$

zweiter Ordnung charakterisiert. Im Gegensatz zu (4.2.16) ist diese Gleichung aber nicht linear in den gesuchten Lösungen. Immerhin können wir aber einige wichtige Folgerungen daraus ziehen, dass Geodätische Lösungen einer gewöhnlichen Differentialgleichung sind:

Folgerung 4.2.22

1. Falls $c_1: I_1 \longrightarrow M$ und $c_2: I_2 \longrightarrow M$ Geodätische sind mit $I_1 \cap I_2 \neq \emptyset$ und $c_1|_{I_1 \cap I_2} = c_2|_{I_1 \cap I_2}$, so ist die Zusammensetzung $c: I_1 \cup I_2 \longrightarrow M$ von c_1 und c_2 ebenfalls eine Geodätische.

2. Falls c eine Geodätische ist, so auch $\tilde{c} = \tilde{c}(t) = c(at + b)$ für alle $a, b \in \mathbb{R}$.

3. Zu $t \in \mathbb{R}$, $p \in M$, und $v \in T_p M$ gibt es genau eine maximale Geodätische $c: I \longrightarrow M$ mit $c(t) = p$ und $\dot{c}(t) = v$. $\square$

Mit *maximal* ist gemeint, dass der Definitionsbereich jeder anderen Geodätischen mit den gegebenen Anfangsbedingungen in I enthalten ist. Insbesondere ist I dann offen, denn in lokalen Koordinaten sind Geodätische Lösungen der Differentialgleichung (4.2.17).

Satz 4.2.23 *Die einer Karte x von M zugeordneten Christoffelsymbole berechnen sich aus den x zugeordneten Koeffizienten der ersten Fundamentalform vermöge*

$$\Gamma_{ij}^l = \frac{1}{2} g^{kl} \left(\frac{\partial g_{jk}}{\partial x^i} + \frac{\partial g_{ik}}{\partial x^j} - \frac{\partial g_{ij}}{\partial x^k} \right).$$

Beweis Es ist

$$\frac{\partial g_{ij}}{\partial x^k} = \frac{\partial}{\partial x^k} \left\langle \frac{\partial f}{\partial x^i}, \frac{\partial f}{\partial x^j} \right\rangle = \left\langle \frac{\partial^2 f}{\partial x^k \partial x^i}, \frac{\partial f}{\partial x^j} \right\rangle + \left\langle \frac{\partial f}{\partial x^i}, \frac{\partial^2 f}{\partial x^k \partial x^j} \right\rangle.$$

Nun sind $\partial f / \partial x^j$ und $\partial f / \partial x^i$ tangential an f, also zählen rechts nur die tangentialen Komponenten der zweiten partiellen Ableitungen von f. Mit (4.2.14) erhalten wir damit

$$\frac{\partial g_{ij}}{\partial x^k} = \left\langle \Gamma_{ki}^l \frac{\partial f}{\partial x^l}, \frac{\partial f}{\partial x^j} \right\rangle + \left\langle \frac{\partial f}{\partial x^i}, \Gamma_{kj}^l \frac{\partial f}{\partial x^l} \right\rangle = \Gamma_{ki}^l g_{lj} + \Gamma_{kj}^l g_{il},$$

und entsprechend für $\partial g_{jk} / \partial x^i$ und $\partial g_{ik} / \partial x^j$. Mithilfe der Symmetrie der unteren Indizes der Christoffelsymbole erhalten wir damit

$$\frac{\partial g_{jk}}{\partial x^i} + \frac{\partial g_{ik}}{\partial x^j} - \frac{\partial g_{ij}}{\partial x^k} = 2 \Gamma_{ij}^l g_{lk}.$$

Daher ist schließlich

$$
\begin{aligned}
2\Gamma_{ij}^l = 2\Gamma_{ij}^\mu \delta_\mu^l &= 2\Gamma_{ij}^\mu (g_{\mu k} g^{kl}) \\
&= 2 \left(\Gamma_{ij}^\mu g_{\mu k} \right) g^{kl} = g^{kl} \left(\frac{\partial g_{jk}}{\partial x^i} + \frac{\partial g_{ik}}{\partial x^j} - \frac{\partial g_{ij}}{\partial x^k} \right).
\end{aligned}
$$ $\square$

Die Christoffelsymbole lassen sich damit aus den Koeffizienten der ersten Fundamentalform und ihren Ableitungen berechnen. Daher sind sie Größen der inneren Geometrie! Mit (4.2.16) und (4.2.17) werden somit auch Geodätische und parallele Vektorfelder explizit als Objekte der inneren Geometrie charakterisiert.

4.3 Äußere Geometrie

Der Tangentialraum $T_p f$ approximiert das Bild von f um p in erster Ordnung, beschreibt aber nicht, wie sich das Bild im umgebenden Raum krümmt. Wie im Falle von Kurven betrachten wir daher Approximationen zweiter Ordnung.

Zu $p \in M$ betrachten wir die orthogonale Aufspaltung $\mathbb{R}^n = T_p f \oplus N_p f$ mit den entsprechenden Projektionen π_p^T und π_p^N, vgl. (4.2.1) und (4.2.3). Für die glatte Abbildung

$$x : M \longrightarrow T_p f, \quad x(q) = \pi_p^T(f(q) - f(p)), \tag{4.3.1}$$

gilt dann $x(p) = 0$ und, weil π_p^T linear ist, $dx(p) = \pi_p^T \circ df(p) = df(p)$. Daher ist $dx(p) : T_p M \longrightarrow T_p f$ ein Isomorphismus. Der Umkehrsatz impliziert somit, dass es offene Umgebungen U von p in M und U' von 0 in $T_p f$ gibt, sodass $x : U \longrightarrow U'$ ein Diffeomorphismus mit $x(p) = 0$ und $dx(p) = df(p)$ ist. Bis auf die Wahl eines Isomorphismus $T_p f \simeq \mathbb{R}^m$ ist (U, x) daher eine Karte von M um p, und zwar die an die Lage von M um p im umgebenden Raum $\mathbb{R}^n$ am besten angepasste.

Satz 4.3.1 (Lokale Normalform) *Sei $h = \pi_p^N \circ (f - f(p)) \circ x^{-1} : U' \longrightarrow N_p f$ die $N_p f$-Komponente von $(f - f(p)) \circ x^{-1}$. Dann ist $h(0) = 0$, $dh(0) = 0$ und*

$$(f \circ x^{-1})(u) = f(p) + u + h(u) \quad \text{für alle } u \in U'.$$

Beweis Wegen $x^{-1}(0) = p$ ist $h(0) = 0$. Ferner gilt

$$dh(0) = \pi_p^N \circ df(p) \circ dx^{-1}(0).$$

Nun ist im $df(p) = T_p f$, also ist $\pi_p^N \circ df(p) = 0$. Der Rest ist klar. $\square$

Nach Satz 4.3.1 ist die Taylorentwicklung von h um 0 durch

$$h(u) = \frac{1}{2} H_p(u, u) + \text{Terme dritter oder höherer Ordnung in } u \tag{4.3.2}$$

gegeben, wobei $H_p := D^2 h|_0$. Bis auf die Translation mit $f(p)$ und Terme dritter oder höherer Ordnung in u beschreibt daher

$$Q_p = \{u + v \in \mathbb{R}^n \mid u \in T_p f, \ v = H_p(u, u)/2 \in N_p f\} \tag{4.3.3}$$

das Bild von f um p. Wir nennen Q_p das *Schmiegparaboloid* an f in p. Das Schmiegpa-raboloid an f in p ist eine m-dimensionale Untermannigfaltigkeit des $\mathbb{R}^n$ und beschreibt $f - f(p)$ um p in zweiter Ordnung.

Mit der Karte (U, x) von M um p wie oben sei nun $c: I \longrightarrow U$ eine glatte Kurve mit $c(t_0) = p$ für ein $t_0 \in I$. Nach Satz 4.3.1 ist dann

$$f \circ c = (f \circ x^{-1}) \circ (x \circ c) = f(p) + x \circ c + h \circ (x \circ c).$$

Aus (4.3.2) folgt damit

$$\begin{aligned}
\frac{d^2(f \circ c)}{dt^2}(t_0) &= \frac{d^2(x \circ c + h \circ (x \circ c))}{dt^2}(t_0) \\
&= \frac{d^2(x \circ c)}{dt^2}(t_0) + H_p\big(dx(p)(\dot{c}(t_0)), dx(p)(\dot{c}(t_0))\big) \\
&= \frac{d^2(x \circ c)}{dt^2}(t_0) + H_p\big(df(p)(\dot{c}(t_0)), df(p)(\dot{c}(t_0))\big).
\end{aligned}$$

Der erste Term rechts ist tangential an, der zweite normal zu f in p. Deshalb ist die rechte Seite die orthogonale Zerlegung der zweiten Ableitung von $f \circ c$ in $t = t_0$. In diesem Abschnitt steht der zweite, normale Term im Blick.

Definition 4.3.2

Die symmetrische Bilinearform

$$S_p : T_p M \times T_p M \longrightarrow N_p f, \quad S_p(v, w) := H_p(df(p)(v), df(p)(w)),$$

nennen wir die *zweite Fundamentalform* von f in p.

Die Rechnung oben können wir nun in folgender Gleichung zusammenfassen:

$$\frac{d^2(f \circ c)}{dt^2} = df \circ \frac{\nabla \dot{c}}{dt} + S(\dot{c}, \dot{c}), \tag{4.3.4}$$

wobei $\nabla \dot{c}/dt$ die kovariante Ableitung von $\dot{c}$ bezeichnet, s. Definition 4.2.16. Referenz-punkte haben wir in (4.3.4) der Lesbarkeit halber weggelassen. Der erste Term ist tangen-tial, der zweite normal zu f. Die zweite Fundamentalform S von f können wir mit (4.3.4) vermöge Polarisierung bestimmen, ohne die spezielle Karte x und die lokale Normalform von f wie in Satz 4.3.1 zu berechnen.

▶ **Bemerkung 4.3.3** In Definition 4.3.2 und (4.3.4) begegnet uns die natürliche Identifika-tion $df(p): T_p M \longrightarrow T_p f$ wieder, die im Falle von Untermannigfaltigkeiten die übliche Identifikation von $T_p M$ mit einem Unterraum des $\mathbb{R}^n$ ist und deshalb nicht mitgeschrieben wird. Für Untermannigfaltigkeiten vereinfachen sich die Formeln oben somit zu

$$S_p = H_p \quad \text{und} \quad \ddot{c} = \frac{\nabla \dot{c}}{dt} + S(\dot{c}, \dot{c}), \qquad (4.3.5)$$

wobei $\nabla \dot{c}/dt$ der tangentiale und $S(\dot{c}, \dot{c})$ der normale Anteil von $\ddot{c}$ ist.

Beispiele 4.3.4

1) Sei $M = I$ ein offenes Intervall und $c: I \longrightarrow \mathbb{R}^n$ eine reguläre Kurve, also eine Immersion. Für $t \in I$ ist dann $T_t c = \mathbb{R} \cdot e(t)$ mit $e(t) = \dot{c}(t)/\|\dot{c}(t)\|$ wie in (4.1.1). Die zweite Fundamentalform ordnet $\partial/\partial t$ den normalen Anteil von $\ddot{c}$ zu (in den jeweiligen Punkten), also $S(\partial/\partial t, \partial/\partial t) = \ddot{c} - \langle \ddot{c}, e \rangle e$. Die Länge dieser Vektoren ist $\kappa \cdot \|\dot{c}\|^2$, vgl. (4.1.4).

2) Sei $M = S_r^m \subseteq \mathbb{R}^{m+1}$ die Sphäre mit Mittelpunkt 0 und Radius r (und f die Inklusion). Zu $x \in S_r^m$ sei $U = \{y \in S_r^m \mid \langle x, y \rangle > 0\}$. Dann ist die orthogonale Projektion $\pi_x^T : U \longrightarrow T_x S_r^m = \{u \in \mathbb{R}^{m+1} \mid \langle x, u \rangle = 0\}$ ein Diffeomorphismus auf ihr Bild U' und damit eine Karte von S_r^m um x. Bis auf die Kollision bei den Benennungen entspricht sie der Karte in (4.3.1) und Satz 4.3.1, dort mit x bezeichnet. Wie in Satz 4.3.1 (für den Fall $f = $ Inklusion) können wir U nun als Graphen der Abbildung

$$h: U' \longrightarrow \mathbb{R} \, x = N_x S_r^m, \quad h(u) = \left(\sqrt{r^2 - \|u\|^2} - r \right) \frac{x}{r},$$

schreiben. Daher ist die zweite Fundamentalform von $M = S_r^m$ in x gegeben durch

$$S_x(v, w) = -\frac{\langle v, w \rangle}{r^2} \cdot x.$$

Mit (4.3.5) können wir $S_x(v, v)$ für einen Einheitsvektor $v \in T_x S_r^n$ auch dadurch bestimmen, dass wir den normalen Anteil der zweiten Ableitung einer glatten Kurve c durch x mit Ableitung $\dot{c}(0) = v$ bestimmen. Hier bietet sich die Kurve $c = c(t) = \cos(t)x + r\sin(t)v$ an, denn $\ddot{c} = -c$ ist sogar in allen Punkten normal zur Sphäre, ist also eine Geodätische, und damit folgt $S_x(rv, rv) = -x$. Polarisierung führt dann zu der oben auf anderem Wege erhaltenen Formel für S_x.

> **Satz 4.3.5** *Für glatte Vektorfelder X, Y auf M ist*
>
> $$S(X, Y) = [XYf]^N.$$

Beweis Sei $p \in M$ mit Karte x um p wie in (4.3.1) und Abbildung h wie in Satz 4.3.1. Wegen $dh(0) = 0$ folgt dann

$$[XYf]^N(p) = \left[X(df \circ Y) \right]^N(p) = X(d(h \circ x) \circ Y)(p)$$
$$= D^2 h(0) \big(df(p)(X(p)), df(p)(Y(p)) \big) = S_p(X(p), Y(p)). \qquad \square$$

Wegen (4.3.4) wussten wir schon, dass wir die spezielle Karte x wie in (4.3.1) und Abbildung h wie in Satz 4.3.1 nicht bestimmen müssen, um die zweite Fundamentalform zu berechnen. Satz 4.3.5 bringt dies noch einmal auf andere Weise auf den Punkt.

Sei nun $x : U \longrightarrow U'$ eine beliebige Karte von M. Aus Satz 4.3.5 folgt dann, dass die (vektorwertigen) Einträge der Fundamentalmatrix der zweiten Fundamentalform bezüglich x gegeben sind durch

$$h_{ij} := S\left(\frac{\partial}{\partial x^i}, \frac{\partial}{\partial x^j} \right) = \left[\frac{\partial^2 f}{\partial x^i \partial x^j} \right]^N. \tag{4.3.6}$$

Insgesamt folgt: Der tangentiale Anteil der zweiten Ableitungen von f bestimmt die Christoffelsymbole, s. (4.2.14), der normale Anteil die zweite Fundamentalform.

Hyperflächen

Der klassische Fall der Untermannigfaltigkeiten euklidischer Räume sind Flächen im $\mathbb{R}^3$. Weil die Diskussion im Wesentlichen dieselbe ist, betrachten wir Hyperflächen $M \subseteq \mathbb{R}^{m+1}$ bzw. Immersionen $f : M \longrightarrow \mathbb{R}^{m+1}$. Für alle $p \in M$ ist dann $\dim N_p f = 1$. Insbesondere enthält $N_p f$ genau zwei Einheitsvektoren. Für ein gegebenes $p \in M$ sei $n = n_p$ einer von diesen. Dann können wir die zweite Fundamentalform S_p schreiben als

$$S_p(v, w) = S_p^n(v, w)\, n_p \quad \text{mit} \quad S_p^n(v, w) := \langle S_p(v, w), n_p \rangle. \tag{4.3.7}$$

Wir nennen S_p^n die *zweite Fundamentalform von f in p bezüglich n_p*. Falls x eine Karte von M um p ist, so erhalten wir mit (4.3.6)

$$h_{ij}^n(p) := S_p^n\left(\frac{\partial}{\partial x^i}(p), \frac{\partial}{\partial x^j}(p) \right) = \left\langle \frac{\partial^2 f}{\partial x^i \partial x^j}(p), n_p \right\rangle \tag{4.3.8}$$

für die Koeffizienten der Fundamentalmatrix der zweiten Fundamentalform. Das Vorzeichen der $h_{ij}^n(p)$ hängt von der Wahl des Vektors $n = n_p$ ab.

Die *Weingarten-Abbildung*[11] ist der zur zweiten Fundamentalform gehörige selbstadjungierte Endomorphismus $L_p : T_p M \longrightarrow T_p M$, charakterisiert durch

$$\langle L_p v, w \rangle = S_p^n(v, w) \quad \text{für alle } v, w \in T_p M. \tag{4.3.9}$$

Aus der linearen Algebra wissen wir, dass die charakteristischen Werte und Richtungen einer symmetrischen Bilinearform auf einem euklidischen Vektorraum genau den Eigenwerten und Eigenrichtungen des zugehörigen selbstadjungierten Endomorphismus des Vektorraumes entsprechen, hier also charakteristische Werte und Richtungen der zweiten Fundamentalform den Eigenwerten und Eigenrichtungen der Weingartenabbildung.

---

[11] Julius Weingarten (1836–1910)

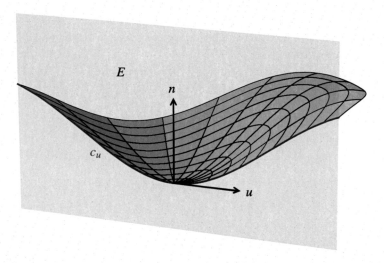

Abb. 4.4 Normalenschnitt

Definition 4.3.6

Die charakteristischen Werte der zweiten Fundamentalform S_p^n heißen *Hauptkrümmungen* und die entsprechenden Richtungen in $T_p M$ *Hauptkrümmungsrichtungen* von M bzw. f in p. Reguläre Kurven $c\colon I \longrightarrow M$, sodass $\dot c(t)$ für alle $t \in I$ Hauptkrümmungsrichtung ist, heißen *Krümmungslinien*.

Die Hauptkrümmungsrichtungen hängen nicht von der Wahl von n_p ab, bei den Hauptkrümmungen nur das Vorzeichen.

Wir beschreiben nun drei klassische Resultate für Flächen im $\mathbb{R}^3$, die mit der Korrespondenz zwischen symmetrischen Bilinearformen und selbstadjungierten Endomorphismen zusammenhängen:

1) Der *Satz von Rodrigues*[12] (1816) besagt, dass Minimum und Maximum der Funktion $S_p(v, v)$, wobei v die Einheitsvektoren in $T_p M$ durchläuft, in Eigenrichtungen von L_p angenommen werden.

2) Sei $E \subseteq \mathbb{R}^{m+1}$ eine affine Ebene durch $f(p)$, die tangential an n_p und einen Einheitsvektor $u \in T_p f$ ist. Sei ferner $x : U \longrightarrow U'$ die Karte wie in (4.3.1). Für eine glatte Kurve $c\colon I \longrightarrow U$ durch p ist damit das Bild von $\sigma := f \circ c$ genau dann in E enthalten, wenn $x \circ c$ in $\mathbb{R} \cdot u$ liegt. Falls dies gilt und $\dot\sigma(0)$ ein positives Vielfaches von u ist, so nennen wir σ einen *Normalenschnitt* von M bzw. f durch p in Richtung u, s. Abb. 4.4. Mit h wie in Satz 4.3.1 ist z. B.

$$\sigma_u = \sigma_u(t) = (f \circ x^{-1})(tu) = f(p) + tu + h(tu) \qquad (4.3.10)$$

---

[12] Benjamin Olinde Rodrigues (1794–1851)

ein solcher Normalenschnitt. Da sich Normalenschnitte in Richtung u lokal um $t = 0$ nur in der Parametrisierung unterscheiden, sind ihre orientierten Krümmungen (jeweils in $t = 0$) in der durch (u, n_p) orientierten Ebene E unabhängig von der Wahl des Normalenschnitts und damit eine Funktion des Einheitsvektors u, geschrieben als $\kappa_o(u)$. Der *Satz von Euler* besagt, dass κ_o (als Funktion von u) entweder konstant ist oder ihr Minimum und Maximum in zueinander senkrechten Richtungen annimmt. Um dies einzusehen, schreibe $u = df(p)(v)$ mit $v \in T_p M$. Mit σ_u wie oben ist dann $\langle \dot{\sigma}_u(0), \ddot{\sigma}_u(0) \rangle = 0$ und somit

$$\kappa_o(u) = \langle \ddot{\sigma}_u(0), n_p \rangle = S_p^n(v, v). \tag{4.3.11}$$

Damit entsprechen Minimum und Maximum der Funktion κ_o genau den Extremwerten der Funktion $S_p^n(v, v)$, wobei v die Einheitsvektoren in $T_p M$ durchläuft, und diese werden in zueinander senkrechten Richtungen angenommen, wenn die Funktion $S_p^n = S_p^n(v, v)$ nicht schon konstant ist.

3) Der *Satz von Meusnier*[13] (1776) ergänzt den Satz von Euler: Sei $v \in T_p M$ ein Einheitsvektor mit $S_p^n(v, v) \neq 0$ und $c: I \longrightarrow M$ eine glatte Kurve mit $c(0) = p$ und $\dot{c}(0) = v$. Für $\sigma := f \circ c$ sind dann $u := \dot{\sigma}(0) = df(p)(v)$ und $\ddot{\sigma}(0)$ linear unabhängig. Sei σ_u ein Normalenschnitt von f durch p in Richtung u. Meusniers Satz besagt nun, dass die orthogonale Projektion des Krümmungsmittelpunktes M_u von σ_u in $t = 0$ auf die affine Ebene E durch $f(p)$, die von $u = \dot{\sigma}(0)$ und $\ddot{\sigma}(0)$ aufgespannt wird, der Krümmungsmittelpunkt von σ in $t = 0$ ist. Weil nämlich $\dot{\sigma}(0)$ Norm 1 hat, ist die Krümmung von σ in $t = 0$ nach (4.1.4) durch $\| \ddot{\sigma}(0) - \langle \dot{\sigma}(0), \ddot{\sigma}(0) \rangle \dot{\sigma}(0) \|$ gegeben. Damit folgt Meusniers Satz aus (4.3.4) und (4.3.11), denn

$$\| \ddot{\sigma}(0) - \langle \dot{\sigma}(0), \ddot{\sigma}(0) \rangle \dot{\sigma}(0) \| \cos \theta = | \langle \ddot{\sigma}(0), n_p \rangle | = | S_p^n(v, v) |,$$

wobei $\theta \in [0, \pi/2)$ den Winkel zwischen E und $N_p f$ bezeichnet. Aus Meusniers Satz folgt insbesondere, dass die Krümmungskreise aller solchen $\sigma = f \circ c$ mit $\dot{c}(0) = v$ eine Sphäre mit Mittelpunkt M_u und Radius $1/|S_p^n(v, v)|$ bilden, die sogenannte *Meusnier'sche Sphäre*.

In jedem $p \in M$ haben wir die Wahl zwischen zwei Einheitsvektoren $\pm n_p$. Es ist natürlich unvorteilhaft, n_p jeweils für jeden Punkt separat zu wählen.

Definition 4.3.7
Für eine offene Teilmenge $W \subseteq M$ heißt eine glatte Abbildung $n : W \longrightarrow S^m \subseteq \mathbb{R}^{m+1}$ eine *Gauß-Abbildung* von M bzw. f, wenn $n_p = n(p) \in N_p f$ ist für alle $p \in W$.

---

[13] Jean Baptiste Marie Charles Meusnier de la Place (1754–1793)

Beispiel 4.3.8
Falls $m = 2$ und (U, x) eine Karte von M ist, so ist

$$\tilde{n} := \frac{\partial f}{\partial x^1} \times \frac{\partial f}{\partial x^2} \tag{4.3.12}$$

senkrecht zu f und daher $n := \tilde{n}/\|\tilde{n}\|$ eine Gauß-Abbildung auf U. Für den Fall $m > 2$ gibt es eine analoge Formel. (Aufgabe: Überprüfe Letzteres.)

▶ **Bemerkung 4.3.9** Eine zusammenhängende Hyperfläche $M \subseteq \mathbb{R}^{m+1}$ nennen wir *zweiseitig*, falls es eine globale Gauß-Abbildung $n : M \longrightarrow S^m$ gibt, sonst nennen wir M einseitig. Zweiseitig und einseitig sind äquivalent zu Orientierbarkeit und Nicht-Orientierbarkeit von M, vgl. Abschn. 3.6. Das Möbiusband[14] ist einseitig.

Im Folgenden sei $n\colon M \longrightarrow S^m$ eine Gauß-Abbildung von f. Für Vektorfelder X und Y auf M gilt dann $\langle Yf, n \rangle = 0$ und damit

$$0 = X \langle n, Yf \rangle = \langle n, XYf \rangle + \langle Xn, Yf \rangle.$$

Nach Satz 4.3.5 ist $\langle XY(f), n \rangle = S^n(X, Y)$. Damit folgt

$$S^n(X, Y) = \langle n, XYf \rangle = -\langle Xn, Yf \rangle = -\langle df \circ Y, dn \circ X \rangle. \tag{4.3.13}$$

Die zweite Fundamentalform stimmt daher mit der Bilinearform $-\langle df, dn \rangle$, auch als $-df \cdot dn$ geschrieben, überein. Nun ist $T_p f$ für jedes $p \in M$ das senkrechte Komplement zu $n(p) \in S^m$, also ist $T_p f = T_{n(p)} S^m$. Daher stimmen die Zielbereiche von $df(p)$ und $dn(p)$ überein. Weil $df(p)\colon T_p M \longrightarrow T_p f$ nach Definition der ersten Fundamentalform eine orthogonale Transformation ist, können wir (4.3.13) wie folgt umformulieren:

$$dn = -df \circ L, \tag{4.3.14}$$

wobei L die Weingarten-Abbildung bezeichnet. Falls insbesondere $M \subseteq \mathbb{R}^{m+1}$ und f die Inklusion ist, so ist $L = -dn$.

Für eine Karte (U, x) von M schreiben wir $L(\partial/\partial x^i) = a_i^l \, \partial/\partial x^l$ mit zu bestimmenden Koeffizienten a_i^l. Wegen

$$h_{ij}^n = S^n \left(\frac{\partial}{\partial x^i}, \frac{\partial}{\partial x^j} \right) = \left\langle L \left(\frac{\partial}{\partial x^i} \right), \frac{\partial}{\partial x^j} \right\rangle = a_i^l g_{lj}$$

folgt $a_i^k = a_i^l g_{lj} g^{jk} = h_{ij}^n g^{jk}$. Damit erhalten wir schließlich

$$L \left(\frac{\partial}{\partial x^i} \right) = h_{ij}^n g^{jk} \frac{\partial}{\partial x^k}. \tag{4.3.15}$$

Mit anderen Worten, bezüglich der Basis der $\partial/\partial x^i$ wird L durch die Matrix mit Einträgen $h_{ij}^n g^{jk}$ repräsentiert.

---

[14] August Ferdinand Möbius (1790–1868)

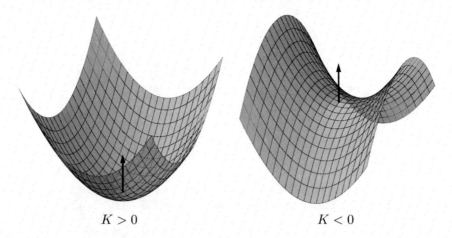

$$K > 0 \qquad\qquad K < 0$$

Abb. 4.5 Positive und negative Gauß'sche Krümmung

Die elementarsymmetrischen Funktionen der charakteristischen Werte der zweiten Fundamentalform entsprechen bis auf das Vorzeichen den Koeffizienten des charakteristischen Polynoms der Weingartenabbildung und damit nach (4.3.15) den Koeffizienten des charakteristischen Polynoms der Matrix $(h^n_{ij}\, g^{jk})$.

Definition 4.3.10

Die Determinante $K := \det L$ heißt *Gauß-Kronecker-Krümmung*[15] , das arithmetische Mittel $H := \operatorname{tr} L/m$ *mittlere Krümmung* von M bzw. f.

Falls $\kappa_1, \ldots, \kappa_m$ die charakteristischen Werte der zweiten Fundamentalform S^n_p, also die Eigenwerte der Weingartenabbildung L_p bezeichnen, so gilt

$$K(p) = \kappa_1 \cdots \kappa_m \quad \text{und} \quad H(p) = (\kappa_1 + \cdots + \kappa_m)/m. \qquad (4.3.16)$$

Das Vorzeichen von H hängt also immer von der Wahl von n_p ab, das Vorzeichen von K genau dann, wenn m ungerade ist.

Der wichtige klassische Fall soll nicht unter den Tisch fallen:

Definition 4.3.11

Falls M eine Fläche, also $m = 2$ ist, so heißt

$$K := \det L = \det(h^n_{ij})/\det(g_{ij})$$

die *Gauß-Krümmung* von M bzw. f, s. Abb. 4.5.

---

[15] Leopold Kronecker (1823–1891)

Beispiele 4.3.12

1) Für die *Drehfläche* $f = f(t, \varphi)$ wie in Beispiel 4.2.3 2) ist

$$\tilde{n} = (-\dot{h}\cos(\varphi), -\dot{h}\sin(\varphi), \dot{r})$$

im Sinne von Beispiel 4.3.8 und $n = \tilde{n}/\|\tilde{n}\|$ die assoziierte Gauß-Abbildung von f. Die Koeffizienten der zweiten Fundamentalform von f wie in (4.3.8) sind

$$h^n_{tt} = \frac{\dot{r}\ddot{h} - \ddot{r}\dot{h}}{\sqrt{\dot{r}^2 + \dot{h}^2}}, \quad h^n_{t\varphi} = h^n_{\varphi t} = 0, \quad h^n_{\varphi\varphi} = \frac{r\dot{h}}{\sqrt{\dot{r}^2 + \dot{h}^2}}.$$

Weil erste und zweite Fundamentalform in Diagonalform sind, sind Meridiane und Breitenkreise Krümmungslinien. Die entsprechenden Hauptkrümmungen sind

$$\kappa_t = \frac{\dot{r}\ddot{h} - \ddot{r}\dot{h}}{(\dot{r}^2 + \dot{h}^2)^{3/2}} \quad \text{und} \quad \kappa_\varphi = \frac{\dot{h}}{r\sqrt{\dot{r}^2 + \dot{h}^2}}.$$

Falls die Profilkurve nach der Bogenlänge parametrisiert ist, dann ist die Gauß'sche Krümmung $K = -\ddot{r}/r$.

2) Für die *Schraubfläche* $f = f(t, \varphi)$ wie in Beispiel 4.2.3 3) ist

$$\tilde{n} = (a\dot{x}\sin\varphi + a\dot{y}\cos\varphi, -a\dot{x}\cos\varphi + a\dot{y}\sin\varphi, x\dot{x} + y\dot{y})$$

im Sinne von Beispiel 4.3.8 und $n = \tilde{n}/\|\tilde{n}\|$ die assoziierte Gauß-Abbildung von f. Damit ist

$$h^n_{tt} = a\frac{\dot{y}\ddot{x} - \dot{x}\ddot{y}}{\|\tilde{n}\|}, \quad h^n_{t\varphi} = h^n_{\varphi t} = -a\frac{\dot{x}^2 + \dot{y}^2}{\|\tilde{n}\|}, \quad h^n_{\varphi\varphi} = a\frac{\dot{x}y - x\dot{y}}{\|\tilde{n}\|}$$

mit $\|\tilde{n}\|^2 = a^2(\dot{x}^2 + \dot{y}^2) + (x\dot{x} + y\dot{y})^2$. Die Formel für die Gauß-Krümmung ist etwas länglich, deshalb wird sie hier nicht aufgeführt.

3) Für die *Regelfläche* $f = f(s, t)$ wie in Beispiel 4.2.3 4) ist $\tilde{n} = X \times (\dot{c} + s\dot{X})$ im Sinne von Beispiel 4.3.8 und $n = \tilde{n}/\|\tilde{n}\|$ die assoziierte Gauß-Abbildung von f. Damit ist

$$h^n_{ss} = 0, \quad h^n_{st} = h^n_{ts} = \frac{\langle \dot{X}, X \times \dot{c}\rangle}{\|\tilde{n}\|}, \quad h^n_{tt} = \frac{\langle \ddot{c} + s\ddot{X}, X \times (\dot{c} + s\dot{X})\rangle}{\|\tilde{n}\|}.$$

Wegen $h^n_{ss} = 0$ ist die Gauß'sche Krümmung $K \leq 0$.

Definition 4.3.13

Ein Punkt $p \in M$ heißt *Nabelpunkt*, wenn die Funktion $S^n_p(v, v)$, wobei v die Einheitsvektoren in $T_p M$ durchläuft, konstant ist.

Offensichtlich ist $p \in M$ genau dann ein Nabelpunkt, wenn die Weingartenabbildung L_p ein Vielfaches der Identität ist oder, nach (4.3.14), dazu äquivalent, wenn $dn(p)$ ein Vielfaches von $df(p)$ ist.

Satz 4.3.14 *Falls M zusammenhängend und m ≥ 2 ist und alle Punkte von M na-*
belsch sind, so ist das Bild von f in einer affinen Hyperebene oder einer Sphäre
enthalten.

Beweis Weil alle Punkte von M nabelsch sind, gibt es nach (4.3.14) eine glatte Funktion λ auf M mit $dn = \lambda \, df$. Sei nun (U, x) eine Karte von M mit zusammenhängendem U. Dann ist also $\partial n/\partial x^i = \lambda \, \partial f/\partial x^i$ und damit

$$\frac{\partial \lambda}{\partial x^i} \frac{\partial f}{\partial x^j} + \lambda \frac{\partial^2 f}{\partial x^i \partial x^j} = \frac{\partial^2 n}{\partial x^i \partial x^j} = \frac{\partial^2 n}{\partial x^j \partial x^i} = \frac{\partial \lambda}{\partial x^j} \frac{\partial f}{\partial x^i} + \lambda \frac{\partial^2 f}{\partial x^j \partial x^i}.$$

Weil die zweiten Terme links und rechts übereinstimmen, sind die beiden ersten Terme ebenfalls gleich. Für $i \neq j$ sind aber $\partial f/\partial x^i$ und $\partial f/\partial x^j$ linear unabhängig. Wegen $m \geq 2$ folgt damit, dass die partiellen Ableitungen von λ verschwinden, also λ konstant auf U ist.

Für $\lambda = 0$ folgt, dass n konstant auf U ist. Dann ist das Bild von U unter f in einer affinen Hyperebene des $\mathbb{R}^{m+1}$ enthalten. Für $\lambda \neq 0$ folgt, dass $f - n/\lambda = x_0 = $ const auf U ist. Wegen $\|n\| = 1$ erhalten wir daraus $\|f - x_0\| = 1/|\lambda|$ auf U. Das zeigt die Behauptung im Falle $M = U$. Nun ist M zusammenhängend, also folgt die Behauptung. $\qquad \square$

Affine Ebenen im $\mathbb{R}^3$ und Zylinder über regulären ebenen Kurven sind Flächen im Raum mit verschwindender Gauß'scher Krümmung. Bei entsprechender Parametrisierung auf $\mathbb{R}^2$ kann man sogar (offensichtlich) immer erreichen, dass ihre ersten Fundamentalformen konstante Koeffizienten δ_{ij} haben. Die erste Fundamentalform bestimmt also keineswegs die äußere Gestalt einer Fläche im Raum. Ein interessanteres Beispiel dazu liefern Schraubflächen.

Beispiel 4.3.15
Sei $f = f(t, \varphi)$ eine Schraubfläche wie in Beispiel 4.2.3 3). Wir zeigen, dass es – bis auf einen t-abhängigen Schift im φ-Parameter (also einen Diffeomorphismus des Parameterbereiches) – eine Drehfläche mit derselben ersten Fundamentalform gibt. Wir betrachten also zunächst Flächen von der Form

$$\tilde{f}(t, \varphi) = f(t, \varphi + \alpha(t)).$$

Die partiellen Ableitungen von $\tilde{f}$ sind

$$\frac{\partial \tilde{f}}{\partial t}(t, \varphi) = \frac{\partial f}{\partial t}(t, \varphi + \alpha) + \frac{\partial f}{\partial \varphi}(t, \varphi + \alpha) \, \dot{\alpha},$$

$$\frac{\partial \tilde{f}}{\partial \varphi}(t, \varphi) = \frac{\partial f}{\partial \varphi}(t, \varphi + \alpha).$$

Mit x, y und a wie in Beispiel 4.2.3 3) berechnen sich die Koeffizienten der ersten Fundamentalform von $\tilde{f}$ zu

$$\tilde{g}_{tt} = \dot{x}^2 + \dot{y}^2 + 2(x\dot{y} - \dot{x}y)\dot{\alpha} + (x^2 + y^2 + a^2)\dot{\alpha}^2,$$

$$\tilde{g}_{t\varphi} = \tilde{g}_{\varphi t} = x\dot{y} - \dot{x}y + (x^2 + y^2 + a^2)\dot{\alpha},$$

$$\tilde{g}_{\varphi\varphi} = x^2 + y^2 + a^2.$$

Nun soll die erste Fundamentalform von $\tilde{f}$ auch die einer Drehfläche sein. Daher muss $\tilde{g}_{t\varphi} = \tilde{g}_{\varphi t} = 0$ und $\tilde{g}_{\varphi\varphi} = r^2$ sein, wobei die Profilkurve der Drehfläche wie in Beispiel 4.2.3 2) durch Radius r und Höhe h gegeben ist. Also muss gelten

$$\dot{\alpha} = \frac{\dot{x}y - x\dot{y}}{r^2} \quad \text{mit} \quad r = \sqrt{x^2 + y^2 + a^2}$$

und

$$\frac{(x\dot{x} + y\dot{y})^2}{r^2} + \dot{h}^2 = \dot{r}^2 + \dot{h}^2 = \tilde{g}_{tt} = \dot{x}^2 + \dot{y}^2 - \frac{(x\dot{y} - \dot{x}y)^2}{r^2}.$$

Damit fogt

$$\dot{h} = \pm\frac{a}{r}\sqrt{\dot{x}^2 + \dot{y}^2}, \quad \text{also} \quad h = \pm\int \frac{a}{r}\sqrt{\dot{x}^2 + \dot{y}^2}.$$

Wir können das Vorzeichen und die Integrationskonstante von h frei wählen. Geometrisch entspricht dieser Wahl eine Spiegelung bzw. eine Translation der z-Richtung. Die Integrationskonstante von α ist ebenfalls frei wählbar.

Wir können auch annehmen, dass die Profilkurve von f nach der Bogenlänge parametrisiert ist. Dann ist

$$h = \pm\int \frac{a}{r}\,dt.$$

Für das Helikoid $f = (t\cos\varphi, t\sin\varphi, 1)$ erhalten wir (mit entsprechenden Wahlen)

$$r(t) = \sqrt{t^2 + 1} \quad \text{und} \quad h(t) = \operatorname{arsinh} t.$$

Dann ist $t = \sinh h$ und $r = \cosh h$, die entsprechende Drehfläche ist ein Katenoid.

4.4   Gauß-Gleichungen und Theorema egregium

Wir kommen zunächst auf die kovariante Ableitung zurück.

Definition 4.4.1

Für $Y \in \mathcal{V}(M)$ ist die *kovariante Ableitung* von Y in Richtung $v \in T_pM$ der eindeutige Tangentialvektor $\nabla_v Y \in T_pM$ mit

$$df \circ \nabla_v Y = [v(Yf)]^T = [d(Yf)(v)]^T.$$

Für $X \in \mathcal{V}(M)$ ist die kovariante Ableitung von Y in Richtung X entsprechend durch $(\nabla_X Y)(p) := \nabla_{X(p)} Y$ erklärt.

Sei $p \in M$ und (U, x) eine Karte von M um p. Sei $v = \xi^i \, \partial/\partial x^i(p)$, und sei $Y = \eta^i \, \partial/\partial x^i$ ein glattes Vektorfeld auf U. Dann ist $Yf = \eta^i \, \partial f/\partial x^i$ und damit

$$v(Yf) = v(\eta^i) \frac{\partial f}{\partial x^i}(p) + \xi^i \eta^j(p) \frac{\partial^2 f}{\partial x^i \partial x^j}(p).$$

Nach Definition der Christoffelsymbole ist damit

$$\nabla_v Y = \left(v(\eta^k) + \Gamma_{ij}^k(p)\xi^i \eta^j(p) \right) \frac{\partial}{\partial x^k}(p), \qquad (4.4.1)$$

s. (4.2.14). Falls X ein glattes Vektorfeld auf U ist mit $X = \xi^i \, \partial/\partial x^i$, so gilt entsprechend

$$\nabla_X Y = \left(X\eta^k + \Gamma_{ij}^k \xi^i \eta^j \right) \frac{\partial}{\partial x^k}. \qquad (4.4.2)$$

Wir sehen, dass $\nabla_X Y$ wieder ein glattes Vektorfeld ist.

Folgerung 4.4.2 *1. Falls Y ein glattes Vektorfeld auf M und $c \colon I \longrightarrow M$ eine glatte Kurve mit $\dot{c}(t_0) =: v \in T_p M$ ist, so ist $Y \circ c$ ein glattes Vektorfeld längs c und für die kovariante Ableitung gilt $(Y \circ c)'(t_0) = \nabla_v Y$.*
2. Falls X und Y glatte Vektorfelder auf M sind, so ist

$$XYf = [XYf]^T + [XYf]^N = df \circ \nabla_X Y + S(X, Y). \qquad (4.4.3)$$

Beweis Die erste Behauptung folgt sofort aus (4.2.15) und (4.4.1), die zweite aus Satz 4.3.5 und Definition 4.4.1. $\qquad \square$

Mit (4.4.2) sehen wir, dass die kovariante Ableitung $\nabla_X Y$ bezüglich einer Karte der üblichen Ableitung der Koeffizienten von Y in Richtung X bis auf einen – allerdings wesentlichen – Korrekturterm nullter Ordnung entspricht und, mit Satz 4.2.23, dass die kovariante Ableitung zur inneren Geometrie von M gehört.

Satz 4.4.3 *Für die Abbildung $\nabla \colon \mathcal{V}(M) \times \mathcal{V}(M) \longrightarrow \mathcal{V}(M)$, $(X, Y) \mapsto \nabla_X Y$, gilt:*

1. ∇ ist bilinear, also jeweils linear in X und Y.
2. Für alle $\varphi \in \mathcal{F}(M)$ ist $\nabla_{\varphi X} Y = \varphi \nabla_X Y$ und $\nabla_X(\varphi Y) = X(\varphi)Y + \varphi \nabla_X Y$.
3. ∇ ist symmetrisch: $\nabla_X Y - \nabla_Y X = [X, Y]$.
4. ∇ ist metrisch (Produktregel): $X \langle Y, Z \rangle = \langle \nabla_X Y, Z \rangle + \langle Y, \nabla_X Z \rangle$.

Beweis Die beiden ersten Behauptungen folgen sofort aus (4.4.2). Wegen der Symmetrie der zweiten Fundamentalform und (4.4.3) ist

$$df \circ [X, Y] = [X, Y]f = XYf - YXf$$
$$= df \circ \nabla_X Y - df \circ \nabla_Y X = df \circ (\nabla_X Y - \nabla_Y X).$$

Damit folgt Behauptung 3. Die Produktregel folgt aus Satz 4.2.18 3. zusammen mit Folgerung 4.4.2 1. $\square$

Eine Abbildung $\nabla \colon \mathcal{V}(M) \times \mathcal{V}(M) \longrightarrow \mathcal{V}(M)$, die die beiden ersten Eigenschaften des Satzes 4.4.3 erfüllt, nennt man einen *Zusammenhang* oder auch eine *kovariante Ableitung* auf M. Der spezielle Zusammenhang aus Definition 4.4.1 heißt *Levi-Civita-Zusammenhang* von M bzw. f. Unter allen Zusammenhängen auf M ist er eindeutig bestimmt durch die beiden letzten Eigenschaften in Satz 4.4.3.

Wir diskutieren als Nächstes den *Riemann'schen*[16] *Krümmungstensor*,

$$R(X, Y)Z := \nabla_X \nabla_Y Z - \nabla_Y \nabla_X Z - \nabla_{[X,Y]} Z, \qquad (4.4.4)$$

ein weiteres Objekt der inneren Geometrie. Geduldiges Nachrechnen führt zu folgender Formel für Vektorfelder X, Y, Z auf dem Gebiet U einer Karte x von M:

$$R(X, Y)Z = \{\partial \Gamma_{jk}^l / \partial x^i - \partial \Gamma_{ik}^l / \partial x^j + \Gamma_{i\nu}^l \Gamma_{jk}^\nu - \Gamma_{j\nu}^l \Gamma_{ik}^\nu\} \xi^i \eta^j \zeta^k \frac{\partial}{\partial x^l}. \qquad (4.4.5)$$

Wir sehen, dass R jeweils punktweise linear in den Koeffizienten ξ^i, η^j und ζ^k von X, Y und Z ist und keine Ableitungen dieser Koeffizienten vorkommen. Dies begründet die Bezeichnung von R als Tensor.

Satz 4.4.4 (Gauß-Gleichungen) *Für Vektorfelder X, Y, V, W auf M gilt*

$$\langle R(X, Y)V, W \rangle = \langle S(X, W), S(Y, V) \rangle - \langle S(X, V), S(Y, W) \rangle.$$

Beweis Weil Vf eine Abbildung in den Vektorraum $\mathbb{R}^n$ ist, gilt

$$XYVf - YXVf = [X, Y]Vf.$$

Mit (4.4.3) und Satz 4.4.3 4. erhalten wir

$$\langle XYVf, Wf \rangle = X\langle YVf, Wf \rangle - \langle YVf, XWf \rangle$$
$$= X\langle [YVf]^T, Wf \rangle - \langle [YVf]^T, [XWf]^T \rangle - \langle [YVf]^N, [XWf]^N \rangle$$
$$= X\langle \nabla_X Y, W \rangle - \langle \nabla_Y V, \nabla_X W \rangle - \langle S(Y, V), S(X, W) \rangle$$
$$= \langle \nabla_X \nabla_Y V, W \rangle - \langle S(Y, V), S(X, W) \rangle,$$

---

[16] Georg Friedrich Bernhard Riemann (1826–1866)

und analog ist $\langle YXVf, Wf \rangle = \langle \nabla_Y \nabla_X V, W \rangle - \langle S(X, V), S(Y, W) \rangle$. Schließlich gilt mit (4.4.3) noch

$$\langle [X, Y]Vf, Wf \rangle = \langle df \circ \nabla_{[X,Y]} V + S([X, Y], V), Wf \rangle = \langle \nabla_{[X,Y]} V, W \rangle.$$

Insgesamt erhalten wir

$$\begin{aligned}
0 &= \langle XYVf - YXVf - [X, Y]Vf, Wf \rangle \\
&= \langle \nabla_X \nabla_Y V - \nabla_Y \nabla_X V - \nabla_{[X,Y]} V, W \rangle \\
&\quad - \langle S(Y, V), S(X, W) \rangle + \langle S(X, V), S(Y, W) \rangle \\
&= \langle R(X, Y)V, W \rangle - \langle S(Y, V), S(X, W) \rangle + \langle S(X, V), S(Y, W) \rangle. \qquad \square
\end{aligned}$$

Satz 4.4.4 enthält in einer allgemeineren Version eine der grundlegenden geometrischen Erkenntnisse von Gauß, nämlich dass die Gauß-Krümmung, die mithilfe der zweiten Fundamentalform definiert wurde, eine Größe der inneren Geometrie ist. Die Erkenntnis von Gauß liest sich in unserer Formulierung wie folgt:

Theorema egregium 4.4.5 (Gauß (1827)) *Sei M eine Fläche und $f: M \longrightarrow \mathbb{R}^3$ eine Immersion. Sei $p \in M$, und seien $v, w \in T_p M$ linear unabhängig. Dann gilt*

$$K(p) = \frac{\langle R(v, w)w, v \rangle}{\|v^2\| \|w\|^2 - \langle v, w \rangle^2}.$$

Beweis Aus Satz 4.4.4 folgt, dass $\langle R(v, w)w, v \rangle = S_p^n(v, v)S_p^n(w, w) - S_p^n(v, w)^2$ ist, unabhängig von der Wahl eines Normalenvektors n_p zu p. Daher ist die rechte Seite der behaupteten Gleichung

$$\frac{S_p^n(v, v)S_p^n(w, w) - S_p^n(v, w)^2}{\|v\|^2 \|w\|^2 - \langle v, w \rangle^2}.$$

Diese Zahl hängt nicht von der Wahl von v und w ab, solange v und w linear unabhängig sind. Wir können z. B. eine Karte x um p und $v = (\partial/\partial x^1)(p)$ und $w = (\partial/\partial x^2)(p)$ wählen. Bezüglich dieser Wahl ist

$$\begin{aligned}
\frac{S_p^n(v, v)S_p^n(w, w) - S_p^n(v, w)^2}{\|v^2\| \|w\|^2 - \langle v, w \rangle^2} &= \frac{h_{11}^n h_{22}^n - (h_{12}^n)^2}{g_{11}g_{22} - g_{12}^2}(p) \\
&= \det(h_{ik}^n g^{kj})(p) = K(p). \qquad \square
\end{aligned}$$

Allgemeiner sind die Ausdrücke in der zweiten Fundamentalform, die in der Gleichung in Satz 4.4.4 auf der rechten Seite auftreten, Größen der inneren Geometrie, denn der

Riemann'sche Krümmungstensor ist ja eine solche. Dazu gehört die von Riemann einge-führte *Schnittkrümmung*, die tangentialen Ebenen von M eine Krümmung zuordnet: Falls $p \in M$, P ein linearer 2-dimensionaler Unterraum von $T_p M$ und (v, w) eine Basis von P ist, so ist

$$K(P) := \frac{\langle R(v, w)w, v \rangle}{\|v^2\| \|w\|^2 - \langle v, w \rangle^2} \tag{4.4.6}$$

die Schnittkrümmung von P. Diese verallgemeinert die Gauß-Krümmung und wurde von Riemann in seinem berühmten Habilitationsvortrag (1854) eingeführt, bevor er später sei-nen Krümmungstensor definierte.

In den folgenden Beispielen ersetzen wir den umgebenden euklidischen $\mathbb{R}^n$ durch einen allgemeinen endlichdimensionalen euklidischen Vektorraum W. Mittels einer orthonor-malen Transformation können wir W dann mit $\mathbb{R}^{\dim W}$ identifizieren und die bisherigen Konzepte und Resultate entsprechend auf W als umgebenden Raum anwenden.

Beispiele 4.4.6
Sei $\mathbb{K} \in \{\mathbb{R}, \mathbb{C}, \mathbb{H}\}$ und V ein n-dimensionaler Vektorraum über $\mathbb{K}$ zusammen mit einer positiv definiten Sesquilinearform, notiert als (v, w). Nach Wahl einer Orthonormalbasis ist $V \cong \mathbb{K}^n$ mit Sesquilinearform $(x, y) = \sum \bar{x}_i y_i$.

1) Sei $G = \{A \in \text{End}(V) \mid A^* A = \text{id}\}$ die Lie'sche Gruppe aller Endomorphismen, die die Sesquilinearform auf V erhalten. In Beispiel 2.3.8 3) haben wir modulo der Identifizierung von V mit $\mathbb{K}^n$ als euklidischen Raum gesehen, dass G eine Untermannigfaltigkeit von $W = \text{End}(V)$ ist mit

$$T_E G = \{C \in \text{End}(V) \mid C^* = -C\}. \tag{4.4.7}$$

Der Realteil der Sesquilinearform $(A, B) := \text{tr}(A^* B)$ ist ein Skalarprodukt auf $\text{End}(V) \cong \mathbb{R}^{dn \times n}$, $d = \dim_{\mathbb{R}} \mathbb{K}$. Das entsprechende orthogonale Komplement von $T_E G$ in $\text{End}(V)$ ist

$$N_E G = H(V) = \{C \in \text{End}(V) \mid C^* = C\}. \tag{4.4.8}$$

Für alle $A \in G$ ist $A T_E G A^{-1} = T_E G$ und $A H(V) A^{-1} = H(V)$, und Links- und Recht-stranslation mit A erhält die Sesquilinearform auf $\text{End}(V)$:

$$(AC, AD) = (CA, DA) = (C, D) = \text{tr}(C^* D)$$

für alle $C, D \in \text{End}(V)$. Insbesondere ist

$$T_A G = A T_E G = T_E G A \quad \text{und} \quad N_A G = A H(V) = H(V)A. \tag{4.4.9}$$

Für alle $A \in G$ und $C \in \text{End}(V)$ folgt damit

$$\pi_A^T(AC) = \frac{1}{2} A(C - C^*) \quad \text{und} \quad \pi_A^N(AC) = \frac{1}{2} A(C + C^*). \tag{4.4.10}$$

Die (tangentialen) linksinvarianten Vektorfelder auf G sind von der Form $X_C(A) = AC$ mit $C \in T_E G$, vgl. Aufgabe 14 1) in Kap. 2. Da X_C die Einschränkung der Rechtsmultiplikation mit C auf G und letztere linear auf $\mathrm{End}(V)$ ist, gilt

$$dX_C(A)(AD) = ADC = X_{DC}(A)$$

für alle $A \in G$ und $D \in T_E G$. Für linksinvariante Vektorfelder X_C und X_D (mit $C, D \in T_E G$) erhalten wir mit (4.4.3) daher

$$dX_D(X_C) = \nabla_{X_C} X_D + S(X_C, X_D) = X_{(CD-DC)/2} + X_{(CD+DC)/2} \qquad (4.4.11)$$

für kovariante Ableitung und zweite Fundamentalform von G. Für $B, C, D \in T_E G$ berechnet sich der Krümmungstensor R von G damit zu

$$R(X_B, X_C)X_D = X_F \quad \text{mit} \quad F = -\frac{1}{4}[[B, C], D] \in T_E G. \qquad (4.4.12)$$

Wegen $B^* = -B$ und $[B, C]^* = -[B, C]$ erhalten wir damit

$$\langle R(X_B, X_C)X_C, X_B \rangle = \frac{1}{4}\mathrm{Re\,tr}([[B, C], C]B) = \frac{1}{4}\|[B, C]\|^2 \qquad (4.4.13)$$

für die Schnittkrümmung von G. Insbesondere ist diese nichtnegativ.

Sei jetzt $A = A(t) = Be^{tC}$ mit $B \in G$, $C \in T_E G$ und der Exponentialreihe wie in Aufgabe 6 in Kap. 2. Dann ist A eine glatte Kurve in G mit

$$\dot{A} = AC \quad \text{und} \quad \ddot{A} = AC^2. \qquad (4.4.14)$$

Nun ist $C^2 \in N_E G$, also ist $\ddot{A} \in N_A G$. Daher ist A eine Geodätische, und damit haben wir die Geodätischen auf G bestimmt.

2) Sei $G_k(V)$ die Graßmann'sche Mannigfaltigkeit der k-dimensionalen $\mathbb{K}$-linearen Unterräume in V wie in Beispiel 2.1.15 5). Zu $P \in G_k(V)$ sei $F(P): V \longrightarrow V$ die orthogonale Projektion von V auf P mit Bild P und Kern $P^\perp$. Falls $(e_1, \ldots, e_k)$ eine orthonormale Basis von P ist, so ist

$$F(P)(v) = \sum_{1 \le i \le k} e_i\,(e_i, v). \qquad (4.4.15)$$

Wir erweitern nun $(e_1, \ldots, e_k)$ zu einer orthonormalen Basis $E = (e_1, \ldots, e_n)$ von V und betrachten die der Basis E zugeordnete Karte κ_E von $G_k(V)$ um P wie in Beispiel 2.1.15 5). Für $A = (a_i^\mu) \in \mathbb{K}^{n-k,k}$ ist dann $\kappa_E^{-1}(A)$ der Graph der linearen Abbildung $P \longrightarrow P^\perp$, $e_i u^i \mapsto e_{k+j} a_i^j u^i$. Daher ist

$$F(\kappa_E^{-1}(A)) = \begin{pmatrix} 1 & 0 \\ A & 0 \end{pmatrix} \begin{pmatrix} 1 & -A^* \\ A & 1 \end{pmatrix}^{-1} \qquad (4.4.16)$$

die Matrix von $F(\kappa_E^{-1}(A))$ bezüglich E. Damit folgt insbesondere, dass F glatt ist mit Differential

$$dF(P)(A) = \begin{pmatrix} 0 & A^* \\ A & 0 \end{pmatrix},$$

wobei $T_P G_k(V)$ wie in Beispiel 2.2.3 3) mit $\operatorname{Hom}(V, V^\perp) \cong \mathbb{K}^{n-k,k}$ identifiziert ist. Insbesondere ist $F: G_k(V) \longrightarrow \operatorname{End}(V)$ eine Einbettung.
Wir versehen $\operatorname{End} V$ mit dem Realteil der Sesquilinearform $\operatorname{tr}(X^* Y)$ als Skalarprodukt. Dann berechnet sich die erste Fundamentalform von F in P zu

$$\langle A, B \rangle_P = \langle dF(P)(A), dF(P)(B) \rangle$$
$$= \operatorname{Re}(\operatorname{tr}(A^* B) + \operatorname{tr}(AB^*)) = 2\operatorname{Re}\operatorname{tr}(A^* B).$$

Zur Bestimmung der Geodätischen und der zweiten Fundamentalform benennen wir P nun um zu P_0. Sei wieder $A \in \mathbb{K}^{n-k,k}$ und

$$P = P(t) = e^{tB} P_0 \quad \text{mit} \quad B = \begin{pmatrix} 0 & -A^* \\ A & 0 \end{pmatrix}. \tag{4.4.17}$$

Dann ist P eine glatte Kurve in $G_k(V)$ mit $P(0) = P_0$ und $\dot{P}(0) = A$. Nun ist $(e^{tB})^* = e^{-tB}$, also erhalten die e^{tB} die Sesquilinearform $(\cdot, \cdot)$ auf V. Damit folgt

$$F(P(t)) = e^{tB} F(P_0) e^{-tB} = e^{tB} \begin{pmatrix} 1 & 0 \\ 0 & 0 \end{pmatrix} e^{-tB} \tag{4.4.18}$$

und $T_P F = e^{tB} T_{P_0} F e^{-tB}$. Die zweite Ableitung von $F \circ P$ berechnet sich zu

$$\frac{d^2(F \circ P)}{dt^2} = e^{tB} \begin{pmatrix} -2A^* A & 0 \\ 0 & 2AA^* \end{pmatrix} e^{-tB}. \tag{4.4.19}$$

Daher ist die zweite Ableitung von $F \circ P$ normal zu F, also ist $P = P(t)$ eine Geodätische. Damit haben wir die Geodätischen von $G_k(V)$ bestimmt. Via Polarisierung erhalten wir außerdem die zweite Fundamentalform von F in P_0,

$$S_{P_0}(A, B) = \begin{pmatrix} -A^* B - B^* A & 0 \\ 0 & AB^* + BA^* \end{pmatrix}.$$

Da die $F(P)$ orthogonale Projektionen auf k-dimensionale Unterräume von V sind, gilt $F(P)^* = F(P)$ und $\operatorname{tr}(F(P)) = k$. Das Bild von F liegt daher in der Sphäre vom Radius $\sqrt{k}$ im Raum der selbstadjungierten Endomorphismen $W = H(V) \subseteq \operatorname{End}(V)$. Daher sind auch die $T_P F$ und die Bilder der zweiten Fundamentalformen S_P von F in $H(V)$ enthalten, und unsere Formeln oben zeigen dies explizit.

Krümmungstensor und Schnittkrümmung sind Größen der inneren Geometrie. Dies ist der Anfang der Riemann'schen Geometrie, der Riemann'sche Metriken zugrunde liegen, also glatte Familien von Skalarprodukten g_p auf den $T_p M$, bei denen aber nicht mehr verlangt wird, dass sie erste Fundamentalform einer gegebenen Immersion $M \longrightarrow \mathbb{R}^n$ sind. Wie im Falle der ersten Fundamentalform erhält man Levi-Civita-Zusammenhang, Krümmungstensor und Schnittkrümmung, und, damit ausgerüstet, erreicht man die Gefilde der Riemann'schen Geometrie.

4.5 Ergänzende Literatur

Gute Quellen zur Abrundung der Diskussion in diesem Kapitel sind [Kl], [dC], [Sp2, Kapitel 1 und 2], [Sp3], [Ho] und [ST]. Interessant sind auch die eher klassischen [BR] und [St1, St2, St3]. In [Ch] finden sich einführende Artikel zu vielen Aspekten der globalen Differentialgeometrie. Daneben gibt es eine Reihe neuerer Einführungen in die Differentialgeometrie, beispielsweise [Bä], [EJ] und [Kü].

4.6 Aufgaben

1. 1) Die Länge einer glatten Kurve $c : [a, b] \longrightarrow \mathbb{R}^n$ ist invariant unter monotonen Reparametrisierungen: Falls $\varphi : [\alpha, \beta] \longrightarrow [a, b]$ monoton, surjektiv und glatt ist, so gilt $L(c \circ \varphi) = L(c)$.
    2) Überlege, dass die Aussagen über Länge und Energie im entsprechenden Teil von Abschn. 4.1 analog auch für stückweise glatte Kurven (wie in (3.1.4)) gelten.
    3) Sei $c : [a, b] \longrightarrow \mathbb{R}^n$ eine stückweise glatte Kurve. Für Unterteilungen

    $$U : a = t_0 < \cdots < t_k = b$$

    von $[a, b]$ sei $\delta(U) = \max(t_i - t_{i-1})$ und $L(U)$ die Länge des Streckenzuges mit Ecken in $c(t_0), c(t_1), \ldots, c(t_k)$. Zeige: Falls (U_n) eine Folge von Unterteilungen von $[a, b]$ ist mit $\delta(U_n) \longrightarrow 0$, so gilt $L(U_n) \longrightarrow L(c)$.
    4) Sei $c : [0, \infty) \longrightarrow \mathbb{R}^2$ eine glatte Kurve der Form $c(t) = (t, y(t))$. Falls dann $\dot{y}(t)$ für $t \to \infty$ konvergiert, so ist $\lim_{t \to \infty} L(c|_{[0,t]}) / \|(t, y(t)) - (0, y(0))\| = 1$.
2. Berechne Tempo und Krümmung der Kurven $c : \mathbb{R} \longrightarrow \mathbb{R}^2$,
    1) $c(t) = (t, t^k)$ mit $k \geq 0$ und allgemeiner $c(t) = (t, f(t))$;
    2) $c(t) = \exp(t)(\cos t, \sin t)$ und allgemeiner $c(t) = f(t)(\cos t, \sin t)$ mit $f > 0$;
    3) $c(t) = (a \cos t, b \sin t)$.
    Skizziere die jeweiligen Kurven und Kurventypen.
3. Sei $c : I \longrightarrow \mathbb{R}^n$ eine reguläre Kurve mit Krümmung κ.
    1) Falls das Bild von c in einem Kreis K vom Radius R liegt, so ist K für alle $t \in I$ der Schmiegkreis von c und $\kappa \equiv 1/R$.
    2) Das Bild von c liegt genau dann in einer Geraden, wenn κ verschwindet.
    3) Für $x \in \mathbb{R}^n$ habe die Funktion $r = r(t) = \|c(t) - x\|$ in $t_0 \in I$ ein relatives Maximum. Dann ist $\kappa(t_0) = 1/R(t_0) \geq 1/r(t_0)$.
    4) Falls $\varphi : J \longrightarrow I$ eine Parametertransformation ist, so ist $\tilde{\kappa} = \kappa \circ \varphi$, wobei $\tilde{\kappa}$ die Krümmung der Kurve $\tilde{c} := c \circ \varphi$ bezeichnet.
    5) Falls $B : \mathbb{R}^n \longrightarrow \mathbb{R}^n$ eine Bewegung ist, so hat die Kurve $B \circ c$ gleiches Tempo und gleiche Krümmung wie c.
4. Sei $c : I \longrightarrow \mathbb{R}^2$ eine reguläre ebene Kurve.
    1) Falls $\varphi : J \longrightarrow I$ eine Parametertransformation mit $\dot{\varphi} > 0$ ist, so ist $\tilde{\kappa}_o = \kappa_o \circ \varphi$, wobei $\tilde{\kappa}_o$ die orientierte Krümmung von $\tilde{c} := c \circ \varphi$ bezeichnet.
    2) Falls $B : \mathbb{R}^2 \longrightarrow \mathbb{R}^2$ eine orientierungstreue Bewegung ist, so hat die reguläre ebene Kurve $B \circ c$ die gleiche orientierte Krümmung wie c.

5. Im Folgenden sei $c: I \longrightarrow \mathbb{R}^2$ eine reguläre ebene Kurve mit Richtungsfeld e, Hauptnormalenfeld n und orientierter Krümmung κ_o.

   1) Falls $c + n$ konstant ist, so bewegt sich c auf einem Kreis mit Radius 1.

   2) Falls $\kappa_o(t) \neq 0$ für alle $t \in I$ ist, so ist die Kurve $a = a(t) = c(t) + n(t)/\kappa_o(t), t \in I$, durch die Krümmungsmittelpunkte von c definiert und heißt *Evolute* von c. Berechne e, n, κ_o und a von Parabel (t, t^2) und Kettenlinie $(t, \cosh t)$.

   3) Sei $\kappa_o(t) \neq 0$ für alle $t \in I$ und a die Evolute von c. Zeige, dass $\dot{a}(t)$ für alle $t \in I$ ein Vielfaches von $n(t)$ ist, und schließe, dass die Tangente an die Evolute in den Punkten, in denen sie definiert ist, die Kurve c in $c(t)$ senkrecht schneidet. Für $s < t$ in I berechne die Länge des Bogens $a|_{[s,t]}$ der Evolute und vergleiche sie mit den Krümmungsradien von c in s und t.

   4) Sei wieder $\kappa_o(t) \neq 0$ für alle $t \in I$ und c der Einfachheit halber nach der Bogenlänge parametrisiert. Zu $\beta \in \mathbb{R} \setminus I$ heißt dann $b = b(t) = c(t) + (\beta - t)\dot{c}(t), t \in I$, *Evolvente* von c. Man kann sich b als Endpunkt eines Fadens vorstellen, der auf c aufgewickelt und dabei straff gehalten wird. Berechne Richtungsfeld, Hauptnormalenfeld und Krümmung von b und schließe, dass die Kurve c die Evolute ihrer Evolventen ist.

6. Berechne Richtungsfeld, Hauptnormalenfeld und Binormalenfeld der *Schraubenlinie* oder *Helix* $c: \mathbb{R} \longrightarrow \mathbb{R}^3$, $c(t) = (r\cos t, r\sin t, ht)$ mit $r, h \in \mathbb{R}$, $r > 0$. Zeige, dass Tempo, Krümmung und Torsion der Helix durch

$$\|\dot{c}(t)\| = \sqrt{r^2 + h^2}, \quad \kappa(t) = \frac{r}{r^2 + h^2} \quad \text{und} \quad \tau(t) = \frac{h}{r^2 + h^2}$$

gegeben und daher insbesondere konstant sind. Bis auf Parametrisierung und Bewegung erhalten wir damit alle Raumkurven konstanter Krümmung $\kappa > 0$ und Torsion τ. Überlege auch, dass die Helix eine *Böschungskurve* ist, dass also $\dot{c}$ und die z-Achse einen konstanten Winkel einschließen.

7. Sei $c: I \longrightarrow \mathbb{R}^3$ eine glatte Raumkurve, sodass $\dot{c}(t)$ und $\ddot{c}(t)$ für alle $t \in I$ linear unabhängig sind.

   1) Krümmung und Torsion von c sind gegeben durch

$$\kappa(t) = \frac{\|\dot{c}(t) \times \ddot{c}(t)\|}{\|\dot{c}(t)\|^3} \quad \text{und} \quad \tau(t) = \frac{\det(\dot{c}(t), \ddot{c}(t), \dddot{c}(t))}{\|\dot{c}(t) \times \ddot{c}(t)\|^2}.$$

   2) Das Bild von c liegt genau dann in einer affinen Ebene des $\mathbb{R}^3$, wenn die Torsion von c verschwindet.

   3) Falls c nach der Bogenlänge parametrisiert ist und $t_0 = 0 \in I$, so gilt

$$c(t) = c(0) + \left(t - \frac{t^3}{6}\kappa_0^2\right)e_0 + \left(\frac{t^2}{2}\kappa_0 + \frac{t^3}{6}\dot{\kappa}_0\right)n_0 + \frac{t^3}{6}\kappa_0\tau_0 b_0 + o(t^3),$$

   wobei der Index 0 jeweils den Wert in 0 bezeichnet. Skizziere die Projektionen von c in *Schmieg-*, *Normalen-* und *rektifizierende Ebene* von c in $t = 0$, also in die von e_0, n_0 bzw. n_0, b_0 bzw. e_0, b_0 aufgespannten Ebenen.

8. (zu Definition 4.1.13)

   1) Bestimme die parallelen Normalenfelder entlang einer regulären Raumkurve mit verschwindender Torsion.

   2) Bestimme die parallelen Normalenfelder entlang der Helix; s. Beispiel 4.1.18 und Aufgabe 6.

9. 1) Schreibe $S^2 \setminus \{(0, 0, \pm 1)\}$ als Drehfläche.

   2) Schreibe das einschalige *Hyperboloid* $x^2 + y^2 - z^2 = 1$ als Drehfläche und – auf zwei Weisen – als Regelfläche.

   3) Stelle das Möbiusband als Regelfläche dar.

10. Sei $c = (r, h) : I \longrightarrow \mathbb{R}^2$ die Profilkurve der Drehfläche $f = f(t, \varphi)$ wie in Beispiel 4.2.3 2). Zeige, dass man c so parametrisieren kann, dass

    a) $g_{tt} \equiv 1$ oder dass

    b) $g_{tt} = g_{\varphi\varphi}$ oder dass

    c) $g_{tt} g_{\varphi\varphi} = 1$ ist.

    In allen Fällen ist jeweils ja noch $g_{t\varphi} = g_{\varphi t} = 0$. Daher ist f, d. h.: $df(t, \varphi)$ für alle $(t, \varphi) \in I \times \mathbb{R}$, im Falle b) *winkeltreu* oder *konform*, im Falle c) *flächentreu*.

11. Der *Gradient* einer glatten Funktion φ auf M ist das Vektorfeld grad φ, sodass $\langle \text{grad } \varphi(p), v \rangle = d\varphi(p)(v)$ ist für alle p in M und $v \in T_p M$. Zeige: Bezüglich einer Karte (U, x) von M gilt

$$\text{grad } \varphi = g^{ij} \frac{\partial \varphi}{\partial x^i} \frac{\partial}{\partial x^j} \quad \text{auf } U. \tag{4.6.1}$$

12. 1) Für Geodätische c ist $\|\dot{c}\|$ konstant.

    2) Bis auf Parametrisierung sind die Meridiane auf Drehflächen Geodätische. Unter welcher Voraussetzung an die Profilkurve sind sie Geodätische? Welche Breitenkreise sind Geodätische?

    3) Für $x, y \in \mathbb{R}^{m+1}$ mit $\|x\| = \|y\| = 1$ und $\langle x, y \rangle = 0$ ist $r \cos(t)x + r \sin(t)y$, $t \in \mathbb{R}$, eine Geodätische auf der Sphäre S_r^m wie in Beispiel 4.2.1 2). Bis auf die Parametrisierung ist jede Geodätische auf S_r^m von dieser Form.

    4) Sei $c : I \longrightarrow \mathbb{R}^3$ eine Raumkurve, sodass $\dot{c}$ und $\ddot{c}$ punktweise linear unabhängig sind, und $f = f(s, t) = c(t) + sb(t)$ die von c und dem Binormalenfeld b von c aufgespannte Regelfläche. Zeige: f ist eine Immersion auf $M = \mathbb{R} \times I$, und die Kurve $(t, 0)$, $t \in I$, ist eine Geodätische in M.

13. 1) Für eine reguläre Kurve $c : I \longrightarrow M$ mit Richtungsfeld $e := \dot{c}/\|\dot{c}\|$ in M nennen wir $\|\nabla \dot{c}/dt - \langle e, \nabla \dot{c}/dt \rangle e\|/\|\dot{c}\|^2$ die *geodätische Krümmung* von c; vgl. (4.1.4). Zeige: c ist bis auf Parametrisierung genau dann eine Geodätische, wenn die geodätische Krümmung von c verschwindet.

    2) Sei $f : M \longrightarrow \mathbb{R}^n$ eine Immersion der Fläche M und $c : I \longrightarrow M$ eine reguläre Kurve. Sei n eines der beiden glatten Vektorfelder entlang c mit $\langle \dot{c}, n \rangle = 0$ und konstanter Norm 1. Die entsprechende orientierte geodätische Krümmung von c ist dann $\kappa_o := \langle \nabla \dot{c}/dt, n \rangle / \|\dot{c}\|^2$ mit $e = \dot{c}/\|\dot{c}\|$. Zeige die Ableitungsgleichungen

$$\nabla e/dt = \|\dot{c}\| \kappa_o n \quad \text{und} \quad \nabla n/dt = -\|\dot{c}\| \kappa_o e.$$

    3) Bestimme die (orientierte) geodätische Krümmung der Breitenkreise einer Drehfläche wie in Beispiel 4.2.3 2). Diskutiere speziell auch Breitenkreise auf Sphären.

14. 1) Sei $M \subseteq \mathbb{R}^n$ ein linearer Unterraum und $c : I \longrightarrow M$ eine glatte Kurve. Zeige: Ein Vektorfeld $X : I \longrightarrow M$ längs c ist genau dann parallel im Sinne von Definition 4.2.16, wenn es parallel im üblichen Sinne ist.

    2) Verifiziere mit (4.2.14), dass die Christoffelsymbole auf der Drehfläche mit Profilkurve $c = (r, h)$ bezüglich der Koordinaten (t, φ) durch

$$\Gamma_{tt}^t = \frac{\dot{r}\ddot{r} + \dot{h}\ddot{h}}{\|\dot{c}\|^2}, \quad \Gamma_{\varphi\varphi}^t = -\frac{r\dot{r}}{\|\dot{c}\|^2}, \quad \Gamma_{\varphi t}^\varphi = \Gamma_{t\varphi}^\varphi = \frac{\dot{r}}{r}$$

und $\Gamma_{tt}^{\varphi} = \Gamma_{\varphi\varphi}^{\varphi} = \Gamma_{\varphi t}^{t} = \Gamma_{t\varphi}^{t} = 0$ gegeben sind, und liste die kovarianten Ableitungen der Basisfelder $\partial/\partial t$ und $\partial/\partial \varphi$ als Vektorfelder entlang der Meridiane und Breitenkreise auf. Bestimme den Raum der parallelen Vektorfelder entlang dieser Kurven. Diskutiere speziell auch den Fall der Sphären.

3) Falls die erste Fundamentalform einer Immersion $f: M \longrightarrow \mathbb{R}^n$ bezüglich einer Karte (U, x) von M in Diagonalform ist, also $g_{ij} \equiv 0$ für $i \neq j$, so gilt $g^{ii} = g_{ii}^{-1}$, $g^{ij} = 0$ für $i \neq j$ und damit

$$\Gamma_{ik}^{k} = \frac{1}{2g_{kk}} \frac{\partial g_{kk}}{\partial x^i} \quad \text{und, für } i \neq k, \quad \Gamma_{ii}^{k} = \frac{-1}{2g_{kk}} \frac{\partial g_{ii}}{\partial x^k}.$$

15. Sei $f: M \longrightarrow \mathbb{R}^3$ eine immersierte Fläche zusammen mit einer Gauß-Abbildung $n: M \longrightarrow S^2$.

   1) Eine glatte Kurve $c: I \longrightarrow M$ ist genau dann eine Krümmungslinie, wenn es eine glatte Funktion $\lambda: I \longrightarrow \mathbb{R}$ gibt mit $dn \circ \dot{c} = \lambda \cdot df \circ \dot{c}$.

   2) (Satz von Joachimsthal[17]) Für $f_1: M_1 \longrightarrow \mathbb{R}^3$ und $f_2: M_2 \longrightarrow \mathbb{R}^3$ seien c_1 in M_1 und c_2 in M_2 Kurven mit $f_1 \circ c_1 = f_2 \circ c_2 =: c$. Ferner sei der Schnitt von f_1 und f_2 entlang c transversal, also $T_{c_1(t)} f_1 \neq T_{c_2(t)} f_2$ für alle t. Zeige, dass je zwei der beiden folgenden Aussagen die dritte zur Folge haben:
      i. c_1 ist Krümmungslinie;
      ii. c_2 ist Krümmungslinie;
      iii. f_1 und f_2 schneiden sich mit festem Winkel entlang c.

   3) Wir nennen $v \in T_p M$, $v \neq 0$, *Asymptotenrichtung*, wenn $S_p^n(v, v) = 0$ ist. Reguläre Kurven $c: I \longrightarrow M$, sodass $\dot{c}(t)$ für alle $t \in I$ Asymptotenrichtung ist, heißen *Asymptotenlinien*. Überprüfe, dass die s-Parameterlinien auf Regelflächen wie in Beispiel 4.3.12 3) Asymptotenlinien sind. Überlege, dass $K(p) \leq 0$ ist, falls $T_p M$ eine Asymptotenrichtung enthält und dass es bis auf Kollinearität zwei Asymptotenrichtungen in p gibt, wenn $K(p) < 0$ ist.

16. 1) Das *Katenoid* ist die von der Kettenlinie aufgespannte Drehfläche,

$$f = f(t, \varphi) = (\cosh t \cos \varphi, \cosh t \sin \varphi, t).$$

   Vergleiche die erste Fundamentalform des Katenoids mit der der (etwas anders als oben parametrisierten) Wendelfläche

$$f = f(t, \varphi) = (\sinh t \cos \varphi, \sinh t \sin \varphi, \varphi).$$

   Bestimme die zweiten Fundamentalformen von Katenoid und Wendelfläche und zeige, dass sie *Minimalflächen* sind, also ihre mittlere Krümmung H verschwindet. Berechne auch ihre Gauß'sche Krümmung. Skizziere beide Flächen.

   2) Klassifiziere Drehflächen mit konstanter Gauß'scher Krümmung und Drehflächen, die Minimalflächen sind, also mittlere Krümmung $H \equiv 0$ haben.

   3) Sei $f: M \longrightarrow \mathbb{R}^3$ eine immersierte Fläche. Für $x \in \mathbb{R}^3$ habe die Funktion $r: M \longrightarrow \mathbb{R}$, $r(p) = \|f(p) - x\|$ in $p_0 \in M$ ein Maximum. Zeige, dass $K(p_0) \geq 1/r(p_0)^2$, und schließe, dass M einen Punkt mit positiver Gauß'scher Krümmung hat, wenn M kompakt ist. (Vergleiche mit Aufgabe 3 3).)

17. Bestimme den Krümmungstensor von $G_k(V)$ und zeige, dass die Schnittkrümmung von $G_k(V)$ nichtnegativ ist.

---

[17] Ferdinand Joachimsthal (1818–1861)

A Alternierende Multilinearformen

Sei V ein n-dimensionaler Vektorraum über einem Körper K der Charakteristik 0. Eine Abbildung

$$T\colon V^k \longrightarrow K, \quad V^k := \underbrace{V \times \cdots \times V}_{k\text{-mal}}, \tag{A.1}$$

heißt k-*linear* oder *multilinear*, falls $T = T(v_1, \ldots, v_k)$ in jeder der Variablen v_i linear ist. Den Vektorraum der k-linearen Abbildungen $V^k \longrightarrow K$ bezeichnen wir mit $L^k(V)$ und setzen $L^0(V) := K$.

Zu $S \in L^k(V)$ und $T \in L^l(V)$ erklären wir $S \otimes T \in L^{k+l}(V)$ durch

$$(S \otimes T)(v_1, \ldots, v_{k+l}) := S(v_1, \ldots, v_k) \cdot T(v_{k+1}, \ldots, v_{k+l}). \tag{A.2}$$

Mit diesem Produkt wird $\bigoplus_{k \geq 0} L^k(V)$ zu einer assoziativen Algebra. Neutrales Element der Multiplikation ist $1 \in K = L^0(V)$.

Sei $L\colon W \longrightarrow V$ linear. Für $T \in L^k(V)$ erklären wir $L^*T \in L^k(W)$ durch

$$(L^*T)(w_1, \ldots, w_k) := T(Lw_1, \ldots, Lw_k). \tag{A.3}$$

Die Operation $T \mapsto L^*T$ nennt man *Zurückziehen* mit L. Zurückziehen mit L ist linear in L und T.

Wir nennen $T \in L^k(V)$ *alternierend*, wenn

$$T(v_1, \ldots, v_i, \ldots, v_j, \ldots, v_k) = -T(v_1, \ldots, v_j, \ldots, v_i, \ldots, v_k) \tag{A.4}$$

für alle $i < j$ und $v_1, \ldots, v_k \in V$ ist. Den Vektorraum der alternierenden $T \in L^k(V)$ bezeichnen wir mit $A^k(V)$, die Elemente aus $A^k(V)$ nennen wir auch *(alternierende) k-Formen*. Wir setzen $A^0(V) := L^0(V) = K$. Für $L\colon W \longrightarrow V$ linear und $T \in A^k(V)$ ist $L^*T \in A^k(W)$.

Zu $T \in L^k(V)$ erklären wir $\mathrm{Alt}\, T \in L^k(V)$ durch

$$\mathrm{Alt}\, T(v_1, \ldots, v_k) := \frac{1}{k!} \sum_{\sigma \in S_k} \varepsilon(\sigma) \cdot T(v_{\sigma(1)}, \ldots, v_{\sigma(k)}), \tag{A.5}$$

wobei S_k die symmetrische Gruppe bezeichnet.

© Springer International Publishing AG 2018
W. Ballmann, *Einführung in die Geometrie und Topologie*, Mathematik Kompakt,
https://doi.org/10.1007/978-3-0348-0986-3

Lemma A.1 *Für alle $S \in L^k(V)$ und $T \in L^l(V)$ gilt:*

1. $\mathrm{Alt}\, S \in A^k(V)$;
2. $S \in A^k(V) \iff \mathrm{Alt}\, S = S$.
3. $\mathrm{Alt}((\mathrm{Alt}\, S) \otimes T) = \mathrm{Alt}(S \otimes (\mathrm{Alt}\, T)) = \mathrm{Alt}(S \otimes T)$.

Die beiden ersten Behauptungen besagen, dass Alt eine Projektion von $L^k(V)$ auf $A^k(V)$ ist.

Beweis von Lemma A.1 Den Beweis der ersten beiden Behauptungen überlassen wir als Übung. Zum Beweis von 3. sei $G \cong S_k \subseteq S_{k+l}$ die Untergruppe der $\sigma \in S_{k+l}$ mit $\sigma(i) = i, k + 1 \le i \le k + l$. Dann gilt für alle $v_1, \dots, v_{k+l} \in V$:

$$\sum_{\sigma \in G} \varepsilon(\sigma) S(v_{\sigma(1)}, \dots, v_{\sigma(k)}) \cdot T(v_{\sigma(k+1)}, \dots, v_{\sigma(k+l)})$$

$$= \sum_{\sigma \in S_k} \varepsilon(\sigma) S(v_{\sigma(1)}, \dots, v_{\sigma(k)}) \cdot T(v_{k+1}, \dots, v_{k+l})$$

$$= k!((\mathrm{Alt}\, S) \otimes T)(v_1, \dots, v_{k+l}).$$

Sei nun τ ein Repräsentant einer Nebenklasse $\tau G = \{\tau\sigma \mid \sigma \in G\}$ von S_{k+l} mod G. Mit $w_i := v_{\tau(i)}, 1 \le i \le k + l$, gilt dann

$$\sum_{\sigma \in G} \varepsilon(\tau\sigma) S(v_{\tau\sigma(1)}, \dots, v_{\tau\sigma(k)}) \cdot T(v_{\tau\sigma(k+1)}, \dots, v_{\tau\sigma(k+l)})$$

$$= \varepsilon(\tau) \sum_{\sigma \in G} \varepsilon(\sigma) S(w_{\sigma(1)}, \dots, w_{\sigma(k)}) \cdot T(w_{k+1}, \dots, w_{k+l})$$

$$= \varepsilon(\tau) k!((\mathrm{Alt}\, S) \otimes T)(w_1, \dots, w_{k+l})$$

$$= \varepsilon(\tau) k!((\mathrm{Alt}\, S) \otimes T)(v_{\tau(1)}, \dots, v_{\tau(k+l)}).$$

Damit folgt $\mathrm{Alt}((\mathrm{Alt}\, S) \otimes T) = \mathrm{Alt}(S \otimes T)$, und die andere Gleichung folgt in analoger Weise. $\qquad\square$

Zu $S \in A^k(V)$ und $T \in A^l(V)$ erklären wir das *Dachprodukt* $S \wedge T \in A^{k+l}(V)$ durch

$$S \wedge T := \frac{(k + l)!}{k!l!} \mathrm{Alt}(S \otimes T). \tag{A.6}$$

Der Vorfaktor $(k + l)!/k!l!$ ist gerade so gewählt, dass die Rechenregel 5. unten gilt. In der Literatur findet man auch andere Vorfaktoren.

Rechenregeln A.2 *Das Dachprodukt ist*

1. bilinear,

2. assoziativ: für $R \in A^k(V)$, $S \in A^l(V)$ und $T \in A^m(V)$ ist

$$(R \wedge S) \wedge T = \frac{(k+l+m)!}{k!\,l!\,m!} \operatorname{Alt}(R \otimes S \otimes T) = R \wedge (S \wedge T),$$

3. graduiert kommutativ: für $S \in A^k(V)$ und $T \in A^l(V)$ ist

$$S \wedge T = (-1)^{kl} T \wedge S,$$

4. natürlich: falls $L\colon W \longrightarrow V$ linear ist, so ist

$$L^*(S \wedge T) = L^*S \wedge L^*T$$

und

5. für $L^1, \dots, L^k \in V^* = A^1(V)$ und $v_1, \dots, v_k \in V$ ist

$$\left(L^1 \wedge \cdots \wedge L^k\right)(v_1, \dots, v_k) = \det\left(L^i(v_j)\right).$$

Beweis Die Beweise von 1., 3. und 4. überlassen wir als Übung; 2. folgt aus Lemma A.1 3.:

$$\begin{aligned}
(R \wedge S) \wedge T &= \frac{(k+l+m)!}{(k+l)!\,m!} \operatorname{Alt}((R \wedge S) \otimes T) \\
&= \frac{(k+l+m)!}{k!\,l!\,m!} \operatorname{Alt}(\operatorname{Alt}(R \otimes S) \otimes T) \\
&= \frac{(k+l+m)!}{k!\,l!\,m!} \operatorname{Alt}(R \otimes S \otimes T).
\end{aligned}$$

Die Behauptung 5. folgt leicht aus 2. $\qquad\square$

Folgerung A.3 *Seien $L^1, \dots, L^k \in A^1(V)$. Dann sind $L^1, \dots, L^k$ linear unabhängig genau dann, wenn $L^1 \wedge \cdots \wedge L^k \neq 0$ ist.*

Beweis Seien $L^1, \dots, L^k$ linear unabhängig. Dann gibt es eine Basis $v_1, \dots, v_n$ von V mit $L^i(v_j) = \delta^i_j$, $1 \leq i \leq k$, $1 \leq j \leq n$. Damit erhalten wir

$$\left(L^1 \wedge \cdots \wedge L^k\right)(v_1, \dots, v_k) = \det\left(\left(L^i(v_j)\right)\right)_{i,j} = 1 \neq 0.$$

Falls umgekehrt eine Relation zwischen den L^i besteht, z. B.

$$L^1 = \alpha_2 L^2 + \cdots + \alpha_k L^k,$$

so ist

$$L^1 \wedge \cdots \wedge L^k = \left(\alpha_2 L^2 + \cdots + \alpha_k L^k\right) \wedge L^2 \wedge \cdots \wedge L^k$$

$$= \sum_{j=2}^{k} \alpha_j L^j \wedge L^2 \wedge \cdots \wedge L^k = 0,$$

denn $\wedge$ ist graduiert kommutativ.   □

Folgerung A.4 *Sei* $(v_1, \ldots, v_n)$ *Basis von* V *und* $(v^1, \ldots, v^n)$ *die dazu duale Basis von* $V^* = A^1(V)$. *Dann ist das Tupel der*

$$v^{i_1} \wedge \cdots \wedge v^{i_k}, \quad 1 \leq i_1 < i_2 < \cdots < i_k \leq n, \tag{A.7}$$

eine Basis von $A^k(V)$. *Daher ist* $\dim A^k(V) = \binom{n}{k}$ *und insbesondere* $A^k(V) = \{0\}$ *für* $k > n$.

Beweis Offensichtlich bilden die $v^{i_1} \otimes \cdots \otimes v^{i_k}$, $1 \leq i_1, \ldots, i_k \leq n$, eine Basis von $L^k(V)$. Unter Alt werden diese je auf ein Vielfaches von $v^{i_1} \wedge \cdots \wedge v^{i_k}$ abgebildet, daher sind die letzteren ein Erzeugendensystem von $A^k(V)$. Sei nun

$$\sum_{1 \leq i_1 < \cdots < i_k \leq n} \alpha_{i_1, \ldots, i_k} v^{i_1} \wedge \cdots \wedge v^{i_k}$$

eine lineare Kombination in diesen, und seien $1 \leq j_1 < \ldots < j_k \leq n$ fest gewählt. Dann gilt

$$(v^{i_1} \wedge \cdots \wedge v^{i_k})(v_{j_1}, \ldots, v_{j_k}) = \det((v^{i_\mu}(v_{j_\nu}))_{\mu, \nu} = \delta_{j_1}^{i_1} \cdots \delta_{j_k}^{i_k},$$

also ist

$$\sum_{i_1 < \cdots < i_k} (\alpha_{i_1, \ldots, i_k} v^{i_1} \wedge \cdots \wedge v^{i_k})(v_{j_1}, \ldots, v_{j_k}) = \alpha_{j_1, \ldots, j_k}.$$

Damit folgt die lineare Unabhängigkeit.   □

Lemma A.5 *Sei* $v_1, \ldots, v_n$ *eine Basis von* V, *und seien* $w_1, \ldots, w_k \in V$. *Schreibe* $w_i = \sum a_i^j v_j$, $1 \leq i \leq k$. *Für* $T \in A^k(V)$ *ist dann*

$$T(w_1, \ldots, w_k) = \sum_{1 \leq j_1 < \ldots < j_k \leq m} \det\left(a_i^{j_\mu}\right) \cdot T\left(v_{j_1}, \ldots, v_{j_k}\right).$$

Beweis Wir rechnen

$$T\left(\sum a_1^j v_j, \ldots, \sum a_k^j v_j\right) = \sum_{1 \leq j_1, \ldots, j_k \leq m} a_1^{j_1} \cdots a_k^{j_k} \cdot T(v_{j_1}, \ldots, v_{j_k})$$

$$= \sum_{1 \leq j_1 < \ldots < j_k \leq m} \det\left(a_i^{j_\mu}\right) \cdot T(v_{j_1}, \ldots, v_{j_k}). \qquad \square$$

Folgerung A.6 *Sei* $\dim V = n$, *und sei* $T \in A^n(V) \setminus \{0\}$. *Dann definiert die Bedingung* $T(v_1, \ldots, v_n) > 0$ *eine Orientierung auf* V. $\qquad \square$

B Kokettenkomplexe

Im Folgenden bezeichnet R einen kommutativen Ring mit Eins. Der Leser, der nicht mit Moduln über Ringen vertraut ist, möge annehmen, dass R ein Körper oder speziell der Körper $\mathbb{R}$ der reellen Zahlen ist. Moduln über R sind dann R-Vektorräume und Homomorphismen zwischen ihnen R-lineare Abbildungen.

Definition B.1

Ein *Kokettenkomplex* C über R besteht aus einer Sequenz

$$\cdots \xrightarrow{d} C^{k-1} \xrightarrow{d} C^k \xrightarrow{d} C^{k+1} \xrightarrow{d} \cdots$$

von R-Moduln C^k, $k \in \mathbb{Z}$, und verbindenden Homomorphismen, genannt *Differentiale* und hier laxerweise alle mit d bezeichnet, sodass jeweils die Komposition verschwindet, $d^2 = 0$.

▶ **Bemerkung B.2** Der Leser wird sich fragen, ob es nicht auch Kettenkomplexe gibt, wenn schon von Kokettenkomplexen die Rede ist, und warum dann nicht Kettenkomplexe vor den Kokettenkomplexen diskutiert werden. In der algebraischen Topologie traten in der Tat zunächst Kettenkomplexe auf, etwa assoziiert zu simplizialen Komplexen. Auf dem Niveau, auf dem wir Kokettenkomplexe in diesem Anhang diskutieren, ist der Unterschied aber nur rein formaler Natur: Bei einem *Kettenkomplex* zeigen die Pfeile nach links, nicht nach rechts, wie in Definition B.1. Weiter vertiefen werden wir das Thema an dieser Stelle nicht.

Für einen Kokettenkomplex C wie in Definition B.1 bezeichnen wir die Elemente aus C^k als *Koketten*, die aus

$$Z^k = Z^k(C) := \{z \in C^k \mid dz = 0\} \tag{B.1}$$

als *Kozykel* und die aus

$$B^k = B^k(C) := d(C^{k-1}) \subseteq Z^k(C) \tag{B.2}$$

als *Koränder* (jeweils mit dem Zusatz *vom Grade k*, falls erforderlich). Die *Kohomologie* von C besteht aus den R-Moduln

$$H^k(C) := Z^k(C)/B^k(C). \tag{B.3}$$

Die Elemente aus $H^k(C)$ nennen wir *Kohomologieklassen* von C (vom Grade k). Elemente aus Z^k, die in derselben Kohomologieklasse in $H^k(C)$ liegen, nennen wir *kohomolog*.

Definition B.3

Seien C_1 und C_2 Kokettenkomplexe über R. Ein *Homomorphismus* $f\colon C_1 \longrightarrow C_2$ besteht dann aus einer Folge $f^k\colon C_1^k \longrightarrow C_2^k$ von Homomorphismen, sodass $f^{k+1}d_1 = d_2 f^k$ für alle $k \in \mathbb{Z}$.

Im Folgenden werden wir den Superindex an der Folge (f^k) von Morphismen unterdrücken, so wie wir es ja auch mit den Differentialen halten. Die letzte Bedingung aus Definition B.3 besagt dann in dieser Notation, dass die Diagramme

$$
\begin{array}{ccc}
C_1^{k+1} & \xrightarrow{\;f\;} & C_2^{k+1} \\
d_1 \big\uparrow & & d_2 \big\uparrow \\
C_1^{k} & \xrightarrow{\;f\;} & C_2^{k}
\end{array}
\tag{B.4}
$$

für alle $k \in \mathbb{Z}$ kommutativ sind.

Satz B.4 *Ein Homomorphismus $f\colon C_1 \longrightarrow C_2$ von Kokettenkomplexen induziert Homomorphismen*

$$
f^*\colon H^k(C_1) \longrightarrow H^k(C_2)
$$

zwischen ihren Kohomologien. Dabei induziert die Identität auf einem Kokettenkomplex die Identität auf seiner Kohomologie, und der Komposition von Homomorphismen von Kokettenkomplexen entspricht die Komposition der induzierten Homomorphismen, $(f \circ g)^* = f^* \circ g^*$. $\square$

Definition B.5

Eine *kurze exakte Sequenz* von Kokettenkomplexen über R ist ein Paar von Homomorphismen

$$
0 \longrightarrow C_1 \xrightarrow{\;i\;} C_2 \xrightarrow{\;j\;} C_3 \longrightarrow 0
$$

zwischen Kokettenkomplexen C_1, C_2 und C_3, sodass i injektiv, $\ker j = \operatorname{im} i$ und j surjektiv ist.

In der Formulierung in Definition B.5 treten die beiden Nullen links und rechts nicht auf. Sie indizieren nur, dass i injektiv und j surjektiv ist, dass also der Kern von i und der Kokern von j verschwinden: $\ker i = \{0\}$ und $\operatorname{coker} j = \{0\}$. Per Definition besteht eine kurze exakte Sequenz von Kokettenkomplexen wie in Definition B.5 aus einem unendlichen kommutativen Diagramm von R-Moduln und Homomorphismen, in dem die Spalten Kokettenkomplexe über R sind und in den Zeilen jeweils i injektiv, $\ker j = \operatorname{im} i$ und j surjektiv ist:

$$
\begin{array}{ccccccccc}
& & d_1 \uparrow & & d_2 \uparrow & & d_3 \uparrow & & \\
0 & \longrightarrow & C_1^{k+1} & \xrightarrow{\ i\ } & C_2^{k+1} & \xrightarrow{\ j\ } & C_3^{k+1} & \longrightarrow & 0 \\
& & d_1 \uparrow & & d_2 \uparrow & & d_3 \uparrow & & \\
0 & \longrightarrow & C_1^{k} & \xrightarrow{\ i\ } & C_2^{k} & \xrightarrow{\ j\ } & C_3^{k} & \longrightarrow & 0 \\
& & d_1 \uparrow & & d_2 \uparrow & & d_3 \uparrow & & \\
0 & \longrightarrow & C_1^{k-1} & \xrightarrow{\ i\ } & C_2^{k-1} & \xrightarrow{\ j\ } & C_3^{k-1} & \longrightarrow & 0 \\
& & d_1 \uparrow & & d_2 \uparrow & & d_3 \uparrow & &
\end{array}
$$

Ein Stichwort zum Folgenden lautet *Diagrammjagd*. Der Sinn dieser Sprechweise wird sich dem Leser in Kürze erschließen. Wir betrachten eine kurze exakte Sequenz von Kokettenkomplexen wie in Definition B.5. Dann erhalten wir für alle $k \in \mathbb{Z}$ einen Homomorphismus

$$
\delta \colon H^k(C_3) \longrightarrow H^{k+1}(C_1). \tag{B.5}
$$

Sei dazu $c \in H^k(C_3)$ und schreibe $c = [z]$ mit $z \in Z_3^k$, d. h., $z \in C_3^k$ erfüllt $d_3 z = 0$ und repräsentiert die Äquivalenzklasse $c \in H^k(C_3)$. Wähle $y \in C_2^k$ mit $jy = z$. Dies ist möglich, denn j ist surjektiv. Es gilt $j d_2 y = d_3 j y = d_3 z = 0$. Nun ist $\ker j = \operatorname{im} i$, also gibt es ein $x \in C_1^{k+1}$ mit $ix = d_2 y$. Dieses x ist eindeutig bestimmt, denn i ist injektiv. Außerdem gilt $i d_1 x = d_2 i x = d_2^2 y = 0$. Nun ist i injektiv, also ist $d_1 x = 0$ und damit $x \in Z_1^{k+1}$. Wir setzen

$$
\delta c := [x] \in H^{k+1}(C_1). \tag{B.6}
$$

Bei der Definition von δ haben wir an zwei Stellen eine Wahl getroffen: Wir haben $z \in Z_3^k$ mit $[z] = c$ und $y \in C_2^k$ mit $jy = z$ gewählt.

Lemma B.6 *Die Kohomologieklasse $[x]$ von x hängt nicht von der Wahl von y und z ab. Damit ist $\delta \colon H^k(C_3) \longrightarrow H^{k+1}(C_1)$ ein wohldefinierter Homomorphismus von R-Moduln.*

Beweis Sei $z' \in Z_3^k$ ein weiterer Kozykel mit $[z'] = c$. Dann gibt es ein $z'' \in C_3^{k-1}$ mit $d_3 z'' = z' - z$. Zu z'' gibt es ein $y'' \in C_2^{k-1}$ mit $jy'' = z''$, und für dieses gilt $jd_2 y'' = d_3 jy'' = d_3 z'' = z' - z$. Damit ist $j(y + d_2 y'') = z'$, also ist $y + d_2 y''$ eine zulässige Wahl anstelle von y, und diese Wahl erfüllt $d_2(y + d_2 y'') = d_2 y$. Damit erhalten wir denselben Kozykel x wie bei der ursprünglichen Wahl von z.

Sei nun $y' \in C_2^k$ eine weitere Kokette mit $jy' = z$. Dann ist $j(y' - y) = jy' - jy = 0$, daher gibt es ein $x' \in C_1^k$ mit $ix' = y' - y$, also $y' = y + ix'$. Mithin ist $d_2 y' = d_2 y + d_2 ix' = d_2 y + id_1 x'$ und damit $d_2 y' = i(x + d_1 x')$. Die Wahl y' statt y führt daher zu der Kohomologieklasse $[x + d_1 x']$. Nun ist nach Definition $[x] = [x + d_1 x']$, also ist δc unabhängig von der Wahl von y. □

Satz B.7 *Für eine kurze exakte Sequenz von Kokettenkomplexen wie in Definition B.5 ist die zugeordnete Sequenz*

$$\cdots \xrightarrow{\delta} H^k(C_1) \xrightarrow{i^*} H^k(C_2) \xrightarrow{j^*} H^k(C_3) \xrightarrow{\delta} H^{k+1}(C_1) \xrightarrow{i^*} \cdots$$

eine lange exakte Sequenz, d. h., an jeder Stelle ist das Bild des ankommenden gleich dem Kern des abgehenden Homomorphismus.

Beweis Wir führen eine der drei erforderlichen Diagrammjagden durch und hoffen, damit den Jagdinstinkt des Lesers zu wecken.

Wir folgen der Definition von δ oben: Sei $c \in H^k(C_3)$ mit $\delta c = 0$. Schreibe $c = [z]$ für einen Kozykel $z \in C_3^k$ und wähle $y \in C_2^k$ mit $jy = z$. Dann gibt es einen eindeutigen Kozykel $x \in C_1^{k+1}$ mit $ix = d_2 y$. Nach Definition ist dann $\delta c = [x]$. Wegen $[x] = \delta c = 0$ gibt es ein $x' \in C_1^k$ mit $d_1 x' = x$. Daher ist $y' = y - ix' \in C_2^k$ ein Kozykel,

$$d_2 y' = d_2 y - d_2 ix' = d_2 y - id_1 x' = d_2 y - ix = 0.$$

Nun ist auch $jy' = jy - jix' = jy = z$, also ist $j^*[y'] = [jy'] = [z] = c$, also ist $c \in \operatorname{im} j^*$. Damit folgt $\ker \delta \subseteq \operatorname{im} j^*$. Die umgekehrte Inklusion $\ker \delta \supseteq \operatorname{im} j^*$ ist offensichtlich. □

Literatur

[AF] I. Agricola, T. Friedrich, *Globale Analysis. Differentialformen in Analysis, Geometrie und Physik* (Vieweg, 2001)

[Bä] C. Bär, *Elementare Differentialgeometrie*, 2. Aufl. (Walter de Gruyter, 2010)

[BR] W. Blaschke, H. Reichardt, *Einführung in die Differentialgeometrie*, 2. Aufl. Die Grundlehren der mathematischen Wissenschaften, Bd. 58 (Springer, 1960)

[BT] R. Bott, L. Tu, *Differential Forms in Algebraic Topology*. Graduate Texts in Mathematics, Bd. 82 (Springer, 1982)

[BJ] T. Bröcker, K. Jänich, *Einführung in die Differentialtopologie*. Heidelberger Taschenbücher, Bd. 143 (Springer, 1973)

[Ch] S.S. Chern (Hrsg.), *Global Differential Geometry*. MAA Studies in Mathematics, Bd. 27 (Mathematical Association of America, Washington, DC, 1989)

[CR] R. Courant, H. Robbins, *Was ist Mathematik?*, 4. Aufl. (Springer, 1992). Aus dem Englischen von I. Runge

[dC] M. do Carmo, *Differentialgeometrie von Kurven und Flächen*. Vieweg Studium: Aufbaukurs Mathematik, Bd. 55 (Friedr. Vieweg & Sohn, 1983). Aus dem Englischen von M. Grüter

[EJ] J.-H. Eschenburg, J. Jost, *Differentialgeometrie und Minimalflächen*, 2. Aufl. (Springer, Berlin, 2007)

[HT] S. Hildebrandt, A. Tromba, *The Parsimonious Universe. Shape and Form in the Natural World* (Copernicus, New York, 1996)

[Ho] H. Hopf, *Differential Geometry in the Large*, 2. Aufl. Lecture Notes in Mathematics, Bd. 1000 (Springer, 1989)

[Ke] M. Kervaire, A manifold which does not admit any differentiable structure. Comment. Math. Helv. **34**, 257–270 (1960)

[Kl] W. Klingenberg, *Eine Vorlesung über Differentialgeometrie*. Heidelberger Taschenbücher, Bd. 107 (Springer, 1973)

[Kö] K. Königsberger, *Analysis 2*. Springer-Lehrbuch (Springer, 1993)

[Kü] W. Kühnel, *Differentialgeometrie. Kurven – Flächen – Mannigfaltigkeiten*, 4. Aufl. Vieweg Studium: Aufbaukurs Mathematik (Vieweg, Wiesbaden, 2008)

[La] S. Lang, *Real Analysis* (Addison-Wesley, 1969)

[Mi1] J. Milnor, *Morse Theory*. Annals of Mathematics Studies, Bd. 51 (Princeton University Press, Princeton, 1963)

[Mi2] J. Milnor, *Lectures on the h-Cobordism Theorem* (Princeton University Press, Princeton, 1965)

[Mi3] J. Milnor, *Topology from the Differentiable Viewpoint* (The University Press of Virginia, 1965)

[Qu] B. von Querenburg, *Mengentheoretische Topologie* (Springer, 1973)

[ST] I.M. Singer, J.A. Thorpe, *Lecture Notes on Elementary Topology and Geometry* (Nachdruck). Undergraduate Texts in Mathematics (Springer, 1976)

[Sp1] M. Spivak, *A Comprehensive Introduction to Differential Geometry. Vol. I*, 2. Aufl. (Publish or Perish, 1979)

[Sp2] M. Spivak, *A Comprehensive Introduction to Differential Geometry. Vol. II*, 2. Aufl. (Publish or Perish, 1979)

[Sp3] M. Spivak, *A Comprehensive Introduction to Differential Geometry. Vol. III*, 3. Aufl. (Publish or Perish, 1979)

[St1] K. Strubecker, *Differentialgeometrie. I. Kurventheorie der Ebene und des Raumes.* Sammlung Göschen, Bd. 1113/1113a (Walter de Gruyter, 1955)

[St2] K. Strubecker, *Differentialgeometrie. II. Theorie der Flächenmetrik.* Sammlung Göschen, Bd. 1179/1179a (Walter de Gruyter, 1958)

[St3] K. Strubecker, *Differentialgeometrie. III. Theorie der Flächenkrümmung.* Sammlung Göschen, Bd. 1180/1180a (Walter de Gruyter, 1959)

[Wh] H. Whitney, Differentiable manifolds. Annals of Math. **37**, 645–680 (1936)

Sachverzeichnis